"十四五"江苏省高等学校重点教材

编号:2021-2-226

林业经济学

贾卫国 郑 宇 ◎ 主 编

宁 卓 谢 煜 曾杰杰 ◎ 副主编

图书在版编目(CIP)数据

林业经济学/贾卫国,郑宇主编;宁卓,谢煜,曾杰杰副主编.—北京:中国林业出版社,2023.6
"十四五"江苏省高等学校重点教材(编号:2021-2-226)
ISBN 978-7-5219-1988-2

Ⅰ.①林… Ⅱ.①贾… ②郑… ③宁… ④谢… ⑤曾… Ⅲ.①林业经济学 Ⅳ.①F307.2

中国版本图书馆CIP数据核字(2022)第227990号

策划编辑:陈 惠
责任编辑:陈 惠 薛瑞琦 范立鹏
封面设计:睿思视界视觉设计

出版发行:中国林业出版社
(100009,北京市西城区刘海胡同7号)
电子邮箱:cfphzbs@163.com
网址:www.forestry.gov.cn/lycb.html
印刷:北京中科印刷有限公司
版次:2023年6月第1版
印次:2023年6月第1次
开本:850mm×1168mm 1/16
印张:15.75
字数:370千字
定价:58.00元

《林业经济学》编写人员

主　　编　贾卫国　郑　宇

副 主 编　宁　卓　谢　煜　曾杰杰

参编人员　（按姓氏拼音排序）
　　　　　　丁振民　董加云　耿爱欣
　　　　　　贾卫国　宁　卓　谢　煜
　　　　　　曾杰杰　翟　郡　郑　宇

主　　审　张敏新　杨红强

前 言

本教材在总结林业经济学学科发展的基础上，结合现代市场经济学理论和我国林业发展具体情况，对林业生产的要素投入、林业产出、投入与产出的生产过程进行了经济学分析，并基于市场机制对林业资源配置失灵分析基础上，分析了林业政策，最后对林业经济学研究方法作了介绍，使林业经济学框架更具有逻辑性。本教材体现了以下特色：

一是强调理论性。从知识框架设计上可看出，从林业投入、产出的经济分析，再进行投入与产出的林业生产过程经济分析，再到市场失灵与调控，充分体现了经济学研究的理论性。

二是强调系统性。本教材在内容上涵盖了林业经济及其相关领域的各个方面，体现了系统性和综合性。

三是重视针对性。本教材在理论性和系统性基础上，注重理论与中国林业经济发展实情相结合，针对中国林业经济问题进行了具体分析。

本教材由南京林业大学贾卫国、郑宇任主编，负责全书的框架设计与统稿，并分别编写了第一章、第八章；南京林业大学宁卓、谢煜和曾杰杰任副主编，并分别编写了第六章、第五章、第四章；参加编写的还有南京林业大学董加云、丁振民、耿爱欣、翟郡等，分别编写第七章、第三章、第九章、第二章。张敏新教授、杨红强教授负责全书内容的审定。

在本教材的编写过程中，编者参阅了大量的国内外相关文献，有些已经标注，但仍有挂一漏万之虑，在此谨向所有参考文献的作者致以诚挚的敬意和衷心的感谢。同时，感谢江苏省教育厅将本教材列入江苏省高等学校重点教材建设，同时感谢中国林业出版社的大力支持和帮助，使本教材能够得以顺利出版。

本教材既可作为高校相关专业的本科生教材教辅用书，也可作为相关专业的研究生参考用书，同时，还可供从事林业经济相关领域研究人员参考使用。

由于编者水平所限和编写时间仓促，书中错误和不足之处在所难免，敬请读者谅解并予以指正。

编 者
2023 年 3 月

目 录

前　言

第一章　绪　论 ……………………………………………………………………… 1
　　第一节　森林与林业 …………………………………………………………… 1
　　第二节　林业经济学的研究对象及其产生与发展 …………………………… 16
　　第三节　林业经济学的学科体系 ……………………………………………… 21
　　第四节　林业经济研究热点与前沿问题 ……………………………………… 23

第二章　林业经济学基础 …………………………………………………………… 29
　　第一节　林业基础知识 ………………………………………………………… 29
　　第二节　经济学基本原理 ……………………………………………………… 41

第三章　林业生产要素 ……………………………………………………………… 55
　　第一节　林业生产要素配置 …………………………………………………… 55
　　第二节　林地资源 ……………………………………………………………… 58
　　第三节　林业劳动力资源 ……………………………………………………… 67
　　第四节　林业资金 ……………………………………………………………… 71
　　第五节　林业科学技术 ………………………………………………………… 77

第四章　森林产品与市场：有形产品 ……………………………………………… 82
　　第一节　森林产品的概念 ……………………………………………………… 82
　　第二节　活立木市场含义及其发展 …………………………………………… 92
　　第三节　中国林权交易市场 …………………………………………………… 95
　　第四节　中国木材市场 ………………………………………………………… 97
　　第五节　中国林产品贸易政策 ………………………………………………… 103

第五章　森林产品与市场：无形产品 ……………………………………………… 109
　　第一节　森林生态系统服务 …………………………………………………… 109
　　第二节　森林生态系统服务价值评估方法 …………………………………… 113
　　第三节　森林生态系统服务价值评估方法的应用 …………………………… 118

第六章　森林轮伐期 ………………………………………………………………… 120
　　第一节　林分的生长与采伐 …………………………………………………… 120
　　第二节　最优轮伐期与弗斯曼模型 …………………………………………… 125
　　第三节　比较静态分析 ………………………………………………………… 134
　　第四节　弗斯曼模型的扩展 …………………………………………………… 137

第七章 森林经营 ... 149
第一节 集体林经营 ... 149
第二节 国有林经营 ... 159
第三节 国外森林经营 ... 165

第八章 市场失灵与政府调控 ... 170
第一节 林业资源配置市场失灵与政府调控 ... 170
第二节 林业经济政策 ... 180
第三节 林权制度 ... 194
第四节 政府失灵 ... 202

第九章 林业经济研究方法 ... 205
第一节 林业经济研究方法论 ... 205
第二节 林业经济调查方法 ... 213
第三节 林业经济分析方法 ... 229

参考文献 ... 236

第一章
绪 论

第一节 森林与林业

一、森林与人类

1. 森林的概念

关于森林的定义，各国的林学家有着不同的表述。下面的2个定义有一定的代表性：①森林是林木、伴生植物、动物及其环境的综合体。②森林是以乔木为主体的生物群落，是乔木与其他植物、动物、菌物、低等生物以及无机环境之间相互依存、相互制约、相互影响而形成的一个生态系统。

按照2019年新修订的《中华人民共和国森林法》，国家根据生态保护的需要，将森林生态区位重要或者生态状况脆弱，以发挥生态效益为主要目的的林地和林地上的森林划定为公益林，未划定为公益林的林地和林地上的森林属于商品林。下列区域的林地和林地上的森林，应当划定为公益林：①重要江河源头汇水区域；②重要江河干流及支流两岸、饮用水水源地保护区；③重要湿地和重要水库周围；④森林和陆生野生动物类型的自然保护区；⑤荒漠化和水土流失严重地区的防风固沙林基干林带；⑥沿海防护林基干林带；⑦未开发利用的原始林地区；⑧需要划定的其他区域。国家对公益林实施严格保护。国家鼓励发展下列商品林：①以生产木材为主要目的的森林；②以生产果品、油料、饮料、调料、工业原料和药材等林产品为主要目的的森林；③以生产燃料和其他生物质能源为主要目的的森林；④其他以发挥经济效益为主要目的的森林。商品林由林业经营者依法自主经营，在不破坏生态的前提下，可以采取集约化经营措施，合理利用森林、林木、林地，提高商品林经济效益。按照优势树种类型，森林可分为3大类：①针叶林；②针阔混交林；③阔叶林。针叶林和阔叶林面积约各占一半，前者占49.8%，后者占47.2%，其余3.0%为针阔混交林。根据气候带的差异，每一类森林可分为多个小类。中国现有原生性森林已不多，它们主要集中在东北、西南天然林区。

2. 森林与人类的关系

森林是一种可再生的自然资源，是水库、钱库、粮库、碳库，为人类的生存和发展提供重要的资源和生态环境,维系着整个地球的生态平衡。森林逐渐地成为一个国家富足和民族繁荣的标志之一。

森林是人类农耕文明发展的物质基础。农耕文明时代,森林为人类提供着生产和生活所必需的各种资料,维系着农耕文明的发展。今天世界上仍约有20亿人靠木柴和木炭生火做饭,世界上大多数的药材仍旧依靠森林植物取得。现代社会,人们在科学技术的发展进步中,逐渐认识到农耕与森林对立统一的内在联系,不再片面地把森林当成农耕发展的障碍;相反,人们逐渐认识到森林是农耕持续健康发展必不可少的保障,纷纷致力于恢复和发展森林,从而使森林破坏减少,面积逐步稳定下来,部分地区还有所扩大。

森林提供了工业文明发展的基础。工业社会时期有目的、大规模地开发利用森林是人类从不发达社会进入发达社会的前奏。森林提供了大量的木材,用于造房、开矿、修路、架桥、造纸等,为数百万人提供就业机会;同时提供了其他的林产品,如松脂、栲胶、虫蜡、香料等,这些也都是轻工业的原料。同时,工业文明也为森林保护提供了理论与科技支撑。工业文明要求森林提供木材和其他林副产品,从本质讲要求保护现有林地,扩大新的林地。这导致欧洲18世纪以来关于森林永续利用理论及模式的探讨和争论,对保护森林起到了一定的促进作用。但是,它却没有能从根本上改变人类文明在长期发展过程中所造成的自然环境日益恶化的现象,出现了今日的全球环境危机。在此背景下,绿色、低碳、可持续发展观得到人们的认可和推崇,生态文明成为人类文明发展的必然趋势。

森林是生态文明最根本的保障。森林是人们的旅游胜地,绿色的森林不仅给大地带来秀丽多姿的景色,而且通过人的各种感官作用于中枢神经系统,调节和改善人体机能。世界上如果没有森林,陆地生物产量的90%将消失,450万个生物种将灭绝;全球70%的淡水将白白流入大海,陆地上90%的动植物因没有水而面临威胁;生物固碳将减少70%,地球大气中的二氧化碳含量将大量上升,生物释氧将减少67%,地球将升温,人类生存将受到严重威胁。总之,森林是陆地生态环境的主体,是大自然的调节器,是生态文明的保障,是人类文明的摇篮。

3. 人类对森林的利用

森林是自然界赋予人类的"绿色宝藏",人类对森林资源的利用伴随着人类社会的发展在不断丰富。人类的祖先最初在森林中产生,生活在森林里,早期主要以从森林中采撷野果、捕捉鸟兽和鱼类为食,并形成图腾崇拜;后来再以树叶、兽皮遮身护体,在树上架巢做屋。随着人类社会的发展,森林被作为基本的生活资源得以利用,人们从森林中获得柴火作能源,采伐木材作建筑材料等。人类进入近代社会以后,随着煤炭和石油逐渐代替薪材成为主要能源,森林资源更多地被作为工业原料,用于建筑、造纸和制造家具等。工业化进程中,由于人类长期大量采伐森林后出现了生态危机,森林的生态价值和保护森林的重要性逐渐被人们认识,进而开始对森林进行永续利用管理。发展到今天,森林资源的多功能性得到人们的普遍认可,森林不仅是生产木材和林副产品的生物资源,而且作为森林环境资源(包括森林所涵养的水资源、林业气候资源和森林景观资源)加以利用,在发展工业和农业生产、发展旅游和生态事业中起着越来越重要的作用。森林对人类的贡献从提供栖息地和食物开始，发展至今已经变得非常丰富，除了物质作用外，还有满足人类精神需求的作用，满足人类视、听、嗅等感官需求，供人们休憩、赏景、抒发情怀。森林能改善人类居住环境，促进人类健康，增加社会就业，对人类生存、生育、居住、活动以及在人的心理、情绪、感觉、教育等方面作出重要贡献。

人类对森林的利用大致可以分为原始文明、农耕文明、工业文明和生态文明4个历史阶段。

在整个原始文明阶段，人与自然相处的逻辑是自然界主宰人类，人类寄生于自然，并且以森林自然界为中心，是纯粹的自然中心主义。在早期的人类"劳动"中，木材是首先被使用的"工具"。可以推想：无论是勾取果实、挖掘块根，还是叉取河鱼、猎获野兽，木矛、竹矛、木棒等器具是古代猿人最方便、最常用的工具和武器。我国古籍中就记载有"断木为杵，掘地为臼"。在石器时代，很多情况下也要用到木材，为更好地提高社会生产力，出现形式多样的木石复合工具，如将尖状石缚在木棍上成为石矛、石标枪，在石斧上缚上木柄等。原始农业工具最初也是用木材制作的。原始农业俗称"火耕农业""刀耕火种农业"，准确地讲是杖耕农业，后来发展到锄耕农业和犁耕农业。这时期的主要农具包括木棒、木耙、木锄、木犁、竹棍、竹锄等。原始农业的发展紧紧依赖于木竹工具的发展，并随着木竹工具的进步而进步。

在农耕文明阶段，人类由采集天然食物的生产方式向垦殖形式过渡，并最终停止了迁徙而定居下来。在农耕社会初期，人类培育出可种植的农作物，人类祖先开始火烧原始森林或者用其他原始工具砍伐森林，使森林转化为耕地。此外，人类利用森林丰富了灿烂的古代文化。"钻木取火"促使人类开始熟食生活，并发展了丰富的饮食文化。绑有木柄的石斧、带木柄的工具、木风箱、木纺机、木架竹筒水力吸水机、木叶水力磨粉机等造就了"工业学"科学。从木质草棚到木雕艺术，建造出造型精美的木亭、台、楼、榭和雄伟壮观的宫殿、寺庙等"建筑学"科学。

工业革命的出现，推动了人类社会进入工业文明时代。这种依赖于化石燃料的文明社会不仅满足了人们的物质需求，扩大了人们的生活空间，改变了人们的生活方式，而且也极大地提高了人类控制自然的能力，人类文明开始迈向工业文明时代，在工业文明时代中，人类利用森林生产出一定的能源，满足了人类的能源需求。史前森林形成了今天的煤和石油等化石能源，可再生的能源树种和林木生物质能源为人类开启了新的能源渠道，用以补充日趋枯竭的化石能源。当前世界能源消耗的5%直接来源于木材，第三世界木材消耗的80%直接用作能源。在这短短几百年的工业文明阶段内，创造的物质财富比以往所有时期的总和还要多、还要大。森林这个巨大的自然仓库始终提供着基础的原材料，人类成为大自然的主人，处于人类中心主义时期。

生态文明是人类对工业文明进行深刻反思的结果，是人类文明发展进程中的一种新形态，是人类文明发展理念、道路和模式的历史选择。在生态文明发展的进程中，森林更是成为人们的旅游胜地。当人们步入苍翠碧绿的森林时，会骤感畅快舒适，疲劳消失。绿色的森林不仅给大地带来秀丽多姿的景色，而且通过人的各种感官作用于人体，给人以宁静、祥和、勃勃生机、振奋精神的感觉，在森林中增进身心健康。

二、林 业

1. 林业的概念及特点

(1) 林业的概念

正确认识林业，是理解并完善林业经济学体系的基础。林业是一个历史性的概念，林业发展的历史就是人类对森林资源开发利用的历史。随着历史的变迁，林业的发展主要呈现以下4个方面的变化：①开发利用森林资源的生产手段从依靠人力、畜力等落后生产力向机械化、工业化等先进生产力转变；②林业经营从被动开发利用天然林到定向培育利用人工林的转变；③林业经营目的从木材生产为主的单一林业向追求生态、经济和社会等效益综合发挥的多效林业转变；④林业经营形式则由粗放型向集约型的转变。

在现实生活中，林产品无处不在，但无论是林业内部还是全社会，人们对林业的看法不尽相同，对于林业的理解可以从3个方面进行分析：①从林业生产过程的组成来看，林业包括造林、育林，采伐利用，林区综合利用，多种经营等。造林、育林都是以土地为基础生产资料，同时，它也是一个生物生长发育过程，这与农业相似。但营林生产周期长，资金周转慢，这是林业与农业的本质区别。所以，在一定程度上说营林近似农业但不等于农业。②从林业生产目的来看，林业生产目的在于不断提高林业生产力水平，改善和建立稳定的生态系统，充分发挥森林的多种功能，满足人们对木材、林副产品和生态服务等各种需要。为了满足不同的林业生产目的，营林过程中必须注重多林种的培育，多林种的生产在管理方法、效益核算等方面均不同。③从技术手段来分析。不同国家、不同区域发展林业生产不平衡，呈现出"机、马、牛、人力"等生产要素并存的格局。

综上所述，林业是指在人和生物圈中，通过先进的科学技术和管理手段，从事培育、保护、利用森林资源，充分发挥森林的多种效益，且能持续经营森林资源，促进人口、经济、社会、环境和资源协调发展的基础性产业和社会公益事业。可见，林业的根本问题是如何处理生态、经济和社会三大效益之间的关系，这是由林业生产目的所决定的。因此，林业既不同于农业、工业，也不同于采掘业，是一个从事特殊商品生产和提供生态服务的综合性的基础产业部门和社会公益事业。

(2) 林业的特点

为了正确理解林业再生产领域中的经济问题，必须研究林业的特点，以掌握林业发展的客观规律。林业特点的形成主要取决于2个方面：林业的自然属性和林业的社会属性，即林业的生物学特性和林业在社会中所处的地位。林业的主要特点可归纳为以下5个方面：①生产周期的层次性与复杂性。林业生产周期长且复杂，因为林业生产的物质基础是森林资源。林种不同，生产周期相差很大。②林业生物性产品的自然再生产和经济再生产交织在一起。林业产品包括生物性产品（如活立木、林中动植物等）和非生物性产品（如林产加工产品等）。在林业产品的生产过程中，生物性产品的自然再生产和经济再生产交织在一起。③林业生产的区域性、风险性和难预测性。区域性表现为从林木本身的生物学特性考虑，每个树种有一定的生态要求，都有自己的分布范围。风险性表现为林业生产周期具有多层次性和复杂性，林木生长培育大部分都不是在1~2年内可以完成的，在其生长发育过程中，还会受到各种自然灾害、社会因素和人为因素等的破坏和干扰，其最终成果很难预测。难预测性表现在林业的经营过程具有很大不确定性，这给林业预测工作带来了极大的困难，再加上受科学技术发展阶段的限制，人们还不能完全掌握林木生长发育状况，所以，林业预测必然存在一定的误差。④培育初始森林活动的经济依赖性。在林业再生产过程中，最困难的是初始森林的培育，经济依赖性特别明显，没有一定的经济基础作保证，初始森林是无法建成的。⑤林业生产的经济性产品与森林的多种效益紧密结合。林业具有2大功能，即生产经济性产品（生物性产品、非生物性产品）和非经济性产品（生态服务）。它们是紧密结合在一起的，前者是生产生活必需的，而后者是用于提高环境质量。

2. 林业简史

林业简史可理解为对林业发展进程的历史划分。在西方林业经济学家和林学家中，主要有四阶段论和三阶段论2种。

"四阶段论"对林业发展进程划分为：农牧业破坏森林阶段、掠夺式采伐阶段、保护森林阶段和林业综合经营阶段。农牧业破坏森林阶段大体指前资本主义社会时期，人类从事农牧业生产时，森林成为发展农牧业的障碍，因而遭到人为的破坏。破坏主要来自毁林开荒和辟林放牧2个方面。亚洲人在恒河流域建立古老的农业，欧洲人在原始的山野上耕种，中美洲人在当地高地种植玉米，都曾烧毁和清除过大片森林。当时由于生产力水平低，破坏的程度受到制约。掠夺式采伐阶段大体指资本主义工业化迅速发展时期，这是资本主义国家曾普遍经历过的过程。从17世纪中叶开始，由于冶金、建筑、煤炭、交通、轻工等工业的发展，对木材需要量急剧增加，而原始森林又是天然的产物，只要把木材采伐运出就能发财致富。因此，资本家乐于大规模砍伐森林，以牟取暴利；同时，由于科学技术的进步和工业的发展，可以使用各种动力机械，为大规模的采伐提供了条件。这一时期林业经济活动以采伐木材为主，木材结构以锯材和原木为主。大规模的毁灭性开采的结果是使森林资源日益减少，木材短缺，水土流失加重，生态环境恶化。上述2个阶段一般统称为人类破坏森林时期。

保护森林阶段大体指资本主义工业化完成后到第二次世界大战结束前后时期，世界上多数国家经历了几个世纪破坏森林的漫长道路之后，逐步停止对森林的破坏。这一时期，毁林开荒基本停止，薪材消耗比重大幅度减少。其根本原因是资本主义工业的迅速发展与森林资源不足的矛盾越来越突出，威胁到资本家的投资利益，同时由于木材价格上涨，经营林业可以获得高额利润。因此，很多资本主义国家相继颁布保护森林的"森林法"，实行以法治林，明令禁止破坏森林，林业经营的重点，由采伐利用天然林转移到人工造林、人工经营，把森林培育、经营、利用统一起来，木材综合利用也有了较快发展。林业综合经营阶段大体指第二次世界大战以后资本主义工业和农业实现现代化的时期，由于人们越来越认识到森林对保护环境的重大作用与森林的多种社会效益，这一时期经营森林的目的从单纯的采伐木材转移到森林综合效益的发挥，把森林的间接效益和直接效益结合起来，除营造速生丰产林外，大量营造各种防护林和风景林。在林业生产中广泛采用先进技术，改变林业生产的传统经营方式。在木材使用上，通过多种途径开展综合利用。上述2个阶段统称为人类自觉恢复森林时期，它反映了人们对森林认识上的逐步深化和林业中生产力水平的提高。

"三阶段论"对林业发展进程划分为：森林主宰人类阶段、人类破坏森林阶段和人类主宰森林阶段。森林主宰人类阶段主要是在人类的史前原始社会，人类在森林中生活，依靠森林生存和繁衍，衣、食、住几乎完全依赖于森林。人类破坏森林阶段是当人类开始熟食以后，以木材为燃料，森林进一步为人类消费利用。随着农业的发展，人类从事刀耕火种，毁灭大片森林。在漫长的封建社会中，开山林以种田，统治者大兴土木、砍伐森林以及连年征战，使大面积森林进一步遭到破坏。到近代工业化时期，森林资源作为能源、工业原料、建筑材料以及生活用品，对森林的破坏以更大规模进行。由于森林长时期遭到破坏，生态环境恶化。人类主宰森林阶段是由于人们在破坏森林后受到大自然的惩罚，逐渐认识到保护、发展森林的重要性。20世纪以来，随着科学技术迅速发展，人们开始自觉培育、保护和利用森林，逐步形成完整的现代化林业经营利用体系。

3. 现代林业发展

随着经济社会的发展，林业在世界可持续发展中的地位和作用发生了巨大变化，现代林业与传统林业比较，不仅其功能有较大拓展，林业经济活动方式及效益实现的途径也有明显变化。进入21世纪，信息技术、现代生物技术、新材料科学的发展及其在林业中的普遍应用，使得林业发展方式发生了明显转变，林业生产力水平显著提升，林业生态保护及区域社会经济发展方面的功能得到社会更深入的认识，林业进入现代林业发展阶段。

现代林业的基本概念有不同的定义方式，有的侧重现代林业的功能，有的侧重对现代林业的生产力水平和发展方式界定，还有的认为现代林业是以生态理念为指导、以可持续发展为特征、以发挥多功能为目标，以生态文明为标志的林业。在吸纳现代林业的相关研究成果，结合现代林业发展的长期性和不均衡性等特点下，现代林业可以定义为：现代林业是社会对森林演进规律认识不断深入，对人类社会经济系统与森林生态系统作用关系全面了解的基础上，广泛采用现代科技保护、生产及经营利用森林资源和森林生态系统，显著提升林地生产力水平，促进社会公众参与及提升森林生态文明认知，建立科学的林业发展政策保障体系及利益分配机制，追求通过利用森林多功能满足经济社会可持续发展目标的现代林业发展过程。

现代林业发展的特征主要体现在4个方面：①林业的功能及地位变化。世界森林面积占陆地面积的30.92%，是陆地生态系统的主体，在维护人类生存环境、提供生态服务、解决发展所带来的生态危机中发挥着不可替代的重要作用，作为重要的可再生经济资源，森林在保障木材供给、促进区域发展和减缓贫困等方面的社会经济功能进一步提升。林业功能的拓展及被认知，使现代林业地位得到显著提升，林业从单一资源利用部门，发展成为具有产业和公益双重功能的综合领域，并承载着人类生态文明的发展和传承，以及可持续发展等重大责任。②林业经营思想的进一步发展。以法正林理论及森林永续利用思想为起点，世界林业经营理论和思想经历了近300年的发展，不同时期提出的经营思想体现了时代对林业的认识及需求，但无论是三大效益一体化经营思想，还是多功能林业经营、近自然林业经营、新林业经营理论及可持续林业经营理论的提出和实践，林业经营思想的演进过程，体现了人类社会对森林认识的发展过程，以及人类对森林利用能力及方式的不断变化和发展。现代林业经营思想最根本的发展特点是在尊重林业发展自然规律的基础上,森林资源的经营利用主体从资源所有者拓展到社会各层面,经营目标更加多元化和社会化,经营手段更加现代化,经营客体更加多样化和系统化,基于市场和政府的林业经营利益分配机制更加公平化。③科技发展对现代林业发展的积极推动。科技发展是推动现代林业发展最重要的动力,对森林自然认识水平的提高、对森林利用能力的提升、对林业发展参与及管理能力的发展均体现了科技的重要作用。科技发展也是解决现代社会发展中森林多功能需求间矛盾的最主要手段,科技不仅可以解决有限资源空间条件下森林资源保护与利用主体功能的矛盾,也是解决时间维度上现实与未来森林利益冲突的主要手段,是实现林业可持续发展的根本保障。近年来,科技发展对现代林业的作用方式也发生了明显变化,从提高资源培育和利用效率拓展到产品转化方式,如碳汇林业技术、林业生物质能源技术、节能高效及环境友好型林产品生产技术、林业循环经济发展技术、森林生态旅游等,从生物和林产品生产技术拓展到综合发展技术,从主要依靠自身技术积累发展为更加依靠外部相关科技成果的吸收及再创新,林业科技发展水平已成为现代林业发展水平最重要的判别标准之一。④生态环境意识的提高促进了林业社会功能的发挥。林业形成与发展的最根本动力是社会需求,不同时期林业的发展变化也是适应林业与经济社会发展关系的结果,所以认识和发展现代林业的一个重要视角是社会对林业的认识及需求的变化。随着人类现代文明的发展,全球工业化进程的快速推进,发展与环境的矛盾日趋严峻,从人类文明起始就蛰伏其中的最根本矛盾全面爆发,对生态及环境的保护已成为社会发展面临的最大挑战,生存及发展环境的维持及改善已成为社会发展的最基本需求,森林作为人类文明的起源地,其对现代社会可持续发展的意义和价值开始得到真正认识,森林和林业已从资源及产业等物质形态被上升到文化、文明等精神层面。林业与社会关系及林业社会认识的发展,导致现代林业发展能够得到更广泛的社会参与和支持,更容易汇集社会资源,但同时现代林业发展也更需要创建新的社会参与机制,更加注重社会需求变化及实现。

4. 林业产业的分类

林业产业是一个涉及国民经济一二三产业多个门类,涵盖范围广、产业链条长、产品种类多的复合产业群体,是国民经济的重要组成部分;在维护国家生态安全,促进农民就业、带动农民增收、繁荣农村经济等方面,有着非常重要和十分特殊的作用。

林业产业作为重要的基础产业,除具一般产业的共同属性外,还有自身的四大特性,即资源的可再生性,产品的可降解性,三大效益的统一性,一二三产业的同体性。林业产业不仅为国家建设和人民生活提供了包括木材、竹材、人造板、木浆、林化产品、木本粮油、食用菌、花卉、桑蚕、药材、森林旅游服务等在内的大量物质产品和非物质服务,而且在促进农村产业结构调整,解决山区农民脱贫致富,提供社会就业机会等方面有着极为重要的作用。

林业及相关产业是指依托森林资源、湿地资源、沙地资源,以获取生态效益、经济效益和社会效益为目的,为社会提供(包括部分自产自用)林产品、湿地产品、沙产品和服务的活动,以及与这些活动有密切关联活动的集合。林业产业中第一产业主要有林木的培育和种植(包括育种、育苗、造林、林木的抚育和管理等),木材和竹材的采运(包括木材采运,商品材、农民自用材、农民烧柴和竹材采运,除毛竹、蒿竹外的其他竹材),经济林产品的种植与采集(包括水果及干果的种植与采集、茶及其他饮料作物的种植与采集、林产中药材的种植与采集和森林食品的种植与采集），花卉的种植，陆生野生动物繁育与利用（包括陆生野生动物狩猎与捕捉和陆生野生动物饲养），林业生产辅助服务。林业产业中第二产业主要有木材加工及木制品制造（包括锯材、木片加工，人造板制造，木、竹、藤、棕、苇制品制造），木、竹、藤家具制造，木、竹、苇浆造纸，林产化学产品制造，木、竹质工艺品和文教体育用品制造，非木质林产品加工制造业等。林业产业中第三产业主要有林业旅游与休闲服务，林业生态服务，林业专业技术服务，林业公共管理及其他组织服务，林产品、果茶、木竹材及其加工制品批发零售业等。

目前，直接从事林业产业生产的人员遍及城市和乡村，总量达4500万人。我国是世界林产品生产、加工、消费和进出口大国，据统计，2020年，全国林业总产值达7.55万亿元，其中第一产业产值2.36万亿元，第二产业产值3.38万亿元，第三产业产值1.81万亿元。我国林业产业要重点培育十大支柱产业：木材加工产业、以森林公园为主的森林旅游业、油茶等木本粮油产业、竹藤产业、花卉业、野生动植物繁育利用产业、木浆造纸产业、林业生物质能源产业、林产化工产业、沙产业。

5. 森林培育的经济学特征

森林是以木本植物为主体的生物群落，具有丰富的物种、复杂的结构、多种多样的功能，对保持生态平衡起着关键的作用。森林具有经济、生态和社会三大效益，森林的经济效益也称直接效益，主要是为人类社会提供木材、能源、食物、化工原料、医药资源、物种基因资源等，通过利用这些资源获取直接的经济效益。

基于森林的特殊属性，森林从建设培养阶段到形成一个稳定成熟的森林群落，要经过一段漫长的时间，要经过不同的森林培育阶段，只有当森林形成了稳定成熟的森林群落之后才会稳定地发挥经济效益。森林发育成熟稳定是一个漫长的过程，可以概括为森林建设培养阶段、森林群落培育发展阶段和森林群落的成熟稳定阶段3个阶段。森林在这3个阶段具有不同的生态学特征，影响着森林经济效益的供给水平。

（1）森林建设培养阶段

森林建设培养阶段是指从造林或者封山育林开始到主要树种成熟，这一阶段的森林要经过幼龄林阶段、中龄林阶段、近熟林阶段和成熟林阶段。在这4个阶段的森林生长发育过程中，经济效益的供给能力从无到有、由少到多逐渐增强，是一个不断发展变化的过程。

在幼龄林的幼树阶段，林分没有郁闭前只是幼树个体和环境相互作用，枯枝落叶层不能覆盖全林地表，多聚集在幼树、矮灌、草丛等阻碍物的根部，林地土壤水分蒸发、地表径流仍然存在。幼树对不良环境的抵抗能力极差，需要投入大量的管护和培育成本，不然极易导致森林培育的失败，这个时期是没有经济效益产生的，经济效益是负值，这种现象会一直持续到幼树郁闭成幼林。

幼林到成熟林的全部发育过程是森林的初建期，整个林分在强烈的人为干预下，使目的树种在整个林分中逐渐成为林分的主要组成部分，变成了主要树种。而人为干预的主要手段是抚育间伐，抚育间伐的对象是影响主要树种生长的非目的树种，多表现为干形弯曲、病腐树等。间伐产品材质低劣，使用价值和经济价值都很低，经济效益十分有限甚至产出低于投入，森林在这个阶段的经济效益很小或为负值。

随着幼树的不断长大，幼树郁闭成幼林，幼林内森林环境小气候逐渐形成，林分生长在一年四季更替的过程中地表的枯落物逐渐积累增多，林冠逐渐具有截留降水、减弱降水对林地地表的冲击，具有挡风减低风速、隔离噪声、吸附尘埃的能力。林地表面的降水一部分被枯枝落叶层涵蓄起来，一部分从地表径流转化为枯枝落叶层下的地下径流且流速降低。水流从集中变得分散，冲击速度从急剧变得缓和，径流量从大变小，径流速度从快变慢，林分的蓄水保墒功能逐渐产生并逐渐增强。伴随着林分幼龄林到成熟林的发育，森林的经济效益从无到有、从小到大、由弱变强。

林分的主要树种达到生物成熟期，由于人为的经营干预，存在林内微生物种群的不稳定，林内没有形成成熟的腐殖质层，蓄水保墒能力较低，这一时期的森林群落存在很大的逆演替可能性。综上所述，在森林建设培养阶段，森林的经济效益是不全面且不稳定的。

(2) 森林群落培育发展阶段

这个阶段是林分由成熟林转化为过熟林，并从过熟林通过自然演替产生新的建群树种，至完全成熟的全过程。这一阶段的森林经历了一个完整的生物成熟期，林木个体出现衰老，林木的高生长和直径的生长完全停止，林木个体和林分生长量降低并转化为负增长，林分蓄积量出现负增长，对环境抵抗能力减弱，枯死木逐渐增多，枯死现象严重，林冠出现破裂并随着林木生物年龄的增长越发严重，林分郁闭度下降。由于森林和环境的相互作用，适应这一新的环境的森林建群物种开始生长发育，逐渐形成次林层。经过树种之间的自然竞争，经过幼龄林、中龄林阶段形成以侵入物种为主的新林分，或与原来林分主要树种的幼树伴生形成新的森林群落，与林内其他伴生树种、灌木、草木、微生物等构成第二个生物周期的森林，形成了新的森林群落。这个新的森林群落和第一代森林群落相比，结构更加紧密、更加合理、更加稳定。它的经济效益与第一代的森林相比，供给能力更多、更强、更稳定、更充分。

(3) 森林群落的成熟稳定阶段

这个阶段的基本特征是森林群落经过了新的一个生理成熟过程，具有了比较稳定的纵向物种种类构成，主要建群种、伴生建群种基本固定，主林层、次林层及其林内的寄生植物和物种稳定下来；林下地表枯落物在微生物的作用下能自我分解成较厚的腐殖质层，孔隙丰富，蓄水能力更强、更稳定，持水的时间更久，对降水具有净化能力并具有供水的能力；森林群落的乔木、灌木、草本、苔藓、地衣和微生物的群落在水源的保障下形成稳定生物群落；森林的分布范围有了较为明显的界限，外貌特征和周边环境有了明显的区别，形成了有自己特点的、稳定成熟的、能自我更新演替的新群落。到了这个阶段森林才发展成为成熟稳定的森林群落，才能够为人类和社会提供稳定的、更多的、更强的经济效益。在不遭到不可抗力的破坏(火山喷发、毁灭性的火灾等)的前提下，这样的森林会为人类提供充分、稳定、持久的经济效益，并能使经济效益、社会效益和生态效益三者有机统一起来。

三、世界林业和中国林业

1. 世界林业

(1) 世界林业发展历史

世界各个国家国情不同，社会制度的差异、森林资源的差异等都产生了不同的林业发展方式。总体来说，世界林业在漫长的发展历史中大概经历了 2 个大阶段：破坏森林发展阶段和保护森林发展阶段，或者说是盲目破坏森林阶段和自觉恢复森林阶段。这 2 个大阶段又可细分为 4 个阶段：薪材阶段（林业发展与农业发展矛盾阶段）、工业采运阶段（林业和林业经营萌芽）、森林工业全面发展阶段（林业与林业经营由此产生）、林业综合经营阶段。

薪材阶段，森林产生的木材多用于作为薪材，用于生产建筑、工具、家具等的占比较小。此时的工业发展不发达使得森林用于工业用途占比很小。该阶段在资本主义出现之前一直存在，此时林业发展与农业发展矛盾，农业与畜牧业作为当时社会的主要产业。人们毁林开荒、辟林放牧，大规模烧毁破坏森林。中世纪的欧洲、处于封建社会的中国等在此阶段都不断扩大农业生产规模，放弃对森林的开发利用，将森林作为发展的障碍。

工业采运阶段，资本主义的发展推动了工业化进程，使得森林不再是发展的障碍，而成为提供大量木材等原材料的生产地。在此阶段，薪材在木材使用中占比下降，但仍然是主要产品。越来越多的木材用于工业生产，主要用来满足锯材、工具、建材、枕木等需求。在此阶段树种的利用范围还不大，一些更精细的木制工业产品如纸浆、胶合板占比还非常小。随着工业化发展，蒸汽机、内燃机、电气的利用，促进森林采伐和运输。此时人们大规模砍伐森林，还处于破坏森林获得发展的阶段，但与薪材阶段不同，此时森林与人们的发展不再矛盾，相反却出现了森林资源的不足与日益增长需求的矛盾，破坏森林不如以往严重，但是大肆采伐也形成另一种性质的破坏，且持续时间更长。随着森林不断被砍伐，国家工业发展出现一系列问题：需要不断开采新的森林，采伐和运输成本增加；森林资源不足，材料成本上升；优质木材数量下降。在提出解决方法时，造林和营林的方式开始出现，但因为当时成本太高且森林培养周期长，并没有得到资本主义国家的大规模使用。

森林工业全面发展阶段在工业化的推进下产生。化工、机械等领域已经广泛利用木材生产，使用种类也进一步扩大，产品开始多样化。森林工业由采运为主过渡到以加工为主，由低级简易的机械加工发展到高级的综合利用。在此阶段，最原始的薪材使用占比已经下降，机械加工的工业林产品如胶合板类产品占比迅速上升，化工类产品如纸浆占比也迅速上升，资本主义国家发展森林工业开始向充分利用木材原料的综合发展转变。采运工业在此时更多服务于加工业，成为主要供应部门，森林工业形成了较完整的体系。

林业综合经营阶段开始于第二次世界大战之后。20 世纪 50 年代开始，部分国家考虑了森林长久利用，走向采伐利用和造林营林综合经营，统一发展的道路。这种趋势在北欧三国、美国、意大利、联邦德国、法国、日本等不少国家已经成为主流，当时的苏联也出现此苗头。由于国民经济的快速发展，对木材特别是以木材为原料的制品（如胶合板和纸浆）需求迅速上升，森林资源早期的破坏使得能够提供的木材非常有限，而营林部门当时规模较小，只局限于简单再生产，不可能以较多的投资、较快的速度、培育较多的森林资源来满足森林工业扩大再生产的需要。这样，营林部门的简单再生产与森林工业部门扩大再生产之间的矛盾越来越大，成为这些国家迫切要解决的问题。同时，森林资源具有可再生性，不同于矿产资源，森林资源可以进行更新，因此想要充分利用森林资源，就需要把采伐和培育结合起来，形成适应再生产条件下的永续利用。虽然出发点是为了解决资源匮乏的危机，维护资本主义投资利益，但相对于上述第一、第二阶段的纯破坏，森林在此期间得到了一定的合理经营和保护。也是在此阶段，人们不止局限于天然林的利用，人工林的比重快速增加，部分速生树种出现，用于满足快速增长的材料需求。此阶段持续发展到最近几十年，人们对教材的生态功能认识越来越多，逐渐认识重视森林的防风固沙、涵养水源、改善空气、调节气候的生态功能，对森林的保护也越来越正式。大部分国家有成型的森林保护法规，配置了森林保护的部门，并且对森林资源的调查、使用都有一定的规划，不断追求森林的永续利用。

现代林业的发展是综合经营阶段的延续，相对于前阶段的开发利用森林到保护利用森林，现代林业开始注重"拯救"森林。世界大部分国家修订了自己的森林法，限额采伐规定，强调林业的可持续发展，2019年第二十五届国际林业研究组织联盟（IUFRO）世界大会已经将林业可持续发展作为大会主题。目前由于市场失灵、管理不到位等问题，毁林问题依然存在，世界林业发展需要进一步完善政策，扩大森林资源的同时，保护和管理好现有森林，消灭毁林现象，抑制森林退化，向着更符合人与自然和谐相处的方向发展。

（2）主要国家的林业发展

①德国林业。德国作为发达资本主义国家，林业发展经历了很长的历程。目前德国森林覆盖率较高，森林资源权属以私有林为主，林业在国民经济中占比较低。德国森林资源总量不多，但木材储量是欧洲首位，林业收入大部分来自木材的出售。

早在第二次世界大战之后，德国就确立了森林经济和社会效益双增长战略目标。到20世纪70年代，德国注重经济效益、生态效益和社会效益综合一体发展。目前德国的林业已进入生态林业阶段：森林的质量高、蓄积量大，年生长量大于年采伐量；生态环境较好，自然灾害较少，人与自然和谐相处。

近自然林业最早就起源于德国。德国在林业政策目标的确立上秉承近自然林业发展的思想，保护生态效益为原则，主张保证森林的永久性、持续性和均匀的利用效果，满足人民对木材和林产品的长远需求，在保证生态效益的基础上改善林业经营方式和林产品结构来达到最大的经济效益。德国的林业经营模式效果非常好，但是并不适配于所有国家的林业经营。森林资源分布广、集约化程度不高的国家很难实施这种标准化的林业政策。

德国对于林业的保护和扶持政策也相对完善。国家与地方政府共同完成林业国有林的投资，并且近年国家对国有林的投入迅速增长。政府对于私有林扶持政策包括多个方面，具体有植树造林的资金扶持、人工混交林培育的资金扶持、收到自然灾害的资金补贴以及设立森林保护和保险措施的资金扶持。

②美国林业。美国是世界上森林资源最多的国家之一。地域辽阔、纬度跨越广使得美国森林面积广阔，种类也十分丰富。美国林业发展的历史并不长，但依然与世界发达国家一样，先经历了毁林开荒，大规模森林砍伐的阶段，之后逐渐转变为综合经营发展模式。美国的林业是经济发展重要支柱，是世界上最大的林产品生产国之一，传统林产品如木材、纸浆、木制品的生产都位于世界前列。目前美国林业机械化程度高，法律完善，政策合适，林业综合效益较好。

美国森林经营的政策演变主要体现在国有林上。在20世纪中叶，以全力发展森林工业的目标改变了以往国有林经营的方式。森林采伐速度上升，国有林采伐来满足工业需要。对于经济社会发展来说，森林贡献了大量的木材，但对于生态保护来说，此阶段持续的数十年导致美国珍稀物种大幅减少，生态环境受到冲击，迫使美国在20世纪70年代开始重新制定国有林的经营目标和方式。1980年，美国法律规定林业发展要遵循综合经营和永续利用原则。自美国开始重视生态系统的保护和转变林业经营方式之后，美国森林和自然保护区面积不断扩大，生态效益显著。虽然发展中有一部分国有林依然用于采伐以满足发展需要，但总体来看，用材林面积逐渐减少，森林蓄积量增加，美国的林业经营政策取得了较好的生态效益。

美国的林业扶持政策也与生态效益有很大关系。美国有超过200部关于保护生态环境的法律，其中许多法律对森林经营管理有明确的生态效益要求。国家设立了林业基金，并且持续有财政拨款。在这个私有林占比高的国家，政府虽然无权干涉私有林经营，但设立了许多扶持政策鼓励林主造林营林。国家鼓励私人进行林业投资，提供技术指导，并且对于放弃农业生产而转变为人工林的土地有长时间的财政补贴。1974年实行的森林激励计划也是通过政府提供成本补贴，鼓励私人发展、保护及经营用材林和其他森林资源。这些林业扶持政策使得人工林面积迅速增加，其中非工业用途的人工林创造了非常大的生态价值。

③加拿大林业。加拿大是世界森林面积排名第三的国家，拥有世界近40%的认证森林，是世界上拥有认证森林面积最大的国家。长期以来，加拿大的森林及其产业在增进社区福利、拉动经济增长、改善原住民生活等方面发挥着巨大作用，林业被认为是加拿大历史发展中最不可缺少的部分之一。其基本林产品如木制家具、胶合板等与中国在世界市场竞争激烈，并且还在进行林产品创新和多元化的发展。

加拿大对于林业的重视程度很高。在林业发展的长期探索和实践中，加拿大形成了完善的森林保护和生态建设的模式。加拿大有完善的森林认证，认证机构对生产林进行评估，确认长期采伐可以持续、没有未经授权或非法伐木行为、野生动植物栖息地受到保护、土壤质量得到维持等，然后才发放证书，通过运用市场机制来促进森林可持续经营，实现生态、社会和经济目标协调发展，如此便严格限制森林的采伐，起到保护森林和森林资源永久利用的目的。国家制定模型林业计划对不同地区、不同类型的林业进行具体规划。所谓模型林业，是指在可持续森林经营思想的指导下，按照不同的区域，对林业的社会、经济、生产和经营等进行全面预测和管理，因地制宜的发展政策非常适合加拿大这样国土广阔、森林资源分布差异大的国家。总的来说，森林永续利用的思想贯穿于加拿大林业整体的发展，生态立国的思想文化和法律规定都体现了保护森林和生态系统的原则。

在林业发展的政策扶持上，加拿大政府非常重视林业科研的投入和林业技术的推广。加拿大将森林可持续经营技术、生物多样性保护技术、卫星遥感技术和生物技术作为林业科研及推广重点的领域，这些方面的科研成果免费向社会提供。政府管理和重点支持着多家林业重点科研及推广单位（政府资金支持约占全部经费投入的75%）。森林经营管理上还设立许可证制度，把公有林以承包、租赁等方式分配给企业或私人经营者使用，并有严格的经营管理规定。

2. 中国林业

(1) 中国林业发展历史

中国自古以来森林资源十分丰富，林业发展历史也十分悠久。古代林业主要是开发利用森林，以取得燃料、木材及其他林产品。早在西周时期，就有林业经营管理的先例。那个时期的森林也分为国有林和私有林，并产生了最早的林业税，林业政策中以森林的开发为主，对森林的使用也是木材为主，极少部分经济林也开始被人们种植培育。

在农业为本的时代，森林土地难免会遭到农业发展的破坏。由于技术限制和重农抑商，森林大多数的木材用于建材和薪材，交易流通的木制品较少。古代人造林比例非常小，古人也没有育林和用林共同发展的思想，随着人口增加，为了满足农业发展的需要，毁林垦牧、毁林种田普遍发生。朝代更迭中，战争、统治者大兴土木都对天然森林资源造成很大破坏。

虽然古代林业发展缓慢，森林资源破坏严重，但中国古代林业实践是全方位的，其内容几乎囊括了现代林业的所有领域。森林遭受破坏导致水土流失严重，自然灾害频发，要求林业发展需要兼顾生态建设，保护与利用共同进行，实现森林永续利用。古代林业分级管理是现在管理国有林、私有林政策的雏形。古代森林法规的缺失导致森林资源破坏，但现代林业发展需要辅助完善的森林法规。古人由于重视农业发展，对森林重要性认识不够，但现代林业发展需要认识到森林对改善环境的重要作用，提高全民保护森林的意识。

中国近代百年的时间遭受帝国主义的侵犯，不仅林业发展停滞，我国森林资源也遭到大规模破坏。不平等条约使中国失去了大面积的天然森林，诸如"伐木合同"等带来森林大规模采伐，同时还有频发战争的毁林。各种资本主义企业进入中国，中国森林资源实际上为外国采伐和木材工业垄断市场提供大量原材料。封建的土地制度使少数地主占有大量山林，林农遭受经济剥削。虽然有部分国人认识到林业发展的重要性，国内也设立了林业机构并出台林业相关政策，但当时中国林业生产规模很小，技术落后，因此林业在国民经济占比很小，发展基础薄弱。

新中国成立后，林业发展迎来较好的环境。1949年，中央人民政府林垦部成立，1951年更名为中央人民政府林业部，新中国的林业建设有序开展，1952年，北京林学院、南京林学院、东北林学院等首批高等林业院校相继成立，林业教育与林业科学研究随之有条不紊地展开。土地改革将封建山林划为农民所有，引导林农走互助合作道路；制定了"普遍护林，重点造林，合理采伐和合理利用"的林业建设方针；没收官僚资本，建立国有林业经济；实行木材统一调配与管理；为社会主义林业建设奠定了基础。

改革开放至今，中国林业发展迅速。林业产业结构调整取得进展，林产工业得到加强，经济林和生态旅游快速发展。森林资源的培育、管护和利用逐渐形成较为完整的组织、法制和工作体系。相关森林法规、政策不断出台更新，森林保护和永续利用得到重视，政府重视人工林的培育，鼓励植树造林；对天然林的采伐有更严格的规定；林业相关补贴政策也越来越完善。中国每五年进行一次全国森林资源清查，清楚掌握森林资源的情况，并及时对林业发展作出调整。如今，林业为国家经济建设和生态状况改善作出了重要贡献，中国现代林业向着可持续发展的战略目标和人与自然和谐相处的发展模式不断迈进。

(2) 中国林业发展的理念变化

在漫长的林业发展历程中，中国关于林业发展的理念经历了多次变化。

近代以及近代以前，林业发展体系薄弱，没有关于林业发展的系统理念。多数情况下森林的作用是提供原材料，其他价值并没有被挖掘。

到了新中国成立之后，随着工业的发展，森林成为经济发展需要开发的最大自然资源。当时计划经济体系下，以"采运工业"为主要发展理念，森林大规模开发，不断向工业发展提供材料，薪材和建材占比很高，化工产品和机械主要林产品并未成为工业主流，此时虽然有"普遍护林，重点造林，合理采伐和合理利用"的林业发展方针，森林永续利用并未得到重视。

改革开放以后，森林资源面临危机，林业发展开始转变发展理念，逐步形成"木材培育论"和"林业生态论"的发展理念。"木材培育论"其核心是培育森林和使用森林资源二者共存，通过科学营林建造速生丰产林，并不断扩大人工林的培育，以满足不断增长的需要。"林业生态论"则是近自然林业的发展，要求以生态经济综合效益为经营目标，充分利用当地自然条件和自然资源，在促进林产品发展同时，为人类生存和发展提供最佳状态的环境。当今林业发展理论围绕可持续发展形成"现代林业论"。将科学技术的发展运用到林业发展中去，旨在有限利用森林资源情况先完成最大的经济效益和生态效益的统一，核心与林业生态论一样是为了森林的永续利用。同时，现代林业将森林划分为不同种类以发挥不同作用。经济林主要发挥经济效益，用材林主要提供原材料，公益林主要发挥生态效益，起到保持水土、净化空气、防止污染的作用。

(3) 中国林业在中国发展的地位

林业的发展对中国经济社会发展起到不可替代的支持和保障作用，在国民经济发展中地位十分重要。具体体现在：

促进人与自然和谐发展，必须加强现代林业建设。对自然的过度索取，对森林和湿地的过度破坏，必然造成生态危机，导致人与自然不和谐发展，严重影响人民群众的生活质量和身心健康，严重影响社会和谐发展。英国科学家指出，由于森林大量被毁，已经使人类生存的地球出现了比以往任何问题都难以对付的生态危机，生态危机有可能取代核战争，成为人类面临的最大安全威胁。森林和湿地是陆地最重要的2大生态系统，在生物界和非生物界的物质交换、能量流动中扮演着主要角色，对保持陆地生态系统的整体功能、维护地球生态平衡、促进经济与生态协调发展发挥着中枢和杠杆作用。必须把发展现代林业、改善生态环境这件关系人民群众切身利益的大事抓紧做好，发挥林业在提供资源支持和生命支持等方面的重要作用，为构建社会主义和谐社会作出贡献。

满足人民群众日益增长的物质文化和生态需求，必须加强现代林业建设。以人为本是科学发展观的本质和核心。人的价值的实现途径是大力发展经济、推进民主政治建设和发展先进文化，切实保障人民群众的各项基本权利，满足人民群众日益增长的物质文化需要，促进人的全面发展。林业是生产生态产品的主体部门，是实现人与自然和谐的关键和纽带，是重要的基础产业，是生态文化发展的源泉和主阵地，可以为人们提供多种物质文化和生态产品。发展现代林业，最大限度地拓展林业的多种功能，可以进一步提高林业生产力和林地综合产出水平，满足经济社会发展对林业的多样化需求，为社会创造更多的福祉，支持我国的经济建设、政治建设、文化建设、社会建设，是时代赋予林业的重大历史使命。

建设社会主义新农村，必须加强现代林业建设。实现"生产发展、生活宽裕、乡风文明、村容整洁、管理民主"的社会主义新农村建设的宏伟目标，是全面落实科学发展观、统筹城乡经济社会发展、解决"三农"问题的战略举措，事关全面建设小康社会和现代化建设大局。我国国土面积69%的山区和18%的沙区，56%的人口、83%的贫困人口聚居在山区。山区的发展、农村的进步是我国实现小康社会和现代化建设目标的难点和关键。发展现代林业，在社会主义新农村建设中具有重要的地位和作用。林地是农村、农民最重要的生产资料。着眼于比耕地大3倍的林地、湿地和可利用的沙地资源开发，进一步挖掘林业发展的巨大潜力，可以为农民就业增收、脱贫致富提供多种途径。发展现代林业，已成为建设社会主义新农村的迫切需要。

立足于中华民族的生存和长远发展，必须加强现代林业建设。人类文明的发展和延续，与生态状况密切相关。生态状况恶化不仅会破坏人们的生存条件，甚至会导致人类文明的消亡。恩格斯在《自然辩证法》中曾做过精辟的论述："美索不达米亚、希腊、小亚细亚以及其他各地的居民，为了想得到耕地，把森林都砍完了，但是他们梦想不到，这些地方今天竟因此成为荒芜不毛之地。"我国也有不少曾经山清水秀、林丰草茂的地区，由于植被破坏和水土流失，也曾沦为"有河皆干、有水皆污、土地退化、沙漠碰头"的境地，气候恶劣，生态恶化，水旱灾害严重，治理的成本越来越高。保护生态，就是保护我们赖以生存的家园，就是保护中华民族发展的根基。

(4) 积极构建林业三大体系

加快我国林业发展，保障可持续发展的实施，实现社会生产力持续发展和提高人们的生活质量，就必须加速构建现代林业三大体系，提高林业生产力水平。

构建完善的生态体系。 通过培育和发展森林资源，着力保护和建设好森林生态系统、荒漠化生态系统、湿地生态系统，充分发挥林业在农田生态系统、草原生态系统、城市生态系统循环发展中的基础作用，努力构建布局优化、结构合理、功能协调、效益显著的森林生态体系。使森林和湿地生态系统与其他生态系统共同营造和谐的生命支持系统，使林业生态体系在生物多样性保护、增加碳汇、减缓全球气候变暖中发挥重要作用，保证人与自然的和谐共存。

构建发达的产业体系。 遵循市场经济规律和林业发展规律，通过提高林业科学化、机械化和信息化水平，提高林地产出率、资源利用率和劳动生产率，努力构建品种丰富、规模可观、布局合理、优质高效、环境友好、竞争力强的林业产业体系。要以提高林地生产力为核心，以资源培育为基础，做大第一产业；以提高科技含量和附加值为核心，以信息化、机械化、高科技为手段，改造提升第二产业；以改造森林景观、提高文化品位为核心，以人性化、多样化为理念，做活第三产业。要积极培育林业龙头企业，推进林业产业化经营。在特色森林资源丰富的地区，培育一批林业特色产业集群和区域品牌。

构建繁荣丰富的森林文化体系。 通过加强森林文化基础设施建设，积极开发森林文化产业，努力构建主题突出、内容丰富、贴近生活、富有感染力的森林文化体系。加强生态文化基础建设，逐步抓好森林博物馆、森林标本馆、自然保护区、森林公园、林业科技馆、城市园林等森林文化设施建设，保护好风景林、古树名木和纪念林。开发森林文化产业，充分利用文化平台弘扬生态文明，通过文学、影视、戏剧、书画、美术、音乐等多种文化形式，普及生态和林业知识。

第二节　林业经济学的研究对象及其产生与发展

一、林业经济学的主要内容

林业经济学作为一门科学，对其认识和性质判定的主要依据是其理论基础及属性，其应用或研究对象领域特点以及相关内容的内在逻辑结构等。我国对林业经济学的科学属性研究很少，对林业经济学的科学形式也有不同观点。以往对林业经济学的范畴界定主要出现在各类相关教材中，这些教材对林业经济学定义虽各有不同，但其核心是，林业经济学是研究林业经济活动规律及林业经济问题的科学，还有一类定义是从资源经济的视角把林业经济学定义为以森林资源培育、保护与利用中经济关系和经济活动为对象的应用经济学。综合已有的相关定义，结合国内外林业经济学发展以及中国林业经济发展的特点，林业经济学可以概括为研究人类社会经济发展与森林资源及森林生态系统相互作用关系的应用经济学，具体说是应用现代经济学相关理论和方法认识森林资源及森林生态系统社会经济属性，人类社会生产、保护及利用森林资源和森林生态系统的一般规律，林业资源配置一般原理，以及林业经济发展中的重大经济问题的科学。

从理论上讲林业经济学主要包括4个方面：一是关于林地、森林资源及森林生态系统的相关理论，主要是林地产权制度理论、森林资源经营理论、林地价值、地租及最佳轮伐期理论、森林资源社会生态效益评价理论、森林资源管理制度等。二是有关林业发展及与社会经济发展关系的相关理论，主要包括林业与国民经济发展关系理论、林业可持续发展理论、社会林业发展理论、林业区域经济理论等。三是林业产业经济活动主体行为的理论，主要包括林业要素配置理论、林业市场经济发展及国际贸易理论、经济因素对林业经济活动影响分析理论、林业产业经济理论等。四是国家对林业宏观调控理论，主要包括林业经济政策、森林资源利益协调理论、林业公共建设理论、林业政府行为理论等。由于不同国家在不同时期所面临的具体林业问题的差异，上述方面内容具体表现也各有侧重。

二、林业经济学的产生

经济学产生的前提条件是研究对象具有稀缺和效用属性，并且产生了生产和再生产的社会需要。在奴隶社会和封建社会的历史文献中已有关于林业经济的记载；但林业经济学作为一门独立的经济学科，则是在资本主义林业发展过程中逐步形成的，至今已有100多年的历史，林业经济学产生于19世纪的瑞典，在欧洲的发展始于森林经理学和林政学。当时欧洲林业商品经济有较大发展。由于把森林作为商品木材采伐和林产原料基地来经营，需要计算费用与效益，进行市场预测，从而推动林业经济的研究，逐步形成林业经济学的原理。

19世纪以前，森林资源作为一般的生产、生活资料具有效用性，但相对当时的资源量稀缺性不明显，没有产生独立的林业经济学科。工业革命后，森林资源成了重要的生产要素，相对社会需求，稀缺性明显化。产生了以木材永续利用为核心的林业经济学，主要任务是探寻最优的经营方式，实现木材的最大持久收获。这一时期开始运用宏观法律手段对林业生产经营进行管理。如针对森林的立法相继在各国出现。早期颁布"森林法"的国家有法国(1827年)、奥地利(1852年)、比利时(1854年)、芬兰(1886年)、日本(1897年)、瑞典(1903年)、苏联(1918年)、英国(1919年)和德国(1920年)等。这一时期的林业经济学研究严格上来说,属于经济学中生产理论部分和宏观管理政策内容,称之为林业经营学、经理学、政策学较为准确。依据林学(生物学属性)知识和理论,应用于木材生产,解决永续生产的实际问题以及如何加强国家对森林的管理。对森林资源的经济学属性和直接的经济学问题研究较少,这和当时主流经济学基础薄弱的客观环境有关,此后传入日本,随着林业生产的发展,而突破了林政学研究的范围。

20世纪初产生了一批对林业经济学有影响的著作,如1912年瑞典帕特森的《瑞典的林业》、1915年哈密尔敦的《瑞典森林经济对策》、1920年法国于费尔的《林业经济》等,1945年后日本、美国、苏联等国也都出版了林业经济学相关著作。日本的研究涉及林政、林业经营、林业会计、林业经济史、木材市场、林业计量经济学等。美国的林业经济学除研究木材采运经济、木材市场经济外,还重视对森林永续利用和森林多种效益的研究,建立了森林资源经济学等。随着林业商品经济的发展,需要进一步改善林业经营,加强管理,提高效率,节省费用,从而推动林业经济学向深度和广度发展,出现了如林政学、森林较利学、林业经济与组织学,以及木材税收、木材流通等各方面的著作。在欧美,形成了以德国为代表的森林永续经营利用学派,在亚洲形成了以日本为代表的永续经营保护学派。

中国在春秋战国时期已有对林业经济问题的研究。如《礼记·月令》中写有:"孟春之月,禁止伐木。孟夏之月,毋伐大树;季夏之月,树木方盛,乃命虞人入山行木,毋有斩伐;季秋之月,草木黄落,乃伐薪为炭;仲冬之月,日短至则伐木取竹箭。"孟子提道:"斧斤以时入山林,则材木不可胜用也。"西汉司马迁所著《史记·货殖列传》中已有人工经营用材林、经济林的论述。北宋陈翥的《桐谱》,论述了植桐的经济效益,韩彦直的《橘录》,论及柑橘的生产和运销。明代俞贞木(一作俞宗本)撰写的《种树书》中,也有对林业经济问题的论述。清代的《植物名实图考》,论述了森林植物的经济价值。但是,历代虽有不少专题著述,却一直没有形成独立的林业经济学科。到20世纪20年代末30年代初,西方林业经济学著作才开始传入中国。

三、林业经济学的发展

1. 林业经济学在中国的发展

(1)林业经济学发展历程回顾

中国林业经济学发展起步相对较晚,20世纪40年代,朱江户和王长福等老一代林学家将国外林业经济思想带入中国,并开始在农林院校开设林业经济及林政学等课程,林业经济学真正开始了中国发展之路。新中国成立后,由于国家建设和国民经济快速发展的需要,我国现代意义的林业开始建立,林业经济研究需求及林业经济管理人才需求促进了林业经济学发展,在系统学习苏联的基础上,至改革开放前基本建立起中国林业经济学体系,其主要特点是以林业生产关系和林业计划经济管理为核心,以林业生产组织为主体的内容结构,这个时期林业经济学发展及人才培养，为新中国林业建设发挥了积极作用。改革开放后，社会经济变革及林业发展催生了新一轮林业经济研究高潮，林业经济学作为一门科学也得到较大发展，以廖士义的《林业经济学导论》、张建国的《现代林业论》、邱俊齐的《林业经济学》为代表的林业经济学发展成果，在继承以往林业经济学精华的基础上，结合我国林业经济改革与发展的新形势和新问题，对林业经济学的理论基础、体系结构等进行了创造性研究和探索，很好地发展了中国林业经济学。但随着21世纪中国社会经济及林业改革与发展，特别是现代林业建设的开启，如何结合相关科学发展，特别是经济学理论与方法的发展，构建和发展新的林业经济学理论体系，指导中国现代林业发展已成为林业经济学科发展的当务之急。

(2) 林业经济学课程内容的变迁

从林业经济学课程内容的变迁来看，改革开放以前是按地区（华东、华北等）编写不同的教材，当时林业经济学和企业管理学结合在一起。改革开放后，林业经济专家根据需要，开始编写不同的教材（表1-1），主要包括《林业经济学》《林业经济管理学》等，当然内容侧重点不同，《林业经济学》的课程内容，主要按照部门经济学的体系进行，也体现了由计划经济向社会主义市场经济的逐渐变化过程，授课对象为林业经济学专业学生。《林业经济管理学》包括了林业经济学、企业管理学和技术经济学等内容，授课对象主要偏向于林学等自然科学类专业的学生。但是，随着林业在社会经济发展中地位和作用的变化，林业已经涉及了资源经济、生态经济、区域经济等领域，因此，《林业经济学》除了具有部门经济学特征以外，不能单纯按照经济规律办事，更重要的是要按照社会发展规律办事，这就给林业经济学课程内容提出了崭新的要求。

表1-1 中国改革开放后主要林业经济学教材及内容

教材名称（年度）	作者	主要内容
林业经济管理学（1983）	吴静和	①林业在国民经济中的地位和作用；②我国社会主义林业的发展；③林业现代化；④森林资源合理利用；⑤林业生产结构和专业化；⑥林业的计划工作；⑦林业中的劳动报酬；⑧林业的物质基础；⑨林业资金；⑩林价和林产品结构；⑪林业的经济核算；⑫林业技术经济效果评价；⑬林业经济管理体制
中国林业经济问题（1984）	张建国	①把林业经营的指导思想建立在生态平衡的基础上；②社会主义林业制度的建立和发展；③中国林业的现代化；④林业部门结构；⑤森林资源；⑥林业计划和森林资源再生产；⑦林业生产力诸要素的利用和发展；⑧森林评价；⑨林产品交换和林产品价格；⑩林业经济核算和预算；⑪林业生产技术经济效果评价；⑫中国的集体林业经济；⑬林业经济管理体制
林业经济学（1986）	东北林业大学	①林业的地位和作用；②林业经济的形成和发展；③林业经济结构；④我国林业所有制；⑤森林资源及其再生产；⑥林业生产布局和林业区划；⑦林业生产的集中化、专业化和联合化；⑧林业科学技术进步；⑨林业计划和市场调节；⑩林业基本建设；⑪林业劳动和人才培养；⑫林业资金及其利用；⑬林产品价格与林价；⑭木材流通与消费；⑮林业生产经济效果

（续）

教材名称（年度）	作者	主要内容
林业经济管理学（1986）	北京林业大学	①我国社会主义林业的建立和发展；②森林资源及其再生产；③林业生产结构与布局；④林业经济管理体制；⑤林业经营管理；⑥林业计划管理；⑦林业劳动管理；⑧林业技术管理；⑨林业物资供应和林产品销售；⑩林业资金管理；⑪林产品成本、价格、盈利和林价；⑫林业经济核算和经济活动分析；⑬林业技术经济效果原理；⑭林业技术经济效果的分析和评价方法
林业经济学导论（1987）	廖士义	①林业及其特点；②中国林业历史概况；③新中国林业经济建设；④国家对林业的管理；⑤森林资源及其经济评价；⑥森林资源再生产；⑦林业计划、信息及预测；⑧林业劳动和劳动报酬；⑨林业资金和经济核算；⑩木材流通与市场结构；⑪林价理论和方法；⑫营林产值计算
中国林业经济学（1992）	张建国	①林业在社会经济发展中的地位与作用；②把林业经营的指导思想建立在生态平衡的基础上；③森林资源及其再生产；④林业的所有制与经营方式；⑤林业部门结构与产业政策；⑥林业区划与林业布局；⑦林业发展长远规划；⑧林业宏观管理；⑨林业经济的运行环境与运行机制；⑩林业生产要素的配置；⑪木材及其他林产品市场与价格；⑫木材流通与消费；⑬林业税收的调节与管理；⑭林业的收入分配；⑮环境性林业资源供求的国家政策和地区协调；⑯林业成本、利润与产值核算；⑰林业经营综合效益评价；⑱林产品国际贸易；⑲林业的国际交流、协调与发展
林业经济学（1998）	邱俊齐	①世界和中国林业；②森林资源经济评价；③林业经营；④林业资源配置；⑤林产品贸易和市场；⑥非木材产品经济；⑦政府对林业的宏观调控；⑧PRA方法在林区社会经济调查中的应用
林业经济管理（2005）	高岚	①我国林业发展历程与发展战略；②森林资源经济评价；③林业经营；④林业企业管理基础；⑤林业企业要素管理；⑥林业企业市场营销；⑦林业经济效益评价；⑧林业项目可行性研究
林业经济学（2013）	万志芳等	①绪论；②林业经济特殊性及运行规律；③林业需求与供给；④林业生产结构、组织及布局；⑤林业生产的微观决策；⑥林地及主要林产品的经济评价；⑦林产品市场及林产品贸易；⑧林业主体职能及制度选择；⑨林权制度及其他林业制度概述；⑩林业国际合作
林业经济学（第二版）（2018）	刘俊昌	①世界林业及林业经济发展；②中国林业发展的环境分析；③轮伐期；④森林资源生态效益经济评价；⑤森林资源管理体制；⑥社区林业；⑦林产品市场；⑧林产品贸易；⑨林业宏观政策
林业经济学（第二版）（2020）	沈月琴等	①林业生产要素；②林业产出；③林产品市场与贸易；④林权制度与林业经营；⑤林业政策；⑥林业与区域发展；⑦林业发展新趋势；⑧林业经济实证研究方法
林业经济学（2020）	柯水发等	①林业经济学概述；②林业经济学研究方法；③林业管理制度和政策体系；④林业生产要素配置；⑤林业市场需求与供给；⑥森林经营决策；⑦林产品市场与贸易；⑧林业经济效益评价；⑨森林生态效益评价；⑩森林社会效益评价
林业经济管理学（第六版）（2020）	高岚	①我国及世界林业发展概况；②中国林业经济发展概论；③中国林业制度和主要林业政策；④森林资源及其价值评价；⑤林业经营理论与经营形式；⑥林业企业管理理论与要素管理；⑦林产品市场营销；⑧林业经济效益评价

(3) 林业经济学研究相关情况

林业经济学相关研究学术团体主要有中国林业经济学会和中国林牧渔业经济学会。中国林业经济学会成立于 1980 年 6 月 29 日，编辑、出版、发行林业经济刊物，学会下设：林业技术经济、林业统计、国外林业经济研究、林业企业管理、城市林业经济、林业区域经济等 6 个专业委员会。中国林业经济学会自 1980 年成立以来，按照学会的宗旨和要求，结合林业发展的特点，结合中国的国情、林情开展了一系列的工作，举办了多次培训，为林业基层单位培训了一批林业经济管理人才，在各领导岗位发挥了不可忽视的作用。编纂学术专著及科普读物 20 余种。《绿色中国》《中国林业企业》《林业经济问题》杂志是学会的会刊，其他专业委员会中也有办本专业特色的期刊。《绿色中国》面向国内外公开发行，曾获国家新闻出版署优秀期刊奖。中国林牧渔业经济学会的前身是全国林业经济研究会、全国畜牧业经济研究会、全国渔业经济研究会，成立于 1979 年。1991 年为了加强对研究会的领导，将全国林业经济研究会、全国畜牧业经济研究会、全国渔业经济研究会合并为中国林牧渔业经济学会。

林业经济学研究相关学术期刊主要有《林业经济》《林业经济问题》《中国林业经济》（前身是《林业企业管理》）。《林业经济》创刊于 1979 年，2004 年更名为《绿色中国》（理论版），2006 年恢复为《林业经济》月刊。《林业经济问题》创刊于 1981 年，由福建林学院主办，是我国最早的研究林业经济问题的理论阵地，2001 年改为由中国林业经济学会与福建农林大学共同主办。《中国林业经济》创刊于 1993 年，由中国林业经济学会和东北林业大学共同主办，曾用名为《林业企业管理》。此外，中国林业经济论坛是中国林业经济学术界与国内同行和国际学者进行学术交流的平台，每年召开一次全国性的学术会议。曾以"新时代的中国林草业高质量发展""林草改革：责任与机遇""中国林业经济：新时代、新机遇、新发展"等为主题举办学术会议，聚焦国家林业发展新形势、林业产业发展新业态、林业经济研究新问题等。

2. 林业经济学及其特点

林业经济学从科学定义的角度应把握 3 个要点：①林业经济学的理论基础。林业经济学不是理论经济学，是建立在理论经济学基础之上的应用经济学。②林业经济学研究对象的界定。林业经济学应以林业生产力发展和合理组织为主要的研究对象。③林业经济学的方法论。林业经济学的方法体系的构成应由其相关的理论经济学和林业科学 2 部分组成。

基于上述 3 点林业经济学可以定义为：林业经济学是应用相关经济学和林业、资源与环境科学的理论和方法，并结合林业经济活动的特点，研究林业生产经营的一般规律和林业生产稀缺资源合理配置的应用经济学。正确认识林业经济学的特点，是学习林业经济学的关键，也是灵活地运用林业经济学研究林业经济问题的前提。概括地说，林业经济学的主要特点包括交叉性、实证性和复杂性。

(1) 交叉性

多学科交叉是林业经济学的显著特点。林业自身的特点，特别是林业主要经营对象——森林资源的特点，使其与其他部门经济学相比，涉及多学科的理论及方法，既有理论经济学，也有林业科学、资源与环境科学等的相关理论和方法。其原因在于林业经济发展不仅要遵循一般经济规律，还要遵循生态规律，这就使得林业经济学在认识依据和研究角度上具有多重性。因而，在研究森林资源生产、开发利用及保护时，就不能单纯应用经济学的理论及方法，还要结合资源与环境科学的理论及方法。

(2) 实证性

实证性可以说是应用经济学的共同特点，在林业经济学上体现更为充分。林业经济学的产生与发展都是基于林业发展实践的要求及对实践结果的科学总结。林业经济学的实践性特点，决定了其既是服务于林业经济实践的科学，也决定了其发展是源于林业经济实践的过程。这也是为什么世界各国的林业经济学存在较大差异的主要原因之一。近些年来，随着世界林业的发展，林业的范畴不断拓宽，新的林业实践领域相继出现，这为林业经济学的发展提出了客观的要求，出现了一些新兴的林业经济学研究领域，如森林可持续经营、森林与气候变化等相关的经济问题。

(3) 复杂性

林业经济学的复杂性主要取决于其理论的交叉性和综合性，以及实践领域的广泛性和特殊性。林业经济学的理论体系是建立在经济学、资源和环境科学基础上的综合理论体系。这就使得在林业经济学中，对某一具体问题往往要从多个角度去认识和研究。林业经济学的实践对象是错综复杂的林业经济系统及以森林资源为主体的生态系统所形成的生态经济复合系统，这个系统涉及人类生产生活的很多方面，林业经济的实践领域具有多重属性。林业经济实践领域的复杂性表现在，林业生产经营过程是由育、采、用三个不同性质的阶段组成的整体，每个阶段都有其自身的特点和规律，相互作用的形式和特点也各不相同，这些决定了林业经济研究方法及手段的复杂性。最后，林业经济实践领域的复杂性，表现在人类社会对森林的经济和生态环境作用的认识是一个不断发展的过程，每一次人类认识发展的变化，都会使人类社会与森林的关系发生变化，也必然会对林业经济实践产生重大影响，不断为林业经济学发展开辟新的认识领域。

第三节 林业经济学的学科体系

一、林业经济学的学科性质与学科体系

林业经济学毫无疑问是研究经营森林的经济问题的，过去一般称为部门经济学。科学分类展示，研究林业技术问题的林学属于自然科学范畴，而研究林业经济问题的林业经济学则属于社会科学。科学在经历了分化发展以后，又在向更深一步的综合方面发展，从而产生了"交叉学科"。林业经济问题研究一定要贴近林业技术，才能解决林业发展的经济问题，可见"林业经济学"具有明显的"交叉学科"的性质。

学科体系与内容必须体现学科对象的要求。一般其框架建设应包括以下内容：①林业发展与经营理论的研究。这也是我们常说的发展战略和发展道路的理论概括，即应注意国际上的理论研究和发展趋势，更要注意结合我国林业发展的实际。对这一问题有人认为是森林经理学的研究内容，这是历史的原因。因为过去很长一段时间，林业经济是包含在森林经理学的学科体系之中的。至今，随着林业经济问题的突出，自然成为林业经济学研究经济问题的思想和理论基础。②林业产权制度的改革与实践。这是我国当前经济改革的一个重要方面，它包括了林木和林地，其产权形态也是比较复杂的。实质上是社会主义市场经济条件下产权整合问题，这在南方集体林区显得更为重要。③林业经营效益评价理论与实践。这是经济学的一个

新问题。因为,过去的经济学是建立在掠夺式利用自然资源和自然资源无价基础上的,当前不少学者也在研究绿色。因此,如何建立评价的理论体系、评价方法、补偿机制等便自然成为林业经济学研究的重要内容。④运行机制。所谓运行,实际是指生产、交换、分配和消费各环节协同发展过程,即以市场为中心,以价格为调节手段的资源配置方式。但森林既有其一般商品的一面(木材和林产品),又有公共商品(又是一种全民福利)的一面,资源的布局还受制于自然因素。因此便成为林业经济的研究特点,又是难点。⑤国际木材贸易和国际技术交流。森林问题已明显成为国际问题,环境问题的严重非一国可以解决,而且随着市场经济国际化,林业便自然成为一个国际上的热门问题,必须要加强国际合作,共同解决其在经营与发展中的问题。⑥环境与生态。随着国家经济的飞速发展,生态文明建设对林业提出了新的要求和挑战,面临新的任务,需要从经济学的理论和方法对林业进行更深层次的分析,探讨森林主要功能的转变,木材等有形产品的提供到生态服务等无形产品的提供等扩展的林业经济学。

二、本教材的内容安排和特点

本教材在借鉴国内外林业经济学相关教材和教学参考书的基础上,根据中国高等农林院校林业经济管理人才培养的需要,本着继承与发扬相结合、林业经济理论与中国林业经济实践相结合的原则设计了本教材的结构和内容。基于对经济学是研究资源配置与利用的科学,林业经济学是将经济学基本理论和方法运用在林业领域、研究其资源配置和利用的科学的认识,本教材分为5个部分共9章,具体如下:

第一部分共两章,从林业和经济学2个角度的结合引入林业经济学研究对象与内容。第一部分主要包括绪论(第一章)和相关经济学基础(第二章)介绍,绪论主要介绍林业发展历程、现代林业的发展以及林业经济学的概念范畴及基本特点,目的是把林业经济学放到林业发展的现实时空环境中加以界定和认识,使学习者更清楚所学知识的性质和特点;为了课程学习的体系化和针对性,本教材在第二章中较以往同类书增加了森林经营、森林经理等方面的专业内容,便于学生更好地把握林业生产过程及其特点,便于更好地运用经济学原理和方法对其进行分析。相关经济学理论介绍主要为学习者提供林业经济学学习的理论基础和引导,强调林业经济学作为应用经济学的范畴,其学习和实践应更注重理论性和规范性。

第二部分共一章,主要包括了林业生产要素(第三章),从投入要素的角度分析林业生产要素。主要内容包括林业生产要素的内容和具体形式及其资源配置方法和原理的一般描述,林地资源的概念、特征和利用,土地资源配置,我国的林地类型、分布和产权性质以及林业劳动力、资金、技术的内涵与特征及其劳动力、资金、技术在林业生产中的作用分析与计量等。

第三部分共两章内容,主要包括了森林产品与市场的有形产品(第四章)和无形产品(第五章),从产出的角度分析森林产品与市场。有形产品部分主要内容包括森林产品的概念、种类,产品组合问题,林业产业与生态的共生协调问题(即不同产品的选择问题),非木材产品市场与贸易格局,我国的产业问题;活立木与森林市场的概念和类型、供给和需求、林价问题和森林资源的价值评估,木材市场的供给与需求、特征、影响因素,木材价格、木材均衡问题,我国木材市场的发展过程和世界木材市场的贸易格局等。无形产品部分主要内容包括森林生态服务的内涵与形式，森林生态服务及其市场供给与需求问题，森林生态服务价值实现的市场途径和森林生态服务价值评估方法等。

第四部分共两章内，主要包括了森林资源培育的时间安排（第六章）和森林经营（第七章），是从林业生产过程分析从要素投入到林业产出的林业生产组织问题，分为轮伐期和森林经营2个部分。轮伐期部分的主要内容包括森林资源培育的时间安排、概念、主要种类、费斯曼模型、影响因素分析和生态效益等；森林经营部分的主要内容包括森林资源培育与林业生产的要素组织形式，经营主体，不同经营形式及形成发展过程，新型林业经营主体与乡村振兴、区域经济发展，改革实践和国外经验借鉴等。这部分既有传统林业经济学的核心内容，如最佳轮伐期理论与方法，也增加了我国的改革实践和国外先进经验等新的内容，力求满足学习者对中国林业经济较全面的认识。

第五部分共两章，主要包括了市场失灵与政府调控（第八章），分析市场失灵在林业中的表现以及政府调控的必要性、方法和手段，并进行效率评估。市场失灵与政府调控部门的主要内容包括在林业生产过程中市场失灵的具体表现、产生的问题及其原因分析，包括税费、保险、贷款以及市场管理在内的政府调控的方式和手段，各手段的特点、目的、具体措施与改革和效果分析，以及林业产权制度的作用、变迁、效率分析的原理和方法。林业经济研究方法（第九章）的主要内容包括社会经济调查、社会林业调查方法、林业经济统计方法和西方林业经济学定量分析方法等，在介绍林业经济研究基本方法的同时，也提示和引导学习者应注重经济学方法在林业经济研究中的应用。

第四节　林业经济研究热点与前沿问题

一、林业经济理论问题

1. 森林资源经营理论的发展及应用

森林资源经营理论与模式是林业经济学发展早期就关注的问题，也是研究和积累最多的领域，但森林资源经营具有较大的动态发展性，随着一个国家和地区自然生态环境的变化、社会经济发展条件变化以及社会经济发展对林业的需求变化，在限定的资源及生态环境下林业经营理论选择及具体经营模式都应作出适当调整，这也是世界林业经营理论发展及应用的实证演进过程。我国森林资源相对贫乏，生态及社会经济发展对林业双重需求压力不断增大，使中国林业发展的基础任务必须定位于森林资源及森林生态系统经营上，客观要求林业经济学理论研究也必须提供充分的科学指导和保障，特别是林业分类经营理论与模式在中国实施中显露出不适应问题如何解决，中国森林资源经营理论及模式是否需要进行新的发展和选择等必须给予优先理论探索和研究。

2. 制度经济学在林业经济学中的系统应用

林地、森林资源等是林业经济研究的最基本范畴，而作为自然资源，其价值属性、产权结构、产权制度安排，以及基于产权的生产组织和经济活动资源配置是林业经济重要基础理论。我国林业经济改革与发展涉及越来越多资源产权制度层面的问题，更需要加强相关研究，服务于国家林业改革需要。随着制度经济学的快速发展，以及在整个经济领域的广泛应用，也为林业制度相关经济理论发展及实证研究提供了保障。

3. 生态经济、资源与环境经济理论进一步吸收和应用

林业经济从本质上说是资源经济，森林资源是最具典型性及广泛价值的可再生资源，因此，森林资源一直是资源经济学的重要研究对象。但资源经济学的局限性限制了将森林资源与产业、区域发展、具体的森林资源经营问题的关联，尤其是与生态经济的关联。森林群落是陆地最大的生态群落，而林业经济学则可以借鉴资源经济以及生态经济理论及分析方法，建立和发展森林资源经济、森林生态经济的相关理论。森林资源经济、森林生态经济理论的发展对指导我国林业建设，特别是资源的配置、资源的持续利用生态环境建设、生态文明建设、林业外部性及资源与环境公共政策等均具有重要意义。

4. 区域经济学应成为林业经济学重要理论组成

林业一个重要发展特点是基于自然条件差异的资源分布，以及森林自然生产力的地区差异。如何根据区域自然生态特点、森林资源分布特点，以及社会经济发展的环境条件确定不同区域的林业发展模式和政策，是中国林业未来发展必须解决的关键问题。区域经济学作为快速发展的经济学的一个分支学科，其理论及方法体系不断发展和完善，在中国国民经济各领域均有较广泛应用，林业区域经济其理论与实证研究还处于初级阶段，有较大发展空间和应用前景。

5. 林业市场经济发展理论

由于林业兼具产业和公益双重属性，林业经济发展具有受非市场因素影响和制约导致林业经济活动的特殊性。此外，林业还具有生产的长周期性、效益及效益实现的多样性、自然力与经济力共同起作用、外部性普遍存在、林地公有基础上的林木资源多元所有制结构、森林资源具有经济资源和生态资源多重属性、森林资源既是生产经营对象又是林业基本生产资料等特点。这些特点导致在林业市场经济发展过程中，必须对林业投入、要素配置、生产者经营行为、产品价格、不同类型产品与服务的供给与需求均衡、贸易及贸易壁垒，以及林业经济宏观发展政策有别于其他行业，必须进行专门研究，并形成特色相关理论，以指导中国林业市场经济改革与发展。

二、中国林业经济学研究的重点领域和问题

1. 加强区域林业经济理论与模式研究

我国森林资源总量不足、质量不高、结构不合理及分布不均，区域社会经济发展水平加剧较大，使林业发展的区域差异性和特点显著，表现为东部地区森林资源相对丰富，林业产业及林业整体发展水平相对较高；中部地区森林资源相对贫乏，林业经济发展总量和结构也较东部地区差。西部地区是我国林业发展相对落后地区，不仅表现在森林资源分布较少，林业经济发展水平较低，区域生态环境及社会经济发展基础也成为制约区域林业发展的重要因素。因此，如何根据区域社会经济发展及生态环境需求发展不

同区域林业，满足区域社会经济可持续发展的需求，促进区域林业经济健康发展，已成为当前的一个重要的研究领域。但以往林业经济在区域经济研究领域的积累和形成的学术成果相对较少，难以满足我国区域林业及林业经济发展的需要，特别是林业区域经济理论发展滞后，严重影响了我国林业区域经济研究活动的开展。今后一定时期内林业区域经济研究的重点应集中在林业区域经济发展差异性及成因、林业区域可持续发展模式选择、林业区域经济发展驱动力及约束、区域林业发展空间布局及主体功能规划、林业区域发展政策等方面。

2. 加强林业产业经济发展及产业政策研究

林业产业不仅是林业经济发展的基础，也是林业经济功能的主要表现，现代林业产业发展也是保障国家木材安全，带动森林资源培育产业发展，提高资源利用效率，实现低碳和循环经济的重要途径。林业三大产业具有显著的关联性及差异性，以森林资源为基础的培育和采伐是林业产业发展的基础；第二产业主要以木材及林产品加工利用为主，是对森林生物产出的加工利用产业，产品直接作为生产资料和消费品服务于社会经济需要，其产业发展水平受相关产业技术发展影响较大，其产业发展特点是森林资源的再利用，其发展方向和产业规模取决于社会需求和资源的限制；林业第三产业除一般意义上的服务业外，森林生态旅游及森林生态服务是主体领域，其产业特点是具有较强综合性，对资源利用方式具有多样性，森林资源及生态系统既是产业发展的资源，又是产业发展的环境。林业三大产业虽性质和特点各有不同，但共同性都是基于森林资源。结合我国现代林业建设中林业产业体系建设的目标，以及我国产业发展中存在的主要问题，我国林业产业经济研究的重点应放在产业布局与结构研究、产业集聚及效应研究、国有林业企业现代企业制度改革研究、产业发展政策及服务体系建设研究、林业产业竞争力与产业发展水平评价研究、林业战略新兴产业发展战略及保障体系研究、森林资源定向培育与产业发展关系研究、林业产业与循环和低碳经济发展模式选择研究，以及林改后集体林规模化和产业化发展路径及模式研究等领域。

3. 加强林业产权制度改革及配套经济政策研究

以新一轮集体林产权制度改革为核心的林业改革为林业发展注入了活力，使长期制约林业发展的制度体系开始变革，成为释放凝聚于林地生产力的根本制度措施。集体林权制度改革关系到 5 亿林农的切身利益，关系到超过 50%森林资源的所有、经营和利益分配关系的调整，集体林权制度改革将是一个长期和艰难的过程，一系列潜在的、深层次的制度、政策、林业发展、社会经济等矛盾都将逐渐浮现，多方林业利益主体也将在长期利益博弈中影响未来林改进程。集体林权制度改革涉及众多复杂问题涵盖森林所有权制度、森林使用权制度、森林林政管理制度、集体林经营管理模式、集体林合作及规模化经营、配套保障政策体系，以及集体林业与林区经济发展等林业经济研究领域。从林业经济角度除重点研究主体改革与配套政策外，应重点研究如何建立林改后森林所有和经营利益者与森林资源经营活动的利益关系，建立长期的利益机制，真正通过改革实现兴林、惠民，并不断提升森林资源的经营管理水平和林地的生产力。此外，国有林权改革及林业管理体制改革也是林业改革的难点和重点领域，林业经济研究重点关注国有林产权制度、国有林管理委托代理制度、国有林业经营过程的市场化途径、国有林业企业制度、国有林业多功能经营、国有林与区域经济协调发展,以及国有林场管理体制、国有林场产发展内在动力机制、国有林场解困途径选择、国有林场资源多目标及多功能经营利用等问题研究。

4. 加强森林资源经济和生态经济研究

林业的资源及生态经济属性及特点既是林业发展的特性,也是林业经济发展的重要特色。全球气候变暖、生态环境退化及生物多样性锐减严重威胁人类生存发展,中国的特殊国情使我们面临更加严峻的挑战,发展生态经济、循环经济和低碳经济已成为社会经济发展模式的必然选择,提供更多高质量的森林生态公共产品也是林业的重要任务,林业在这些方面具有巨大发展空间,承担着重要的发展责任。为此,林业经济应加强森林资源生态环境价值理论与方法研究、林业生态产品市场化理论与实践研究、林业生态经济发展模式研究、林业循环经济发展政策、林业低碳经济发展战略,以及生物多样性保护经济、自然保护管理及区域协调发展政策、林业生态服务供给效率及利益协调机制等问题研究。

5. 加强林业经济与社会学科的交叉研究

森林资源具有显著的社会属性和文化属性,对森林资源的经营利用绝不仅是为了经济和生态目标。森林资源是区域、种族和社区重要的文化载体,也是其发展的空间,如何结合森林和林业的社会及文化多用性特点,建立具体的综合林业发展模式,满足区域和社区综合发展的林业需求是现代林业发展在微观模式层面的重要内容。中国悠久的历史文化积淀,形成了具有特色的区域森林文化,目前国家又提出弘扬生态文化、推进生态文明,使林业又拥有了新的使命。为此,林业经济研究也应关注森林生态文化产品与服务的开发、现代社会林业发展理论与中国模式选择、少数民族及贫困等特殊区域林业发展战略、林业社会生态学理论与实践等领域研究。

6. 加强林政管理及林业宏观调控研究

以森林资源管理制度为核心的林政管理是林业管理最重要的基础,林政管理体系所确定的管理关系体现和规范着林业利益关系,经过几十年的发展我国已建立起体系较为完整的林政管理体系,但这个体系已明显与林业改革与发展的要求不相适应,必须加强从林业经济和林业管理角度持续及系统的研究,以构建完善的、与中国现代林业发展相适应的新林政管理制度体系。现代林业发展的另一个特点是政府林业职能的转变,由于林业广泛的公益属性和承担的巨大公共服务职能以及战略性产业的特点,政府的宏观调控及公共投入政策已成为林业及林业经济发展的重要保障。因此,应加强提高政府林业公共投入效率及途径、完善政府林业宏观调控政策及手段、林业发展综合政策保障系统等问题的研究。

三、林业经济学的新议题

1. 生态系统服务

人类从生态系统中获取重要的物品和服务。因此,从广义上讲生态系统服务可以定义为人们从生态系统中所获取的全部效益,包括清洁饮用水和废物的生物化学分解等。

2005 年联合国千年生态系统评估小组将生态系统服务分为四部分，即提供必需品、调节功能、支撑功能、文化功能。林业界很早就认识到森林多种产品和效益，如木材、饲料、水、游憩和物种的栖息地是联合生产的。近年来，用生态系统服务管理代替林分管理或森林经理的说法强调了生态系统服务的概念，特别是生态系统的保护。在不久以前，林业经济学和其他的经济学的大部分工作重点，都放在研究自然界能够为经济生产提供什么样的和多少原料的作用上，很少考虑环境质量、荒野或其他生态系统服务。当经济学家扩大了他们对自然系统价值的认识视野时，他们开始评价生态系统所提供的各种各样服务的价值。到目前为止，人们也只是对大部分生态系统服务价值的评估才刚刚开始。

评价生态系统产品和服务的挑战来自 3 个方面：一是大多数的生态系统服务没有市场价格。二是人们通常不知道生态系统服务的生产函数，这使得问题在范围和时间上都变得复杂起来。三是大多数生态系统服务的公共物品的属性又使得政策的制定者很难设计出刺激它们增加供给的政策体系。为了使生态系统服务的总价值实现最大化，我们可能要将它们分为一般的产品和服务、集体产品和公共物品，并根据各类产品的特征分别进行生产和交易。

2. 森林健康：火灾和病虫害防治与外来物种管理

火灾和病虫害发生的范围和频率不断增长，部分原因是气候变化，更可能是由于人类活动和公共政策因素所致。例如，自从 20 世纪 20 年代在美国实行的火灾预防政策，很可能增加了发生灾难性火灾的风险。作为荒野与城市过渡地带的林区的人口增长，也增加了火灾发生的风险和对火灾的管理的难度。外来物种侵入范围的扩大与贸易、交通和旅游发展紧密相关。火灾管理、病虫害防治和阻止外来物种侵入、扩散的核心理论是成本和损失总量最小理论。该理论解释了如何权衡危险与管理或避免损失的问题。例如，火灾管理政策受 3 个概念的约束。这 3 个概念是提供充分的保护、使损失最小化、从而使火灾管理成本与损失之和达到最小。这意味着最佳的火灾管理（或火灾预算）的目标是使管理成本加财产损失的总量达到最小。管理成本包括预防火灾、阻止和扑救火灾的成本。然而，因为对没有市场价格的森林产品和服务进行量化的困难和计算的不准确性，财产的损失有时很难估计。

3. 理解执政和建立支持可持续林业的政策和制度

可持续的林业依赖于强有力的、对林主和森林利用者具有适当激励的政策和制度。浪费的毁林行为经常是由于脆软的土地产权制度安排和森林政策以及管理不善所致。因此，理解执政的责任和建立起激励可持续林业发展的政策和制度体系，是一个对全球森林资源保护和管理来讲具有重要作用的事情。执政被定义为由国家权力部门执行的传统和制度，它有多个维度，包括公共参与和政府的责任、政治的稳定和完善、公共安全、政府效力、调控质量和法律规则。这些综合特征给出了执政的质量内涵，它们都对森林的经营具有影响作用。执政通常被认为是政治家的工作。有些林业工作者和林业经学家试图避开它。然而，他们不能完全避开它，正如他们不可能避开法律和规章一样。例如，森林认证是一个新的管理机制，它作为在森林经营管理上传统的政府主导的执政机制的补充。森林认证使非政府组织在如何管理森林上具有话语权。林业工作者和林业经济学家可能对政策和制度的制定有较好的判断力。政策和制度的失灵阻碍了可持续林业的发展现象,在发达国家与发展中国家同样普遍存在。

政策和制度的建立对全球的可持续林业具有关键作用。在最近的几十年,发达国家进行了产权的改革。类似的土地和产权改革也发生在中国、巴西、越南以及东欧和其他国家与地区。即使各国的政治体系、经济和文化背景不同,相互之间的学习对各国都有利。在理解了产权理论和制度的基础上,并掌握了大量的实践结果的证据后,林业经济学家能够帮助政府设计有助于实现可持续林业和保护环境的政策与制度体系。

第二章
林业经济学基础

第一节 林业基础知识

一、森林及森林生长规律

1. 林木与森林

(1)林木描述指标

林木是林分的最小单位,是森林的基本组成,也是林业发展研究的最小对象。林木描述性指标也是立木测定的几个重要因子,在测树学等领域具有重要意义。最常用的林木描述性指标包括:

胸径(干径):指乔木主干离地表面胸高处的直径。当林木本身较为弯曲、断面不利于直接测量时,一般取平均值。不同国家对于胸径的标准不同,一般取 1.2~1.3m 为标准的国家较多。

树高:指树木自地面根茎到树梢之间的高度。树高具体还可分为全高、干高、枝下高等。其中,枝下高是指树木从地表面到树冠的最下分枝点的垂直高度。

冠幅:通常用于描述乔木和灌木四周方向的宽度。与胸径不同,冠幅描述的不是主干,而是树冠的大小规格。因此,冠幅通常可以用来表示林木规格,也可以体现林木生长的状态和趋势。

生长量:指一定时期内林木增长的数量。生长量包括树高生长量、直径生长量、材积生长量、总生长量、平均生长量等。林木生长量反映了林木生长情况和生长规律,是判断林木的成熟程度和估算林木收获量的重要指标。以时间为横轴,以生长量为纵轴,将生长量随着时间的变化画出来,可以得到林木的生长量曲线。

生长率:是林木生长速度的相对度量指标,以林木年生长量占总生长量的比率表示。生长率是生长量曲线的斜率。

材积:指任何形式的木材体积,包括立木、原木、枝丫等。材积的测定是测树学的主要任务,测定分为实积和层积。实积是原木和原条逐根检量计算的实际体积;层积是对一堆短材按一定长宽高检量计算的整个体积。

蓄积量:指林木的材积总量,是衡量一片森林木材储备多少的指标。蓄积量作为森林经营的经济指标,体现可利用的森林资源的丰富程度。

(2)林分与森林特征

森林指的是由乔木为主体的或由竹子组成,达到一定郁闭度以及符合森林经营目的的灌木组成,且达到一定覆盖度的植物群落。俄国林学家 G·F. 莫罗佐夫 1903 年提出森林是林木、伴生植物、动物及其与环境的综合体。森林群落学、植物学、植被学称之为森林植物群落,生态学称之为森林生态系统。在林业建设上森林是保护、发展,并可再生的一种自然资源,具有经济、生态和社会三大效益。

将大面积的森林按照其本身的特征和经营管理的需要,区划成多个内部特征相同且与四周相邻部分有显著区别的小块,这种森林小块就被称为林分。

林分是区划森林的最小单位,要正确认识和管理好森林,就必须对林分特征进行研究,林分划分的特征是森林内部结构特征的体现。在森林调查中,常用的林分因子包括林相、树种组成、疏密度、森林起源、森林群落和森林演替等。

林相:指林分的外部形状。从外形上一般分为单层林和复层林。单层林即林相分布形成一层的森林,复层林即林木的林冠重叠的林分。

树种组成:树种组成是森林内部结构重要特征,也是区划林分的最重要的标准。由单一树种组成,或混有其他树种但占比不到一成的林分称纯林;由 2 个或 2 个以上树种组成且每种树种在林分中所占比例不少于一成的林分称混交林。

疏密度:指林分树种胸高总断面积与不同林分树种胸高断面积之比。疏密度用来比较 2 种林分疏密程度的差别,并不用来单独描述某一林分的特点。

郁闭度:指树冠对地面的覆盖程度,是林木树冠垂直投影和林地面积之比。森林的一般性定义中,要求郁闭度达到 0.2。与疏密度不同,郁闭度可以直接衡量林分的特征,此外,郁闭度是制定森林合理采伐量的重要指标。

林龄:指林分的年龄。根据年龄的不同将森林划分为同龄林和异龄林,同龄林又细分为绝对同龄林和相对同龄林。年龄完全相同的森林称绝对同龄林,年龄不同但相差不到一个龄级的森林称相对同龄林。在森林经营中通常分为 5 个龄级:幼龄林、中龄林、近熟林、成熟林和过熟林。

森林起源:指森林的形成方式,包括实生林和无性繁殖林。实生林指由树木种子天然成长形成的森林;无性繁殖林是指由插条、伐根前茅、根囊、压条、地下茎、组织培养等无性繁殖苗木长成的森林。

森林形成方式:包括原始林、次生林和人工林。原始林即原始森林,指未受到人类行为影响的长久自然形成的森林,是陆地生态系统的核心。次生林是原始森林遭到破坏后,在原有的裸地经过自然恢复形成的森林,也称为天然次生林,与原始林共同属于天然林。人工林是根据不同的经营目的,通过人工措施形成的森林。

森林群落:以乔木和其他木本植物为主,并包括该地段上所有植物、动物、微生物等生物成分所形成的有规律组合。

森林演替:指森林在长期的发展过程中不断发生的变化。当这种变化引起新生一代的森林与原有森林发生树种组成上的明显差异时,就形成了森林演替。

顶极群落:顶极群落是群落演替的最后阶段。当一个群落演替到与环境处于平衡状态的时候,演替就不再进行,此时群落结构最复杂、最稳定,只要不受外力干扰,它将永远保持原状,达到此时的状态的群落为顶极群落。

(3) 森林主要类型

按照不同的分类标准，森林划分为不同的类型。本教材主要介绍森林经营目的、森林更替标准和地域分布标准3种划分标准。

按森林经营目的标准：根据森林经营目的，2019年的新《中华人民共和国森林法》将森林分为公益林和商品林，不同的森林会采取不同的经营管理制度，以发挥这部分森林最大的效益。

按森林更替标准：按照森林更替方式，可将森林划分为原始林、次生林和人工林。原始林和次生林都为天然林，是经过自然发展和恢复形成的森林，更替速度缓慢。人工林由人工措施形成，通常是为了符合经营目的培育的森林，更替速度一般较快。

按地域分布标准：根据森林在陆地的分布，将森林划分为针叶林、针阔混交林、落叶阔叶林、常绿阔叶林、热带雨林、热带季雨林、稀树草原和灌木林。此标准最适合描述自然森林的分布，不同森林的树种区别也较大，意味着不同国家和地区需要有适合地区森林的林业发展政策。

2. 森林生长发育

森林的生长是森林自然更新的体现，是森林自然功能发挥的生物学基础。森林培育就是采取各种手段和措施，促进和调控森林生长发育。森林的生长发育包括林木个体的生长发育和林木群体的生长发育。

林木个体的生长发育是森林生长的基础。不同林分的林木个体生长发育各有不同。但总体上林木生长周期较长，生长速率先增后减。在一定时间的间隔内，林木个体调查因子的变化就是林木个体的生长量，其中比较重要的调查因子变化有树高、胸径。林木个体的发育与生长有一定区别，发育不再只是个体量的变化，可能存在林木个体开花、结果、形成种子进行实生林下一次更新等。林木生长发育具有一定的周期性，随着昼夜和季节存在有规律的变化。有的林木个体全时期都在生长，而有的只有在特别时期生长。

林木群体的生长发育体现了森林的生长规律。与龄级分布相似，群体的生长发育包括了幼苗阶段、幼树阶段、幼龄林阶段、中龄林阶段、成熟林阶段、过熟林阶段。幼苗阶段是生长起步阶段，此时群体还未形成，林木个体抗性很弱；生长到幼树阶段，林木根系生长成型，个体抗性增强；幼龄林阶段已经形成群体，生长速率快，森林抗性增强；中龄林阶段生长速率放缓，林分进入稳定期，此时森林的防护功能强；成熟林阶段生长速率继续放缓，树冠基本成形，郁闭度很高，林木胸径和树高达到峰值；过熟林阶段森林维持着较高的生物多样性，生态功能强，生长速率很慢。森林生长发育阶段与龄级对应见表2-1：

表2-1 森林生长发育阶段与龄级

森林生长发育阶段		相应树龄/年				龄级
		天然林		人工林		
		一般树种	速生树种	一般树种	速生树种	
幼苗阶段		—	—	1~3	1	—
幼树阶段		5~10	2~3	3~7	2~3	
幼龄林阶段	幼林形成	10~20	3~10	7~10	3~5	I
	干材林	21~40	11~20	11~20	6~10	I

(续)

森林生长发育阶段		相应树龄				龄级
		天然林		人工林		
		一般树种	速生树种	一般树种	速生树种	
中龄林阶段		41~80	21~40	21~40	11~20	Ⅱ
成熟林阶段	近熟林	81~100	41~50	41~50	21~25	Ⅲ
	成熟林	100~120	51~60	51~60	26~30	Ⅳ
过熟林阶段		>120	>61	>61	>30	Ⅴ

林木群体的生长发育除了测定树高、胸径等变化外，还要测定林木蓄积量、森林生物量等的变化。遵循森林生长的规律，制订相应的森林管理保护计划，才能对森林进行最合理的利用，也是森林经营最核心的目的。

二、森林经营

1. 森林经营含义和目标

在林业生产中，利用现有的技术和政策对森林进行培育，从而提高森林资源质量的活动就是森林经营，包括森林造林、抚育、主伐再更新等重要内容。从广义上讲，森林经营是围绕森林的一切经营活动。自1713年德国学者卡洛维茨提出森林永续利用理论以来，先后又提出了木材培育论、森林多功能论、船迹理论、协同理论、林业分工论、新林业理论、近自然林业理论以及森林可持续经营理论。

按照经营目的，森林经营可以分为生产性经营和生态性经营。早期的森林经营以生产性经营为主，主要是生产木材、薪材，为工业发展提供充足的原材料。在人们意识到森林资源遭受严重破坏之后，生态性经营越来越受到重视。随着可持续发展理念的提出和普及，实现森林可持续发展经营作为森林经营管理的总目标已经被大家广泛接受。森林可持续经营可以简单地理解为各个尺度上保持和促进森林可持续性的经营管理。它既是可持续林业的基础，又是可持续林业的一部分，必须服从于林业和区域可持续的发展。联合国可持续发展委员会政府间森林论坛秘书长梅尼认为，森林可持续经营应当"在没有不可接受的损害的情况下，长期保持森林的生产力、可再生性和森林生态系统的物种和生态多样性"。

因此，森林可持续经营的总目标就是通过在各个尺度上对现实和潜在的森林生态系统实施保护、经营、恢复、建设、管理和利用，能够在保持、提高和恢复森林生态系统结构、功能和过程的整体可持续性的基础上，满足地方、区域和国家社会经济和文化持续发展对森林多种产品、服务和文化价值的要求。

2. 森林经营相关概念

林分改造：指的是对于低产、低价值的天然林、次生林和部分人工林，采取更换树种、重新造林、补种补植的方式进行改造，使之成为高产、高价值的林分。林分改造是森林技术经营的重要措施。改造的方式有带状改造、块状改造和全面改造。带状改造是成带砍伐原有林木；块状改造是成块砍伐原有林木；全面改造类似于皆伐，全部砍伐之后进行重新造林。

林班：一种长期性的林业地区区划单位，为了经营管理的方便，森林经营主体通常将林区划分为许多林班。根据经营强度的不同，林班面积可能差异很大。各林班之间通常通过自然地貌为界，称为林班线。

小班：也成为调查小班，是森林区划最小的单位。将森林按照林分特性、立地条件、土壤类型等划分为小班，以便于调查和记载，计算森林资源，拟定具体的森林经营方法。

林况：指树木的生长情况和卫生情况，是衡量森林健康的重要指标。通常包括林木生长是否正常、是否存在病木、枯木、损伤木以及测定其数量多少。

林窗：指林冠破裂后形成的空隙。林冠破裂可能由于自然生长枯死、自然灾害、人为采伐。林窗通常用于森林采伐标准中，除了一些特殊种类的森林需要大的林窗以促进幼林生长之外，大多数森林在进行采伐作业时都要避免出现较大的林窗。

林木子代测定：通过实验性的栽培措施，通过对子代的表现测定判断亲本性状的遗传能力。子代测定通过实验来培育出优良的单株，是森林遗传改良的重要方法。

林木技术防治：主要作为防治森林病虫害的方法。通过技术的运用，改进或创造适合森林生长，不利于病、虫、杂草蔓延的生长环境，如培育抗病树种、抚育间伐，以防止病虫害大规模扩散等。

林木抗性育种：指选择培育各种能够抵御不良因子的优秀种或品种。可以根据需求选择培育抗病性、抗虫害、抗寒、抗干旱、抗盐碱的树种，满足不同的森林发展需求。

3. 森林经营过程

(1) 用材林经营过程

用材林以生产木材、竹材等主要用材为主。用材林要求立木蓄积量、出材率和木质都较高，同时为了满足经济需求，生长速率要快，经济价值要大。因此，用材林的人工经营要注重树种选择、抚育间伐、不同主伐方式的选择。

用材林的种植上需要选择合适当地环境的树种，培育纯林或混交林。由于纯林存在树种单调、生态功能弱等问题，混交林是用材林发展的趋势，常见的混交林培育包括针阔混交、双阔混交。

用材林的采伐上也有严格的规定。用材林的采伐包括间伐和主伐，间伐在主伐之前，森林经营中间利用间伐获取木材。间伐主要包括疏伐、卫生伐等。疏伐是抚育采伐的手法之一，通常在林木生长旺盛的时候，伐去生长过密或者干形较差的林木，保证用材林的经济价值；卫生伐是为了改善森林卫生，伐去枯立木、病害木、虫害木等，以此改善森林卫生条件，一般与抚育采伐共同应用。

用材林最终会为获取木材进行主伐。主伐包括3种方式：皆伐、渐伐、择伐。皆伐用于单层的成熟林和过熟林，根据采伐地坡度、更新容易程度等确定皆伐的面积，需要保证皆伐后再次更新的幼龄林可以稳定生长。当单层的成熟林和过熟林天然更新能力强时，采用渐伐方式。渐伐可根据森林郁闭度和林内幼苗、幼树更新程度进行多次渐伐，但渐伐次数一般小于3次，每次采伐更新过程不能超过一个龄级。对于复层林，若中幼龄林较多，主伐方式可采用择伐，但择伐强度需要严格控制。郁闭度较低、抗性较弱的森林择伐强度需要适度降低，同时择伐间隔不少于一个龄级期。

(2) 生态林经营过程

不同于用材林，生态林主要功能是涵养水源、保持水土、防风固沙、净化空气、改善环境等生态价值，因此，森林经营主要以保护和改良为主，采伐也主要是抚育采伐，禁止商业采伐。

生态林的经营中最重要的措施是抚育经营。需要有组织、有计划地保护森林，禁止商业采伐和破坏森林的行为。在经营过程中，注重林木卫生状况、解决各林种的竞争，伐去过于密集的林木、病腐木、枯立木等，营造良好的生长环境。同时对于过分稀疏和天然更新困难的林分，采用一定的人工补植和人工培育。

除了抚育经营外，生态林经营需要注重林分的改良，因地制宜地选择合适的乔木和灌木，更好地发挥该地区森林的生态效益。必要的时候，封山育林是经营生态林最好的方式。封山育林可分为全封、半封和轮封。对于成林困难、破坏严重的地区实行全封，严禁一切森林商业经营等破坏森林的行为。一般生态林可采取半封或轮封，保证森林不受到破坏的前提下，允许低强度的商业经营活动。

4. 森林经营思想的演变

(1) 森林永续利用

森林永续利用理论源于 18 世纪初，当时欧洲资本主义国家在工业发展繁盛的阶段，面临森林资源的大规模破坏和森林资源的严重不足，于是德国率先转变森林经营的理念。1713 年，德国学者卡洛维茨提出森林永续利用理论，指出："努力组织营造和保持能被持续地、不断地、永续地利用的森林，是一项必不可少的事业，没有它，国家不能维持国计民生，因为忽视了这项工作就会带来危害，使人类陷入贫困和匮乏。"这是森林经营思想的第一次转折，人们开始意识到森林可持续利用的重要性，并且开始在林业发展中实践。

森林永续利用指的是在一定的经营范围内不间断地使森林生产出满足经济活动和日常生活所需要的木材和林副产品，持续发挥森林的生态效益、社会效益和经济效益。森林的永续利用除了要遵循森林内部生长自然规律，有计划地进行采伐，还需要国家政府辅助一定的政策支持与法律规定，强制性保护森林。永续利用理论也成为后续森林经营理念的雏形，诸多的经营思想都由永续利用理论发展而来。

(2) 法正林

法正林于 19 世纪提出，是对森林永续利用理论的补充和发展，同时也制定出森林经营达到永续利用的方法。法正林学说同样起源于德国，1826 年由德国林学家洪德斯哈根提出。法正林指具有法正状态的森林，具备能够实现严格永久平衡利用的森林。这种森林每年有平衡固定的木材收获量。法正林的基本要求是法正龄级分配、法正林分排列、法正生长量和法正蓄积量。

龄级分配要求法正林必须具备幼龄林、中龄林、成熟林在内的所有龄级，且各龄级的面积相同。法正林分排列指森林需要各个龄级在地域上按照林业技术要求排列，有利于采伐和运输。法正林生长量需要保持最大，且每个作业级内都有平衡的蓄积量。但现实的森林很难满足法正林的所有要求，因此，后续的森林经营往往将森林尽可能向法正林过渡，或者近似进行法正林方法的经营。

(3) 近自然林业

近自然林业就是接近自然的林业，同样起源于德国林业的发展。近自然林业是人们认识到森林的大规模破坏带来了水土流失、荒漠化、大气污染等一系列环境问题之后提出的。近自然林业的主要对象是人工林，目的是培育出接近自然状态的森林。近自然经营强调在操作过程中尽可能利用自然过程（如促进自然整枝和天然更新），在保持森林生态系统稳定的前提下，用尽可能少的森林经营投入来获得尽可能多的林产品。这种经营方式能够有效增加森林的自然生长能力、增强森林的生态作用。从近自然的经营方式开始，人们已经十分注重森林的保护和生态效益的建设，认识到了森林这一生态资源的重要性，并在之后林业的发展中始终保持着利用与保护共存的和谐发展模式。

(4) 林业分工论

林业分工论是森林经营重要思想。世界上许多国家都逐渐采用林业分工来充分发挥每一部分森林的效益。林业分工指将林业专业化区分，一部分用于工业生产和经济活动使用，成为商品林；另一部分用于生态保护，成为公益林。

林业分工论于2016年在《林业名词》(第二版)中正式提出，其最大的优点在于综合效益发展。商品林可细分为经济林、用材林、能源材等，可以集中管理和经营，发挥最大的经济效益；公益林包括防护林、自然保护区、风景林，用于旅游业的发展同时也可以最大化森林的生态效益。

三、森林资源基本情况

1. 森林资源概念与特性

森林资源包括森林、林木、林地以及依赖森林、林木、林地生存的野生动物、植物和微生物。森林资源可分为狭义的森林资源和广义的森林资源。狭义的森林资源主要是指林木资源，其中乔木资源占比较大；广义的森林资源包括了林木、林地以及依托森林空间的所有自然环境因子。根据森林资源的概念，通常将其细分为林木资源、林地资源、野生动物资源、野生植物资源、野生微生物资源和森林环境资源6种。

根据不同的属性，森林资源有不同的划分方式。按自然属性，森林资源可划分为生物资源和非生物资源2大类，生物资源又可分为植物资源、动物资源和微生物资源3类，非生物资源包括土地资源、气候资源和矿产资源。按照各类资源所处地位的不同，森林资源又可分为基础资源和附属资源，其中基础资源包括土地资源和林木资源2类，附属资源指在森林资源中出于附属或从属地位的资源。按照资源的功能或经营目的的不同，森林资源可划分为林木资源、非林木资源和综合性资源，其中林木资源又可分为木材资源、防护林资源、经济林资源和特种用途林资源4类，非林木资源可分为药用资源、食用资源、畜牧资源、水资源、矿产资源等，综合性资源包括景观或旅游资源以及森林生态环境资源。按照可更新性，森林资源可划分为可更新资源、不可更新资源和恒定资源3类。按照是否可实行商品化经营，森林资源可分为商品性资源、非商品性资源和半商品性资源3类。

森林资源具备以下特性：

(1) 森林资源的可再生性

与石油、煤矿、天然气以及其他矿藏资源不同，森林资源通过森林内部各个组成部分的物质运动、能量转换以及生物种族繁衍，使得森林资源物种不断更新、生物的多样性不断发展，保障了森林资源的长期存在，能够实现森林效益的永续利用。

(2) 森林资源的稳定性

森林生态系统内部包含了诸多的植物、动物和微生物等自然因子，达到生态系统平衡的物质运动和能量转换。在受到一定的自然环境和人类活动的冲击时，能够通过生态系统内部的自我调节，修复与补充生态系统的功能，从而表现出森林资源的稳定性。但是这种稳定性需要遵循森林生态系统的自身的规律。一旦外界冲击较大，尤其是人为频繁的活动造成了不可逆转的森林资源破坏，会影响到可再生性和稳定性，使得森林资源的再生需要经历更长期的过程或彻底破坏。

(3) 森林资源的多功能性

森林资源是生态系统的重要组成部分，是生物多样性的基础，也为人类的经济活动提供大量的原材料。在经济的功能性上，森林资源提供大量宝贵的木材作为燃料和建材；提供可以用于食用或加工的林木种子、植物种子、果实等；提供了种类繁多的林副产品，如食用菌类、林果类、化工原料和制药原料等。在生态的功能性上，森林资源具有涵养水源、保持水土、防风固沙、净化空气、降低噪声等功能。森林资源促进生物系统多样性，维持整体生态圈的平衡，是不可替代的自然资源之一。

2. 森林资源调查

森林资源调查是对林业的土地进行自然属性和非自然属性的调查，主要包括森林资源状况、森林经营历史、森林经营条件及未来发展等方面的调查。森林资源调查可以掌握森林资源的数量、质量、动态变化等与自然环境、经济、经营等方面的关系，为林业区划、规划、各种专业计划和经营提供指导依据，以便于制定国家、地方、经营单位的林业发展规划、林业生态建设、产业发展和年度计划，实现森林资源的科学经营、有效管理和持续利用。

按照森林资源调查对象、目的和范围，森林资源调查可分为3类：一是森林资源连续清查，又称森林资源检测，简称一类调查；二是森林经理调查，又称森林资源规划设计调查，简称二类调查；三是作业设计调查，又称为作业调查，简称三类调查，包括伐区设计调查、造林设计调查、抚育采伐设计。

(1) 国家森林资源连续清查（一类调查）

国家森林资源连续清查（原称全国森林资源连续清查），简称一类调查，是指定期对同一地域上的森林资源进行重复性的调查，一般每5年复查一次。一类调查是全国范围内开展的，在国家林业和草原局的安排布置下统一进行的，在调查时一般以省（自治区、直辖市）为抽样调查的总体，如果有的省（自治区、直辖市）内森林分布、地形等条件差异比较大，可在省（自治区、直辖市）内设立副总体。此类调查基本目标是为了及时准确地掌握全国森林资源的数量、质量及消长动态，进行综合评价，为制定或调整林业方针政策、规划、计划提供依据。一类调查是全国森林资源监测体系的重要组成部分，是掌握森林资源宏观现状，消长动态，制定和调整林业方针政策、规划、计划等的重要依据。一类调查的工作步骤主要有5项：制定技术方案和实施细则、设置样地及进行调查，建立和更新资源数据库，对资源进行统计、分析和评价，提供各省（自治区、直辖市）及全国的资源清查成果，当年调查，当年完成。

一类调查以调查固定样地为主，我国一类调查的固定样地共有20多万个，固定样地应该设立永久性标志（如金属、水泥、木桩等），必要时可增加临时样地。目前我国

大多实行地面调查为主,有条件应采用遥感技术等高科技来提高调查的工效和精度。一类调查的主要内容包括:

①土地利用与覆盖:包括调查各地类的面积及分布、植被类型面积及分布。

②森林面积蓄积量及分布:调查森林、林木和林地的数量、质量、结构和分布,森林按起源、权属、龄组、林种、树种的面积和蓄积量及其动态变化。

③生态状况:调查森林健康状况与生态功能,森林生态系统多样性,土地沙化、荒漠化和湿地类型的面积、分布及其变化。

④林地立地状况:调查地貌、海拔、坡度、坡向、坡位、土壤、枯枝落叶厚度、植被覆盖等。

一类调查的调查方法包括:

①有关材料的稳定性:如材积表、技术标准、样地面积和形状、调查因子代码等都要相对稳定,以免由此出现误差。同时有了森林资源的可比性。

②固定样地的调查因子:共有 35 项基本调查因子,不能改变记录代码、顺序,不允许简化内容。如果增加调查内容应放在第 35 项调查因子之后。

③样地每木检尺:乔木起测直径 5cm,灌木不检尺。检尺用钢围尺,读数记录为 0.1cm。固定样地内样本应编号,并在以后的复查中保持不变,如果样本被采伐或自然死亡,编号数不再使用。进阶木、漏测木补编号在最大编号之后。

④树高:在样地内选择主林层优势树种的平均高为对象,测定一株样本的树高、年龄和胸径。

⑤植被调查:以样地为单位,调查整个样地的植被状况。

⑥更新调查:以样地为单位,在样地内设样方实际调查,然后推算样地的更新状况。

(2)森林经理调查(二类调查)

森林资源规划设计调查也称森林经理调查,简称二类调查,以经营管理森林资源的企业、事业或行政区划单位(如县)为对象,为制定森林经营计划、规划设计、森林区划和检查评价森林经营效果、动态而进行的森林资源调查,每 10 年开展一次调查。二类调查的任务是在调查区域内,查清森林资源的种类、数量和质量,以及相关的自然、社会、经济条件状况,然后对其进行分析、评价,提出对森林资源的经营管理计划方案,或对森林资源经营管理的现状进行检查。二类调查的目的是为调查区域制定和修正森林资源经营管理计划提供依据,检查、分析、评价森林经营管理的效果,为制定、检查、评价林业政策、方针、法规等的执行情况和效果,并为其修订提供依据,为调查地区和国家主管部门提供决策依据。二类调查的主要内容包括:

①林业生产条件调查:主要包括自然条件调查、社会经济条件调查、过去经营情况调查、林业在当地社会中的地位和作用调查等。

②小班调查:是二类调查当中外业工作量最大、最基础的工作之一,包括地况调查、林况调查等。

③专业调查:是二类调查中为完成某一专项任务而进行的调查,主要有生长量调查、更新调查、土壤调查、森林病虫害调查、出材量调查、立地条件调查、制表调查等。

④多资源调查:多资源调查的内容各个国家和地区不同,我国指的是调查上述调查

内容以外的资源调查，包括水资源、景观资源、游憩资源、野生动物、经济植物、放牧资源、农业资源、渔业资源等。

(3) 作业调查（三类调查）

作业调查（原称为业设计调查），简称三类调查。此类调查的对象是生产作业区域，目的是了解生产区域内的资源状况、生产条件等内容，是林业基层单位为满足伐区设计、抚育采伐设计等的需要而进行的调查。对林木的蓄积量和材种出材量要作出准确的测定和计算。在调查过程中，对采伐木要挂号。根据调查对象面积的大小和林分的同质程度，可采用全林实测或标准地调查方法。三类调查的主要内容包括：

①自然条件调查：自然条件指的是森林所处的环境因子综合，是森林资源的物质基础。要想经营好森林，必须先了解其所处的自然条件。

②社会经济条件调查：经济是基础，对林业也不例外，经济发达才有利于林业的发展。林业的发展增加国民经济收入。不发达的社会经济条件下不存在发达的林业，因此林业的经营与社会经济条件是分不开的。调查内容主要包括当地其他行业与林业的关系（木材及林副产品的需求量等）、林产品销路及交通情况、人口密度及劳动力情况等。

③过去经营情况的调查：为了合理地确定经营措施，对调查地区进行过去经营情况的调查很有必要的，调查中总结正反两方面的经验教训，以便提高森林经营水平。

3. 世界森林资源

(1) 世界森林资源分布

根据《2020年全球森林资源评估报告》，2020年全球森林面积总量40.6亿 hm^2，占据陆地总面积（不包含内陆水域）的31%。37.5亿 hm^2（约占森林总面积的93%）由自然再生森林组成；2.9亿 hm^2（约占森林总面积的7%）为种植林。全球人均森林面积0.52hm^2（全球人口按照2019年估计数值77.9亿计算）。森林立木蓄积量为5570亿 m^3，总碳储量为6620亿 t。

全球森林资源中，11.5亿 hm^2（约占森林总面积的30%）的森林用于生产木质和非木质林产品；4.24亿 hm^2（约占森林总面积的10%）的森林用于保护生物多样性；3.98亿 hm^2（约占森林总面积的10%）用于保持水土；1.86亿 hm^2（约占森林总面积的5%）用于社会服务。全球有7.26亿 hm^2（约占森林总面积的18%）位于依法建立的保护区中。在世界不同的国家和地区，有20.5亿 hm^2（约占森林总面积的51%）森林拥有经营管理计划，相比于2000年增加了2.33亿 hm^2，且面积还在不断增加。其中，欧洲大部分森林制订了经营管理计划，而南美洲和非洲该部分的森林还较少，占比约为地区森林面积的20%~25%。

按照气候区域划分，热带森林面积为18.3亿 hm^2，约占森林总面积的45%；寒带森林面积为11.0亿 hm^2，约占森林总面积的27%；温带森林面积为6.5亿 hm^2，约占森林总面积16%；亚热带森林面积为4.5亿 hm^2，约占森林总面积的11%。

按照国家区域划分，俄罗斯、巴西、加拿大、美国、中国为森林面积总量前五的国家，总计21.9亿 hm^2，约占全球森林总面积的54%。其中，俄罗斯森林面积为8.15亿 hm^2，约占全球森林总面积的20%；巴西森林面积为4.97亿 hm^2，约占全球森林总面积的12%；加拿大森林面积为3.47亿 hm^2，约占全球森林总面积的9%；美国森林面积为3.10亿 hm^2，约占全球森林总面积的8%；中国森林面积为2.20亿 hm^2，约占全球森林总面积的 5%。世界其他国家森林面积为 18.70 亿 hm^2，约占全球森林总面积的 46%。

(2) 世界森林资源特征

从分布上看，世界森林资源具有以下特征：

①森林资源分布不均衡。欧洲的温带、北美洲的寒温带和南美洲的热带雨林依然是全球最主要的森林资源分布地区。全球森林资源最丰富的地区是欧洲，土地面积占陆地面积的 17.3%，但森林覆盖率高达 48%。全球的森林资源超过 2/3 集中分布在俄罗斯、巴西、加拿大、美国、中国等 10 个国家。

②世界上森林大多数为公有。世界森林中，73% 为公有林，22% 为私有林，其余部分为产权过渡的森林。欧洲是公有森林比例最高的区域，约为 89%；大洋洲是公有森林比例最低的区域，但也超过了 50%。大多数的国家公有的森林占全部或绝大部分，如俄罗斯、美国、中国等。

③原始森林占比较大。世界上有 11.1 亿 hm^2 的原始森林，没有明显的人类活动，也没有受到外界显著的干扰。其中，巴西、俄罗斯和加拿大拥有世界 60% 以上的原始森林。

从变化上看，世界森林资源有以下特征：

①森林面积总体呈下降趋势，但减少速度放缓。1990—2000 年，世界森林总面积年均减少 780 万 hm^2；2000—2010 年，世界森林总面积年均减少 520 万 hm^2；2010—2020 年，世界森林总面积年均减少 470 万 hm^2。自 1990 年大部分国家减少森林砍伐以来，植树造林和森林的自然更新增长，森林面积的净损失逐渐减少。但是自 1990 年开始，世界森林总面积依然减少了近 1.8 亿 hm^2。原始森林面积下降最为明显，相比于 1990 年，30 年间原始森林面积下降超过 8100 万 hm^2。

②人工种植林面积增加。在过去的 10 年，种植林面积以年均 300 万 hm^2 速度增长，虽然相比于 2000—2010 年的年均 5000 万 hm^2 速度有所下降，但总体上呈现上升趋势。部分森林面积较大的国家重视森林的培育和保护，如中国、俄罗斯、美国等国家种植林年均增加较快。

③生态用途的森林面积增加。森林的生态用途主要包括保护生物多样性和水土保持。自 1990 年至今，制定用于保护生物多样性的森林面积增加了 1.11 亿 hm^2，其中大部分在 2000—2020 年增加。制定用于水土保持的森林面积增加了 1.19 亿 hm^2，在全时期都有增长，尤其是 2010 以来的 10 年。生态用途森林的增加体现了现今大部分国家和地区对于森林的保护，追求可持续的利用和生态功能的充分发挥，调和森林资源的经济价值和生态价值。

④地区森林面积变化差异较大。在过去的 10 年，世界大部分地区的森林面积有小幅度增加，但由于非洲和南美洲森林面积的净损失较大，因此世界森林总面积依然不断减小。2010 年至今，亚洲、大洋洲、欧洲森林面积小幅度上升，其中亚洲森林面积增加幅度最大，10 年年均净增长为 120 万 hm^2；大洋洲和欧洲分别净增长 40 万 hm^2 和 30 万 hm^2；北美洲 10 年年均净损失 10 万 hm^2；南美洲 10 年年均净损失 260 万 hm^2，相对于 1990—2010 年的净损失变化速度下降，但损失幅度较大；非洲 10 年年均净损失 390 万 hm^2，是森林面积净损失最高的地区，损失幅度大，且损失变化速度还在上升。

⑤森林砍伐速度降低。自 1990 年至今，全球有接近 4.2 亿 hm^2 森林因为砍伐而丧失，但近 10 年因砍伐丧失的森林面积逐渐减少，2010—2020 年，年均砍伐森林面积减

少至 1000 万 hm²。出现此特征的主要原因是全球森林的砍伐价值逐渐降低,而森林的非木质林产品生态服务价值逐渐增加。越来越多的国家和地区在 1990 年之后大幅度减少了森林采伐量,其中主要有俄罗斯、美国和欧洲部分国家。

4. 中国森林资源

中国地域辽阔,江河湖泊众多,山脉纵横交织,地形复杂、气候多样,孕育了生物种类繁多、植被类型多样的森林。中国森林资源的类型多种多样,有针叶林、落叶阔叶林、常绿阔叶林、针阔混交林、竹林、热带雨林。树种种类丰富,包含了银杏、银杉、水杉等珍贵树种以及橡胶、油茶、肉桂等价值较高的经济树种。

为了准确掌握森林资源变化情况,我国林业部门根据《中华人民共和国森林法》和《中华人民共和国森林法实施条例》的规定,自 20 世纪 70 年代开始,每 5 年进行一次国家森林资源清查工作,记录我国森林资源的保护和发展。目前,第九次全国森林资源清查(2014—2018)已经完成,清查了全国 957.67 万 km² 的土地面积,调查了固定样地 41.5 万个。2019 年第十次全国森林资源清查工作正式开始。

(1) 中国森林资源分布

根据第九次全国森林资源清查报告数据,中国森林总面积 2.2 亿 hm²,约占世界森林总面积的 5%,在世界森林面积中排名第五,仅次于俄罗斯、巴西、加拿大和美国。人均森林面积 0.16 hm²。森林总覆盖率 22.96%。人工林面积 7954 万 hm²,目前保持世界首位。森林蓄积量 175.6 亿 m³,植被总生物量 188.02 亿 t,总碳储量 91.86 亿 t。其余森林资源指标包括年涵养水源量 6289.5 亿 m³;年固土量 87.48 亿 t;年滞尘量 61.58 亿 t;年吸收大气污染量 0.4 亿 t;年固碳量 4.34 亿 t;年释放氧气量 10.29 亿 t。

中国林地主要包括乔木林地、灌木林地、宜林地、竹林地、疏林地和未成林造林地。其中,乔木林地面积 1.23 亿 hm²,约占中国森林总面积的 56%。生态公益林面积 1.25 亿 hm²,占全国森林总面积 57%。其中,防护林占比最高,为森林总面积 46%。商品林面积为 0.95 亿 hm²,占全国森林总面积 43%。其中,用材林占比最高,为森林总面积 33%。

中国各省份中,森林面积比较多的地区为东北地区黑龙江、内蒙古,西南地区以及广东、广西地区。东南地区人工林面积持续增加,浙江、江西等省份森林面积占比也逐渐增大。森林覆盖率超过 60% 的省份包括福建、江西、广西;森林覆盖率低于 60%,超过 40% 的省份包括浙江、云南、广东、黑龙江、吉林等。

东北地区是中国主要天然林区,森林资源以针叶林和针阔混交林为主。内蒙古森林面积 2614.85 万 hm²,黑龙江森林面积 1990.46 万 hm²,吉林和辽宁森林面积分别为 784.87 万 hm² 和 571.83 万 hm²,4 省总计约占中国森林总面积 27%。西南地区主要分布亚高山针叶林和针阔混交林,是中国第二重要天然林区。其中,云南森林总面积 2106.16 万 hm²,西藏森林主要分布在青藏高原东南角,总面积 1490.99 万 hm²。西南地区森林约占中国森林总面积 16%。华南地区偏热带,森林主要为热带季雨林,广西、广东两省份森林面积分别为 1429.65 万 hm² 和 945.98 万 hm²。除主要地区以外,南方森林多以松杉林和常绿阔叶林,东南地区人工林面积较大,并且经济林占比较大,浙江森林面积 604.99 万 hm²,江西森林面积 1021.02 万 hm²,福建森林面积 811.58 万 hm²。华北地区森林面积较少,主要森林为落叶阔叶林,该地区的林区生态效益较大,需大力保护和培育森林,生产用材、薪材并涵养水源保持水土。西北干旱、半干旱地区也有较少量的森林，主要分布于新疆，森林面积约为 802 万 hm^2。

（2）中国森林资源特征

从分布上看，中国森林资源有以下特征：

①森林覆盖率较低。根据第九次全国森林资源清查报告，中国森林覆盖率较上次清查有小幅度上升，但是中国总体森林覆盖率较低，部分地区森林覆盖率低于10%，远远达不到世界森林覆盖率平均水平。

②地区分布不均匀。总体来看，自然林主要分布地区是东北和西南地区，人工林主要分布地区是广东、广西两省份和东南地区。华北地区、华中地区与西北地区的森林面积较小，较难满足这些地区林产品需求和森林生态价值需求。

从变化上看，中国森林资源有以下特征：

①森林面积和蓄积量持续增长。自第二次全国森林资源清查开始，中国森林总面积和森林蓄积量一直持续增长。1990年至今森林面积和森林蓄积量实现了连续30年的"双增长"，成为世界森林资源增长最多的国家。森林总面积由1.15亿hm^2增加至2.20亿hm^2，增长接近1倍。森林蓄积量也一直稳步增加，至第九次全国森林资源清查结束，已经增长85.22亿m^3，且继续呈现长大于消的良好趋势。

②人工林发展迅速。人工造林对增加森林总量的贡献明显。相比于上一个5年的清算统计，2018年人工林已经增加超过1000万hm^2，总面积在世界保持首位。人工林增加速度也在不断上升，有利于应对我国林产品需求和生态需求不断提升的趋势。

③天然林恢复迅速。根据第七次和第八次森林资源的清查报告，这10年天然林恢复较为缓慢，增加速度有限。而第九次清查的5年内天然林恢复接近1900万hm^2，天然林区得到较好的保护，恢复效果明显。结合人工林的快速发展，森林总面积与总蓄积量的"双增长"得以实现。

④森林质量不断提高。森林质量可以用森林每公顷蓄积量和每公顷年均生长量来衡量，每公顷蓄积量越高说明森林质量越高。2018年中国森林每公顷蓄积量已经达到94.83m^3，对比2013年第八次清查增加了5.04m^3。2018年的每公顷年均生长量达到4.73m^3，对比2013年增加了0.5m^3。随着森林总量增加和质量提高，森林生态功能进一步增强，植被总生物量、总碳储量、滞尘量和释放氧气量等都有显著提升。

第二节　经济学基本原理

一、市场机制配置资源

1. 市场模型

通过市场分配有限社会资源的经济形式称为市场经济，市场模型一般就是指市场经济模型。市场可分为产品市场和生产要素市场，根据市场企业的数量、进出市场难易程度，还可将市场分为完全竞争市场、不完全竞争市场、寡头市场和垄断市场。本部分内容主要介绍市场经济模型的重要概念。

（1）产品价值与价格

产品的价值由生产该产品的社会必要劳动时间决定，在经济学中，产品价值表示该产品可以通过交换获得别的商品数量的多少。货币作为市场交换的一般等价物,用来衡量价值的大小时,就出现了价格这一概念,即价格是价值的货币表现。

市场经济的基本规律就由价值规律决定。价值规律指的是商品的价值量是由生产商品的社会必要劳动时间决定的,产品交换依据产品的价值来进行,实行等价交换。其表现形式是产品价格随价值量上下波动。由于价值仅由社会必要劳动时间决定,因此对于市场中每一个生产者(企业)来说,如果自身提高生产效率来使生产产品的时间低于社会必要劳动时间,就可以获利。这种行为便发展成了市场各个企业的竞争。

(2) 生产要素价值与价格

生产要素包括劳动力、土地、资本、技术、知识等。生产要素中最重要的是劳动力、资本、土地。生产要素通过创造价值,从而创造收入。劳动创造的收入是工资,资本创造的收入是利息,土地创造的收入是地租,这3种收入相当于3个生产要素在创造效用时各自所耗费的代价,从而构成价值的生产费用,所以价值的大小就是由创造效用的生产费用即工资、利息和地租决定的。

在生产要素市场上,生产者(企业)投入生产成本取得最终产品,并赋予产品价格。生产成本转变为价值进入产品,并开始在产品市场流通,形成2个市场的共同运转。

(3) 产品市场和生产要素市场

产品市场和生产要素市场的关系用图2-1加以说明。

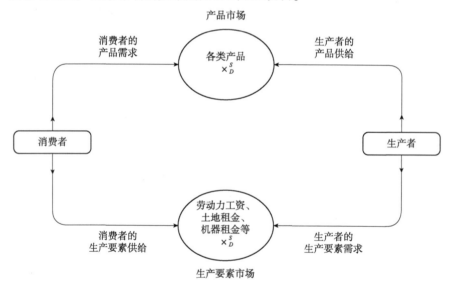

图2-1 产品市场与生产要素市场的关系

图2-1的左边方框代表为消费者,右边方框为生产者。这里的每个消费者既是产品的消费者又是生产要素的供给者,每个生产者既是产品的生产者又是生产要素的需求者。该图的上方代表产品市场,下方代表生产要素市场,生产者和消费者通过产品市场和生产要素市场的供求关系和相互作用联系起来。

消费者在生产要素市场上提供生产要素,如一定数量的劳动、土地等,以取得收入,然后在产品市场上购买所需要的商品,如咖啡、茶叶等,最后在消费中得到最大的效用满足。生产者在生产要素市场上购买生产所需要的生产要素,如工人、土地等,然后在产品市场上生产市场所需要的商品,如咖啡、茶叶等,最后通过商品的出售获得最大利润。

在产品市场中，消费者对产品(如咖啡、茶叶等)的需求和生产者对产品(如咖啡、茶叶等)的供给于产品市场相遇，因此便决定了每一种产品(如咖啡、茶叶等)的市场均衡价格和市场均衡数量。在完全竞争的长期均衡下的产品市场，产品市场的均衡价格会降至长期平均成本的最低水平，因此厂商以最低价格出售商品。在生产要素市场中，消费者对生产要素(如咖啡、茶叶等)的供给和厂商对生产要素(如咖啡、茶叶等)的需求相遇于生产要素市场，因此产生每一种生产要素(如咖啡、茶叶等)的市场均衡价格和市场均衡数量。

(4) 边际效用理论

边际效用价值论用商品对人类的满足程度来度量社会财富和商品的价值，在经济学中表示人们取得一种商品得到的满足程度。商品之所以存在价值和使用价值，是因为能够满足消费者的需要，但这种满足程度有时无法具体测算。效用可分为总效用和边际效用，总效用是全部现有商品实际效用的总和，边际效用指消费者新增加一个单位商品消费时所带来的效用的增量。同样的商品在不同情况下效用有所差异，例如，一杯水对于酒足饭饱的人来说效用很低，但对于在沙漠中迷路的来说效用很高。

边际效用满足递减规律，即在一定时间内，在其他商品的消费数量保持不变的条件下，随着消费者对某种商品消费量的增加，消费者从该商品连续增加的每一消费单位中所得到的效用增量即边际效用是递减的。例如，一个饥饿的人消费面包，第一个面包带来的效用最大，第二个就会减少一点，但依然有效用增量，接着第三个面包效用继续减少，因为此时饥饿程度已经缓解，远远不像对第一个面包一样渴望。到第四个面包时，对于这个人来说已经可有可无，此时效用增量不存在，边际效用为零。自第五个面包开始，消费者已经不需要了，增加消费只能带来负的效应。上述事例中，消费者第一个面包愿意给出的价格一定是最高的，第二个、第三个、第四个逐渐减少，到第五个面包，消费者已经不愿意再购买，说明边际效用论与消费者需求理论相关，需求决定了消费者对一定量商品根据边际效用所愿支付的价格。

(5) 市场均衡

根据价值规律，商品的价格围绕价值上下波动。那么市场中的价格如何决定成为市场经济的重要问题。通常市场的供给和需求与价格都相关，对于消费者来说价格越高，需求意愿越低，需求量就越少；而对于供给者，价格越高，越能够吸引生产，从而提高供给。因此市场的均衡价格由供求决定，当一个价格满足供给和需求相等，该价格就成为市场均衡价格，也是该市场的资源分配最优点，消费者和生产者都拥有最大的效用。

上述的市场均衡是简单的市场均衡。现实市场的情况要复杂很多，比如商品市场也许存在垄断，价格由垄断厂商决定；市场有最高限价或最低限价；生产要素市场的波动都会影响最终的均衡价格。

2. 市场资源配置

由于可用于社会生产的资源是有限的(资源的稀缺性)，资源如何分配是经济发展的重要问题。经济学解决的 4 个主要问题是：生产什么、如何生产、生产多少以及为谁生产。市场决定资源配置是市场经济的一般规律。在市场运行中，通常利用价格、供求和市场竞争决定资源配置。

市场需要配置的生产要素主要有劳动力、资本、土地。对于生产者来说，需要决定投入多少生产要素并支付生产要素的成本完成生产。在市场中，假设所有参与经济活动的个体都是理性的，追求自身的利益最大化，则生产什么、如何生产的问题取决于市场商品价格高低，或者说取决于生产者在生产要素投入一定的情况下，可得利润的大小。因此，市场要素配置的实质是生产者如何决定生产要素投入来取得最大利益。

当商品的价格上升时，生产商品的利润增加，会吸引厂商增加商品生产，此时市场的资源开始向该商品偏移；同理，商品价格下降时，厂商会减少商品生产，市场资源分配开始远离该商品。生产多少的问题在市场上表现为市场均衡点对应的价格和需求，高于均衡数量的供给会导致供过于求，价格下降，进而厂商不愿生产，逐渐减少供给达到新的市场均衡；低于均衡数量的供给会导致供不应求，价格上升，进而厂商愿意生产，逐渐增加供给达到新的市场均衡。

在此基础上，市场对于产品的分配和生产投入的分配，应该满足帕累托最优，即市场资源配置的目的是达到帕累托最优。帕累托最优是由经济学家帕累托提出的，指的是市场的一切调整都不可能在不使其他任何人境况变坏的情况下，而使任何一人的境况更好的状态，此时达到资源配置的最优效率。只要还未达到该状态，市场就存在帕累托改进。

上文所提到的边际效用是分析市场资源配置的关键。在社会生产中，一件商品生产产生社会总成本，商品带来的收益产生社会总收益。既然要达到资源配置最优，就要考虑产品的边际收益和边际成本。由于每多生产一个产品的社会成本称为社会边际成本（MSC），产生的收益称为社会边际收益（MSR）。那么净边际收益便为边际收益和边际成本的差值。

对于市场来说，只要商品净边际收益为正，就一直存在帕累托改进，因此帕累托效率的条件是：配置在每一种物品或服务上的资源的社会边际收益等于其社会边际成本。也就是说，市场配置资源的目标是达到每一种产品社会边际收益都等于社会边际成本。现实的市场经济中很难存在这样的理想情况，由于存在市场失灵，会导致资源配置不为最优甚至失效，市场难以发挥作用。下面就具体分析在资源配置中市场失灵的情况。

3. 市场失灵

市场失灵主要指市场机制不能充分发挥作用，无法实现资源的最优配置，是市场经济自身固有的缺陷，也是市场调节不可避免的问题。引起市场失灵的主要原因包括以下4个：

（1）信息不对称

信息不对称又称不完全信息，在市场上指参与交易的双方掌握的信息不同或信息不对等，从而使得有信息优势的一方能够在交易中占主导。在经济活动中，可获得信息优先，掌握信息较多的人就会处于有利的地位。信息产生差异主要原因包括处理信息可能性不同、信息传递容易失真等。信息不对称通常会引起逆向选择、道德风险和委托代理人问题。典型市场是二手车交易市场和保险市场。

（2）外部性

外部性指的是市场经济主体的行为或决策对另一经济主体造成损失或者收益时，该部分的损失或收益并不由造成的主体来承担。外部性分为正外部性和负外部性，正外部性是某个经济主体的活动使他人或社会受益，而受益者无须花费成本。例如，一片林区的经营者会净化林区周围的环境，周围居住的人因此受益，但并不用向经营者付出成本。负外部性是某个经济主体的活动使他人或社会受损，而造成负外部性的主体却没有为此承担成本。例如，造成污染的企业对周围居民产生负面影响，但企业可能没有承担该部分成本。外部性会使得市场无法达到最优配置的状态，在提供带有外部性产品时引起市场失灵。关于外部性对资源配置的具体影响以及处理方法会在本教材后面部分具体阐述。

(3) 公共物品

公共物品是经济社会共同使用的物品，严格意义上的公共物品需要具有非竞争性和非排他性。公共物品是对标私人物品的，任一社会成员都有使用的权利，且不影响别的成员。由于公共物品的使用不需要付出价格，因此市场难以根据价格均衡的情况确定公共物品的产量，若公共物品完全交给市场分配会造成资源的不合理利用，市场机制作用在此类物品上失灵。关于公共物品对资源配置的具体影响以及处理方法会在本教材后面部分具体阐述。

(4) 垄断

完全竞争市场在现实的生产中很难实现，现实经济市场通常都是不完全竞争市场、寡头市场或垄断市场。简单地说，垄断指的是企业通过减少其所生产的商品数量或者介绍市场同产品的企业数量，使得商品的价格升高，实现利润最大化。

通常造成垄断的原因包括进入市场困难、自然垄断和行政性垄断。大多数的垄断与竞争天生是一对矛盾，由于缺少竞争压力和发展动力，加之缺乏有力的外部制约监督机制，垄断性行业的服务质量往往难以令人满意，经常会违背市场法则、侵犯消费者公平交易权和选择权。作为企业控制生产、销售和经营的方式，垄断一旦出现，会使得商品的价格高于边际成本，此时会出现低效率的资源配置。

二、外部性

上文已经提过外部性是市场失灵的重要原因之一，尤其对于林业的发展来说，大部分的森林资源都具有一定正外部性，会给社会带来更多的效益。本部分内容具体阐述外部性的相关理论。

1. 外部性定义

在市场经济中，一个经济主体的行为对另一个经济主体所产生的后果(损失或者收益)，不是由该主体自己来承受，而是由其他主体来承受，就会产生外部性。外部性根据生产活动和消费活动产生的结果，具体可以分为：

①生产的正外部性。生产者的生产给别的经济主体带来收益，但生产者自己无法直接获得别的经济主体的支付报酬。如林业生产者经营森林带来的净化空气改善环境的生态效益，经营者无法直接从获得生态效益的主体获得报酬。

②生产的负外部性。生产者的生产给别的经济主体带来损失，但生产者没有直接对损失负责或进行赔偿。如企业生产排放导致空气污染和水体污染，会使附近的人受到损失，并且产生负面的社会影响。

③消费的正外部性。消费者在消费过程中给别的经济主体带来收益，但消费者并不

能直接获得报酬。消费的正外部性多数体现在对社会收益增加上。如对于教育的投资使得孩子成为社会的栋梁人才,对于整个社会来说得到了相当大的收益。

④消费的负外部性。消费者在消费过程中给别的经济主体带来损失,但消费者本身不承担该部分损失的成本。如消费者公共场合随意丢弃果皮垃圾等,对周边环境和周围的人造成负面影响,但消费者本身并未为此支付任何费用。

2. 外部性对资源配置的影响

外部性的存在引起市场失灵,从而使得资源不再呈现最优配置。外部性对资源配置的影响主要体现在个人与社会的收益或成本差异。外部性存在会形成外部成本和外部收益,进而形成个人成本和社会成本,个人收益和社会收益。个人成本是由个人进行经济活动产生的自身承担的成本,例如,生产一种商品、经营一片土地或提供某种服务等。个人收益是个人经济活动带给自己的经济利益,例如,销售产品、服务收费等。在不考虑外部性的情况下,个人成本与社会成本相等,个人收益与社会收益相等,市场可以进行调节达到均衡。但存在外部性时,会存在以下2种情况:

①正外部性。个人的经济行为会给别人和社会带来更多的收益,这部分收益为外部收益。此时,社会收益>个人收益。由于额外的好处无法得到回报,因此正外部性的产品供应不足,无法达到市场最优配置。如图2-2所示,具有正外部物品的供给,个人边际收益低于社会边际收益,此时需求曲线D与供给曲线S相交的点对应供给量市场调控的实际供给量(Q)低于社会最优的供给量Q'。需要额外的收益补偿外部收益,使需求曲线由D变为D',市场供给Q增加为Q'。

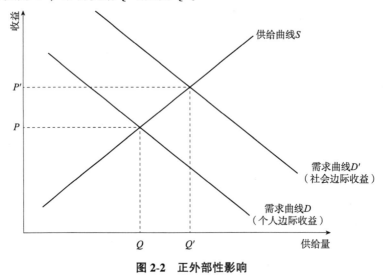

图2-2 正外部性影响

②负外部性。个人的经济行为会给别人和社会带来更多的损失,这部分损失所需要承担的成本为外部成本。此时,社会成本>个人成本。由于额外的成本不由引起的个人承担,因此负外部性产品供给过多,也无法达到市场最优配置。如图2-3所示,具有负外部性物品的供给,个人边际成本低于社会边际成本,此时供给曲线S与需求曲线D相交的点对应供给量Q高于社会最优的供给量Q'。需要额外的税收增加外部成本,使供给曲线由S变为S',市场供给由Q减少为Q'。

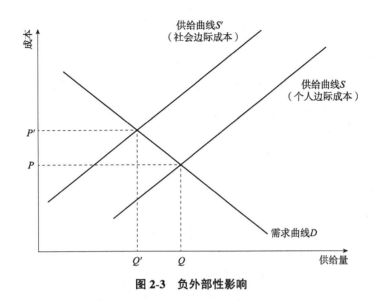

图 2-3 负外部性影响

综上,一般而言,在存在正外部性的条件下,个人活动的水平常常要低于社会所要求的最优水平;而在存在负外部性的情况下,个人活动的水平常常要高于社会所要求的最优水平。因此,当个人与社会成本或收益差异较大时,拥有外部性的产品便不能由市场完成最优配置。

3. 外部性的改进

外部性导致市场失灵的主要原因是外部成本和外部收益的存在。处理外部性问题的核心是如何将外部效应内部化,使得外部成本并入个人成本中,外部收益并入个人收益中。外部效应的内在化,实际上就是将外部效应的边际价值定价。负的外部效应内在化就是把外部边际成本加到私人边际成本中,从而使物品或劳务的价格得以反映全部的社会边际成本;正的外部效应内在化就是把外部边际效益加到私人边际效益之中,从而使物品或劳务价格得以反映全部的社会边际效益。外部效应内部化的措施主要有以下几种:

(1) 税收与津贴

税收和津贴是最直接将成本或者收益内化到个人的方法。原理就是通过政策的管理和鼓励将某种物品的个人边际收益或成本调整到足以使得个人或厂商的决策考虑其所产生的外部性,即考虑实际的社会边际收益或成本时。对有负外部性物品的经济活动采取罚款、征收特别税等惩罚措施使私人成本上升到与社会成本一致,调整的罚款、税收等数量上与外部边际成本一致,以此减少具有负外部性物品的供给。对有正外部性物品的经济活动进行补贴、减免税等措施补偿私人收益低于社会收益的部分,进行的补贴、减免税等数量上与外部边际收益一致,以此增加具有正外部性物品的供给。

税收和津贴是很直接的处理外部性的方式,但存在一定局限性。当外部边际成本和外部边际收益无法核算或核算成本太高时,进行税收和津贴的难度就会大大提升。利用税收解决排污的问题是解决外部性问题的典型案例。1920 年,英国著名经济学家庇古(Pigou)在《福利经济学》中提出,可以采取对污染者征税或收费的办法来解决外部性问题，其税收标准应等于污染的外部成本，从而使企业成本等于社会成本。这是企业最优的产量决策就等于社会最优的产量决策，污染水平也是社会最低的。这种税就称为庇古税或者排污收费。然而，庇古税的实施需要计算每个企业的允许排污量、监测排污水平，以促使每个企业遵守排污法规和对不规范排污的企业实施惩罚，从总体效率来看，经济学家们认为，这种政策并不是有效的。政策制定者们也认为，制定有效庇古税的信息负担相当大，以至于无法计算出有效的庇古税，即使能够获得充分的信息，这些信息也可以制定出比税收政策更好的排污政策。因此，庇古税在实践中存在诸多的缺陷，解决外部性不单单要靠直接的税收和津贴的管理，还需要辅助其他的政策。

（2）企业合并

由于外部性可能存在于企业与企业之间，或者生产过程的上下游之间，因此企业合并可以实现外部效应的内部化。若一个企业的生产影响到另外一个企业且影响是正的，则第一个企业的生产就会低于社会最优水平；反之，如果影响是负的，则第一个企业的生产就会高于社会最优水平，此时如果把这2个企业合并为一个企业，则此时的外部影响就被企业内部解决了，即被"内部化"。在生产过程中，企业可以扩大规模，并入一些原本受到自己生产影响的行业，组织一个足够大的经济实体来将外部成本或收益内部化，从而纠正外部性带来的效率损失。

（3）明确产权

产权指的是对于某一物品的所有权、使用权、交易权等。产权对于物品最重要的意义是解决了产生的收益和造成的成本归谁所有的问题，而外部性问题的根源在于无法分配外部收益或外部成本。产权问题提出者罗纳德·科斯（Ronald Coase）认为，外部性从根本上说是产权界定不够明确或界定不当引起的，所以只需界定并保护产权，而随后产生的市场交易就能达到帕累托最优。政府如果能明确产权的归属，在进行经济活动的主体便会在决策时考虑引起的外部成本和外部收益，如此便实现了与税收和津贴同样的效果。

（4）完善法律规定

与明确产权类似，政府可以通过法律的强制规定纠正外部性的影响。尤其对于产生负外部性的经济活动，政府可以有规定削减、整改、禁止一系列活动来消除外部性的影响。当然，政府对于主体的行为干预也存在一定的成本，在预期的收入小于政府支出成本时，政策的调控效果就会大打折扣。同时，政策的出台、产权的明晰、法律的完善都需要一定的时间调整，即政府的干预实际上具有时滞性。如果需要真正处理外部性的各种影响，需要市场个体、企业、政府共同配合。

三、公共物品

上文已经提出过公共物品的概念。公共物品也是市场失灵的原因之一，对于大部分森林资源，很难明确划分森林资源给不同经济主体使用并获得报酬，并且一个经济主体使用并不影响其对其他人的供应。部分森林资源的消费者不愿意为资源付出对应的价格，市场经济下就无法达到价格的供求平衡，从而市场无法有效率地配置该部分资源。本部分内容会具体阐释公共物品的相关理论。

1. 公共物品的定义

公共物品是可以供社会成员共同享用的物品，严格意义上的公共物品具有非竞争性和非排他性。所谓非竞争性是指该部分物品被消费者使用时，并不影响其他消费者，既不影响供给数量，也不影响使用成本，物品因消费者增加带来的边际成本变化为零。换句话说，各个消费者的行为独立，彼此不用担心因为别人影响自己对物品的使用。所谓非排他性，是指消费者不能排除别人使用该产品。区别于私人产品，例如，消费者购买一件衣服，便具有绝对的排他性，可以完全排斥他人的使用，即使消费者本身不穿这件衣服。然而，对于公共物品，不管消费者本身使不使用，都不会妨碍别人使用（不管需不需要支付费用）。

只有同时满足非排他性和非竞争性，才能算是严格的公共产品。根据排他性和竞争性，市场的物品分为4种，具体见表2-2：

表2-2 市场的4种物品分类

类型	竞争性	非竞争性
排他性	私人物品：严格属于私人的产品 特征：(1)市场供给；(2)排他性成本低；(3)利于收取使用费用 市场中大多数交易的产品都为私人产品。私人产品可以交给市场调控，根据供给需求，市场可以确定最优价格和最优生产数量 例如，买卖的衣物、食品、生活用品	"俱乐部"产品：有使用门槛(成本)，消费者互相不影响使用 特征：(1)可收取使用费，该部分使用费为消费者愿意提供的门槛费用；(2)有一定外部性；(3)市场可以供给，但需要辅助政策补贴 称为俱乐部产品是因为使用需要支出一定的成本，类似于需要进入俱乐部的"门槛费用"，支出之后消费者可以自由使用 例如，接入宽带、有线电视的消费；收费公路；电影院、球馆等
非排他性	公共资源：所有消费者都可使用，但同时会影响别人使用 特征：(1)所有人都可以消费，但是会使资源使用激烈，市场拥挤；(2)不完全由市场供给，政府需要有一定的供给预算；(3)外部性一般较大 部分公共资源可在使用中收取一定费用，但大多数公共资源需要额外进行拨款，此时需要政府的一系列税收措施等完成公共资源的供给 例如，各种公共服务；不收费的道路；公共渔场、牧场等	公共物品：严格公共物品，所有人无成本共同使用 特征：(1)排他成本很高；(2)市场很难供给，或者供给意愿很低，需要政府干预和进行一定政策激励；(3)难以收取消费者费用，政府需要强制性税收和额外拨款完成公共物品的供给 严格的公共物品可能带来高的社会效益，但衡量使用的收费非常困难，衡量的交易成本很高，依赖政府一定的干预，保证该物品的供给 例如，国防、灯塔；公共图书馆、博物馆、公园等

2. 公共物品对资源配置的影响

市场不可能高效地提供公共物品的主要原因是"搭便车"行为的存在。"搭便车"指的是免费享用某种物品或服务而不支付相对应的费用。由于公共物品的非竞争性和非排他性，任何人都可以免费使用并且不受别人的干扰。这种情况下每个人都愿意尽可能使自己的利益最大化，从而产生大量的外部成本。然而每个人都不愿意付费，无法维持物品的供给，导致无人愿意供给公共物品给市场。

公共物品最典型的案例是"公地的悲剧"：一片开放给所有牧民用以放牧的公地，不对牧民收取费用，这时所有的牧民都尽可能更多地放牧使自己受益更多。随着牛羊数量不断增加，公地最终承受不住承载压力而被毁，因为此超额的牛羊也给牧民之后的放牧带来很大的成本。

3. 公共物品的处理方法

政府具有统一调控资源的能力，因此政府是处理公共物品资源配置的关键。公共物品有助于增加社会福利，但无法通过市场有效供给，此时需要政府解决。

(1) 政府直接供给

政府通过征税的措施，强制对公共物品进行收费并维持公共物品的供给，是解决公共物品问题最直接的方法。但公共物品难以统一定价，并且虽然公共物品开放给所有人使用，每个人是否使用和使用数量的多少并不确定。因此，此处的征税需要明确使用主体。

但引起的问题是如何定价。核定每个主体对公共物品的使用程度的成本过高，政府很难高效率地进行供给。加上政府可能出现监督不到位、缺乏竞争机制的问题，同样会引起政府的失灵。

(2) 为公共物品设计排他性出口

除了直接供给，政府可以为公共物品提供公平有序的市场环境，可以创新市场运作方式，在不损害社会福利的情况下，改变公共物品供给"有市无价"的瓶颈，让政府、企业、非营利组织及公民个体有序参与到公共物品的供给当中，从而有效规避公共物品供给失灵问题。例如，公私捆绑、合同外包等。一旦通过创新部分下放给市场，消费者需要因此而付费，公共物品便易于通过市场和政府共同调控。

(3) 促进公共物品供给多元化

公共物品的供给可以尝试政府与市场的合作，并逐渐融入政策实践中。事实上在现实的市场中，部分公共物品依然可以有私人供给，尤其是规模小，消费者相对少，成本较低的公共物品。对于此类物品政府可以政策鼓励和扶持，让更多人愿意参与供给。同时，市场供给公共物品时的报酬不局限于收益，可以是人才、技术、企业形象等。这就要求政府激励有能力的企业，通过合同制来获得供给公共物品的收益。

四、产权理论

1. 产权基本概念

(1) 产权的含义

产权是财产权(财产所有权)或财产权利的简称。通常情况下把产权简单理解为合法财产的所有权，所有权表现为对财产的占有、使用、收益和处分。经济学的产权概念比法学的产权概念要宽泛，经济学家对产权有着不同的解释，比较认可的结论是：产权不是指人与物之间的关系，而是指由于物的存在及关于它们的使用所引起的人们之间相互认可的行为关系。产权不仅是人们对财产使用的一种权利，而且确定了人们的行为规范,是一种社会制度。

产权作为一种权利,包括所有权、使用权、管理权、安全权、转让权等。其中较为重要的4种权利分别为:

①所有权。它是指在法律范围内,产权主体把财产(产权客体)当作自己的专有物,排斥他人随意加以侵夺的权利。所有权表明产权主体对客体的归属、领有关系,排斥他人违背其意志和利益侵犯他的所有物(有形财产或无形财产)。

②使用权。它是指产权主体使用财产的权利。这里的使用可以是任意程度的使用,包括改变原有状态甚至消耗掉物品,例如购买食品的消费。

③收益权。它是指获得资产收益的权利。所有者有权获取来自自己资产的产出和额外收益。但是,收益权可以和所有权分离,即收益权的拥有者只享有物品产生的收益,可能不具备产品的所有权。最典型的例子是物品的出租,例如,农民可以拥有一块土地的农作物收益的权利,但这块土地所有权不属于该农民。由于可能存在产权主体使用的是属于他人的物品,因此行使收益权需要符合规定,不能丢失或损坏物品,保证财产在经济上的完整性和原有特性。

④转让权。它是指双方以一致同意的价格把所有或部分上述权利转让给其他人的权利。转让权一定程度上体现了产权对资产价值的承担和资产价值的变化。

(2)产权的分类

现实的经济生活中,产权是多种多样的。不同国家对于产权的规定也根据国家制度有所不同,例如,我国是以社会主义公有制为主体的国家,许多欧美国家是以资本主义私有制为主体的国家,因此各个国家产权的分类标准有所差异。本教材按照财产排他性的程度,将产权具体分为以下3类:

①国有产权。国有产权顾名思义,只有国家能决定谁可以使用或不能使用这些权利。由于所有权归属于国家,在没有明确规定使用权的前提下,该部分财产属于非排他性的公共物品,并且具有较大的外部性,即大多数人拥有使用和收益的权利(收益权需要来自法律规定,否则容易产生社会纠纷)。当一部分财产通常不只是完全为了经济效益而使用,可能为了生态效益、政治效益、社会效益等,或者该部分财产不能由个人拥有所有权或个人拥有该财产的成本非常高时,该部分财产通常由国家掌握所有权,只下放其他权利。

②共有产权。共有产权是将权利分配给集体的所有成员。对集体而言是非排他的,集体内部的成员都有权分享相同的权利;对集体外的成员来说是排他的,排除了集体外的任何成员享有权利,也排除他们对集体内的任何成员行使这些权利的干扰。共有产权最大的特点是,集体内的某个人对一种财产行使权利时,并不排斥集体内他人对该资源行使同样的权利,即集体内每个人都有权使用某一财产来为自己服务,但每个人都没有权声明这个财产是属于他的。这种情况常常给财产的使用带来外部效应。

③私有产权。私有产权是只属于个人的产权,也是日常经济活动中最常见的产权归属。私有产权具有排他性,拥有产权的人可以排除其他所有人对产权的享有和使用,包括干涉拥有者自己享有权利。但需要特别注意的是,私有产权并不一定只有一个人享有,可以由2个或多个人拥有。同样是一种有形资产,不同的人可以拥有不同的权利,只要每个人拥有互不重合的不同权利,多个人同时对某一财产行使的权利仍是私有产权。因此,私有产权的界定尤为重要。当产权被多个人享有,每个人都需要对自己享有

的权利负责,通过享有权利作出的决策结果需要自己承担。

产权的分类方法有很多种,国有产权、共有产权和私有产权虽然只是一种分类,但是已经包含了几乎所有的财产权。现实的经济生活往往是这3种产权的混合体系。不同产权对于资源配置的效率会有影响,有的产权注重经济效益(效率),有的产权注重社会效益(公平),以及随着经济不断发展,有的产权归属是为了生态效益等。当今世界产权分类已经构成复杂的体系,并在未来不断呈多元化发展。

(3)产权的属性

①排他性。排他性是产权最基本的属性,也是私人产权区别于别的产权的基本特征。排他性的存在除了赋予产权拥有者排除他人对自己财产的所有和他人对自己权利的干预,也要求产权拥有者自己承担对财产做任何决策的成本。排他性是所有者自主权的前提条件,也是使私人产权得以发挥作用的激励机制所需要的前提条件,只有当别人给出使用这部分财产合理的价格时,使用者才会作出如何处理这部分财产的决定。

②安全性。产权一旦被认定,不管归属于任何个人,都必须被认为是绝对安全的。若产权不能保证安全性,那么所有者无法保证自己能够通过拥有的财产获得安全的收益。在现实生活中,即使产权的规定不是永久的,在划分时间内的产权也必须得到保护。安全性的缺失会引申出一系列的问题。如果人们利用一种资源的权利得不到保护或不能延续,那么,他将改变甚至放弃对该资源的使用方式。例如,假如农民不确定自己使用土地的安全性,或不确定自己拥有使用权时土地创造收益的安全性时,他可能放弃土地的使用权转而选择其他更安全的收益,或者在自己确定安全的时间内尽可能多产生更多的收益,而不考虑土地的负担在未来引起的成本。

③可转让性。可转让性使得产权具有交易的条件,是产权的另一重要属性。不可转让的产权不能被他人出售和使用,并因此而不能在使用上充分发挥其潜能。产权的可转让性为财产创造更多价值提供可能,因为不同所有者对财产的利用程度不同,具备更好的知识和技能的所有者可以更好地利用该财产,使该财产的价值更高。比如,同一片土地,当产权归属于农民时,该土地可以用来种植农作物;当归属于房产开发商时,该土地可以用于建造房产;当归属于企业家时,该土地可以用于开设工厂。

④可分割性。可分割性是产权能够充分发挥作用的前提。对于一项固定权利来说,并不是越集中于一人效率越高。可分割性可以增加财产的有用性,使具有不同需求和知识的人们将某项独特的资产投入他们所能发现的最有价值的用途上。对于同一资产,拥有者也许并不擅长投资分配,另一些人可能没有什么财产,但他们拥有经营好财产的良好创意和能力。在产权可分割性的前提下,可以利用这部分资产创造最大的价值。因此,产权往往只有在能被分割的情况下,才能有效地利用大规模集中的财产,通过分立的个人和群体,使得财产的各种要素得到最有效的利用。

(4)产权的功能

产权对于资源使用和配置决策有决定性作用。日常经济社会中,资源是稀缺的,如果不对人们获取资源的竞争条件和方式做具体的规定,亦即设定产权安排,就会发生争夺稀缺资源的利益冲突,以产权界定为前提的交易活动也就无法进行。因此,产权制度对资源使用决策的动机有重要影响,并因此影响经济行为和经济绩效。

产权最重要的功能主要包括以下2点:

①激励和约束功能。产权的激励功能发挥作用的核心机制是产权的安全性。当人们

拥有财产并确定产权能够对他们财产进行保护，使用该部分财产就会以发挥最大的效益为目标；如果产权受到威胁和没收，就会造成人们对未来预期的不确定性，由于获取未来收益的概率较小，要求得到或创造资产的人就很少，生产性资产的价值就会大大降低。

约束功能是为了明确产权的界限。一个良好的产权界定需要使人们对自己的决策行为负责，保证人们以某种方式承担他们行为的成本。如果产权不明晰，责任就无法确定。因此不仅要明确当事人的利益，而且要明确当事人的责任，使得人们明确自己可以做什么和不能做什么。

②解决外部性问题。前文在外部性问题的阐述中，明确过解决外部性问题的一个关键是外部性的内在化。产权经济学家主张可以通过产权谈判和产权界定，使得外部性问题内在化。具体实现方式是在产生外部性问题时，通过产权界定明确外溢的成本或受益应该由谁承担。例如，在处理排污企业排污问题时，如果产权界定在企业，那么企业有权利排放污染，外溢成本由居民承担，居民可以购买净水装置解决水的污染。当产权界定在居民，那么企业无权排放污染，否则面临侵权。此时企业需要自己承担外溢成本，需要自己处理自己的污染排放。

但现实生活中，在处理外部性问题时会存在交易成本，如果让产权发挥处理外部性问题的作用，则需要内部化成本小于交易成本，或者内部化外部性的收益高于交易成本。

2. 科斯定理

在阐述科斯定理之前，需要先了解交易成本的概念。

所谓交易成本，指的是在完成一笔交易时，交易双方在买卖前后所产生的各种与此交易相关的成本，包括寻找交易对象、订立合同、执行交易、洽谈交易、监督交易等方面的费用与支出。交易成本主要由搜索成本、谈判成本、签约成本与监督成本构成。交易成本广泛存在于日常的大部分经济活动中，其产生的原因有很多，资产专用性、买卖双方有限理性、投机主义等都会增加交易成本使得交易由简单变得复杂。

在处理排污的问题中，庇古税存在的问题就是处理的交易成本过高。因此在1960年，经济学家科斯（Coase）在他有关社会成本问题的著名论文中指出，污染需要治理，而治理污染也会给企业造成损失。既然日常的商品交换可看作一种权利（产权）交换，那么污染权也可以进行交换，从而可以通过市场交易来使污染达到最有效率的解决。经济的外部性或者说非效率可以通过当事人的谈判而得到纠正，从而达到社会效益最大化。后人在此基础上总结出了著名的科斯定理。

(1) 科斯第一定理

科斯第一定理的内容是，如果交易成本为零，不管产权初始如何安排，市场交易总可以将资源配置达到最优。

以下通过案例来理解科斯第一定理。假设有一个工厂，它向河流中排放的污水给居住于附近的渔民造成了损失。假设每户渔民的损失为100元，10户渔民总的损失为1000元。又假定存在2种解决污染的技术方案：一是在造纸厂安装污水过滤设备，费用为600元；二是让渔民建造污水处理厂，每个渔民承担的费用是80元，总计费用为800元。

首先，假定渔民拥有享受河流清洁的权力（产权界定在渔民），那么造纸厂面临3种选择：一是筹资600元自行安装污水过滤设备；二是不采取任何治理污染措施，但是赔偿渔民因污染而造成的1000元损失；三是支付渔民建造污水处理厂的费用800元。显然依据成本最小化的原则，造纸厂会选择第一种方案，花费600元安装污水过滤设备，从而解决污染产生的负外部性问题。这一解决方案的实质，是在渔民拥有不受污染权力的前提下，污染带来的社会成本在造纸厂这一方内部化了，其结果对于双方都有利。

接着假定造纸厂拥有向河流中排放污水的权力（产权界定在造纸厂），那么渔民面临3种选择：一是支付造纸厂安装污水过滤设备600元以减少污水的排放；二是花费800元建造污水处理厂以减少造纸厂对河流的污染；三是不治理污染，承担1000元的损失。显然，渔民们的选择应当是第一种方案。在造纸厂获得排污权时，渔民自身利益的要求会使他们联合起来集资600元让造纸厂安装污水过滤设备，解决负外部性问题，结果对双方都有利。

可见，科斯定理的实质是只要产权界定清晰，并且交易费用为零，不论初始产权归属于哪一方，都可以通过市场化的交换而无须政府的干预，就可以达到资源的优化配置，从而最终实现帕累托最优。但是，通过分析也可发现，科斯定理成立的一个重要假设前提是：交易成本为零。事实上，只要发生交易和谈判，或多或少都会产生成本。而在存在交易成本的情况下，产权的不同界定就会对市场资源配置效率产生影响。

（2）科斯第二定理

科斯第二定理的内容是如果交易成本大于零，不同的产权界定会带来不同的资源配置效率。科斯第二定理是在第一定理基础上总结的，强调产权界定对资源配置效率的影响。不同的产权制度会有不同的交易成本，为了优化资源配置，需要先优化产权制度。

如上面分析的工厂污染的案例，不同的产权分配最终资源配置虽然都达到帕累托最优，但资源配置方式不同。在考虑交易成本后，显然渔民联合集资的成本更高，因为会有人存在"搭便车"的想法，并且10个渔民达成共识并不简单，如果渔民数量更多，交易成本进一步上升。

（3）科斯第三定理

在科斯第一定理和第二定理的基础上，科斯第三定理更广泛用于产权理论的研究中。科斯第三定理内容是如果交易成本大于零，产权的清晰界定是市场交易的前提，这需要由政府进行合理的初始产权安排，因为政府决定通常优于一般的权利分配实现的方式，更有利于提升经济效率。科斯第三定理是对于科斯第二定理的补充。清晰的产权界定不再是假设前提，而是市场需要。因此，在市场真正运行中，需要考虑多方面的交易成本，最终选择合适的产权制度，这是科斯定理最核心的启示。当今很多国家也在不断完善关于产权界定和产权保护的法律法规，其目的都是在尽可能减少成本的情况下完成资源的高效配置。

第三章
林业生产要素

林业生产要素是指林业生产过程中所需要的各项经济资源，主要包含劳动力、林地（或森林资源）、资本以及科学技术等。林业生产要素配置成为林业经济学的核心内容，主要是研究林业生产过程中的各种要素如何按照一定生产函数方式的组合，以实现林产品或者服务有效生产的目的。

第一节 林业生产要素配置

一、林业生产要素配置内涵及特点

1. 林业生产要素配置内涵

林业生产要素配置是指建立或者调整一定地域空间范围内的林业生产要素分布和组合的过程，包括建立、调整林业生产的地域分工和林业生产的地域结构。在宏观层面上，其主要解决全国林区区划以及在各大区间林业生产要素分配的重大问题；在中观层面，其主要解决某一区域林业发展战略和地区林业生产结构等问题；在微观层面，其主要解决各林业生产基本单元具体如何生产、如何管理等问题。

2. 林业生产要素配置特点

相较于企业和农业生产，林业生产要素配置具有特殊性，主要表现为以下特点：

①正外部性。森林不仅具有林木供给、果实生产等基本的经济功能，还具有水源涵养、水土保持、净化空气等生态功能。然而，这些生态功能无法在市场上得到合理的补偿，因此在林业生产要素配置的过程中形成了极强的正外部性。

②长周期性。林业生产周期是指从植苗或播种、插条造林开始到培育出各种成熟林和林产品的全部时间，具有较长的周期性。一个林业生产周期可能需要几年、十几年甚至几十年的时间，这就需要林业生产组织或者林农个体具有较强的耐心，并做好长远的林业生产规划和布局。

③高集聚性。森林资源一般分布在山高谷深的边远山区，并且沿着山脉走势分布；山地多的地方分布着较多的林业生产组织和林农个体，林业生产要素配置以地形条件为基础呈现高度的空间集聚性。

3. 林业生产要素配置效率原则

资源配置有计划和市场2种手段，无论是计划还是市场均要求资源配置的有效性，以满足社会化大生产的需要。资源配置效率是衡量社会资源配置状况的重要标准。按照意大利经济学家帕累托对效率的定义：如果一种可行的配置不可能在不损害某些人利益的前提下使另一些人获益，则该配置便是一种帕累托效率的配置。

林业生产要素配置效率取决于在特定的社会经济状态下林业生产要素组合状态和匹配程度，反映着各要素资源在林业生产过程中的利用水平。当然，利用帕累托效率原则测度社会资源的配置状态是难以实现的。林业生产要素配置效率可以用投入最小化、产出最大化或者零边际利润等原则进行评价。

二、林业生产函数

1. 一般形式

林业生产过程中的林业生产要素的投入量和林产品的产量之间的关系，可以用生产函数表示。生产函数表示在一定时期内，在特定的技术水平下生产中所使用的各种生产要素的数量与所能生产的最大产量之间的关系。生产函数可以用一个数学表达式来表示，也可以用表格、图形等形式来表示。任何生产函数都以一定时期内的生产技术水平作为前提条件，一旦生产技术水平发生变化，原有的生产函数就会发生变化，从而形成新的生产函数。林业生产函数也具有一般的生产函数的特点，根据林产品产量和林业生产要素投入量，林业生产函数的一般表达式可以记为：

$$Q = Af(L, K, N) \tag{3-1}$$

式中 Q——林产品的产量；

A——林业科学技术；

L——林业劳动力要素；

K——林业资本要素；

N——林地或者森林资源要素。

2. 单要素生产函数

(1) 边际报酬递减规律

假设，短期内林业生产技术保持不变，并且除了劳动力要素以外，其他林业生产要素一旦投入保持固定不变。我们仅观察劳动力要素投入与林产品产量之间的关系，则单要素的林业生产函数可以简写为：

$$Q = f(L) \tag{3-2}$$

式中 Q——林产品的产量；

L——林业劳动力数量。

式(3-2)满足 $\frac{dQ}{dL} \geq 0$ 且 $\frac{d^2Q}{dL^2} < 0$ 的条件，表示随着劳动力数量投入的增加，林产品产量呈现先增加后减少的趋势，即劳动力要素受到边际报酬递减规律的约束(图3-1)。

边际报酬递减规律又称边际收益递减规律，是指在其他条件不变的情况下，如果一

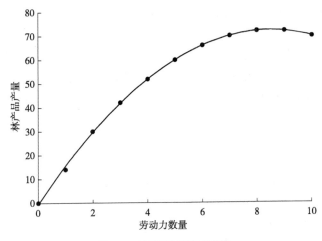

图 3-1 边际报酬递减规律

种投入要素连续地等量增加,增加到一定产值后,所提供的产品的增量就会下降,即可变要素的边际产量会递减。边际报酬递减规律存在的原因是:随着可变要素投入量的增加,可变要素投入量与固定要素投入量之间的比例在发生变化。在可变要素投入量增加的最初阶段,相对于固定要素来说,可变要素投入过少,因此随着可变要素投入量的增加,其边际产量递增,当可变要素与固定要素的配合比例恰当时,边际产量达到最大;如果再继续增加可变要素投入量,由于其他要素的数量是固定的,可变要素就相对过多,于是边际产量就必然递减。

(2)边际收益等于边际成本原则

那么利润函数可以表示为:

$$\pi = pf(L) - wL \tag{3-3}$$

式中 π——林业生产单元的利润;
p——林产品的价格;
L——劳动力要素数量;
w——劳动力要素的价格。

利润函数的一阶条件是:

$$pf'(L^*) - w = 0 \tag{3-4}$$

式中 L^*——实现利润最大化的劳动力要素投入数量。

通过利润函数的一阶条件,我们可以发现当边际收益等于边际成本时的林业生产单元的利润得到最大化。对于利润最大化的充分条件是边际收益等于边际成本的直接理解是:如果多生产 1 单位的林产品的成本小于其收益,则林业生产单元应继续扩大生产才能增加利润;然而,如果多生产 1 单位的林产品的成本大于其收益,则林业生产单元应该减少生产才能增加利润;那么当多生产 1 单位的林产品的成本等于其收益时,林业生产单元利润可能实现最大化。此时林业生产单元的生产规模达到了最优水平,即劳动力投入要素此时投入的数量即是生产的最优解。

3. 两要素生产函数

如果只考察劳动力和资本要素对林业产出的影响,并且短期内林业生产技术保持不变，那么林业生产函数的公式可以简写为：

$$Q = f(L, K) \quad (3\text{-}5)$$

利用生产函数主要考虑的是其产出或产量问题，而经济学上更关心的是生产要素的最优化配置问题，即可以获得最优收益的生产要素的投入组合形式。相对于产量问题，林业投资者更关注的是林业经营的收益问题，即利润水平。假设两要素生产的利润函数为：

$$\pi = pf(L, K) - w_1 L - w_2 K \quad (3\text{-}6)$$

式中 π——林业生产者的利润；
p——林产品的价格；
L——劳动力要素的数量；
K——资本要素的数量；
w_1——劳动力要素的价格；
w_2——资本要素的价格。

林业生产者利润最大化的投入要素组成形式依赖于利润函数的一阶条件：

$$\begin{cases} p\dfrac{\partial f(L^*, K^*)}{\partial L} - w_1 = 0 \\ p\dfrac{\partial f(L^*, K^*)}{\partial K} - w_2 = 0 \end{cases} \quad (3\text{-}7)$$

式中 L^*——实现林业生产单元利润最大化时投入的劳动力数量；
K^*——实现林业生产单元利润最大化时投入的资本数量。

假定林业生产也满足柯布—道格拉斯生产函数 $f(L, K) = L^\alpha K^\beta$，那么上述的一阶条件就变为：

$$\begin{cases} p\alpha L^{\alpha-1} K^\beta = w_1 \\ p\beta L^\alpha K^{\beta-1} = w_2 \end{cases} \quad (3\text{-}8)$$

两项相除的话可以得到：

$$\frac{K^*}{L^*} = \frac{\beta w_1}{\alpha w_2} \quad (3\text{-}9)$$

可以发现如果生产函数一定的话，利润最大化的要素投入与各个生产要素的相对价格呈反比关系，这时最佳产出就是 $f(L^*, K^*)$。

第二节 林地资源

一、林地资源的性质

1. 林地资源的概念

林地是用于生产和再生产森林资源的土地，是林业生产最基本的生产资料；同时也是森林动植物与微生物栖息、生长、发育和生物多样性保存的重要场所与载体。凡是用来进行林业生产的土地，不管目前有无林木和林木大小如何，以及将来打算发展成林地的土地，统称为林地。

《中华人民共和国森林法实施条例》中给予界定的林地范围是："林地，包括郁闭度0.2以上的乔木林地以及竹林地、灌木林地、疏林地、采伐迹地、火烧迹地、未成林造林地、苗圃地和县级以上人民政府规划的宜林地。"

2. 林地资源的类型

根据我国森林资源一类清查，按照林地的具体状况将林业用地分为6类：

(1) 有林地

有林地是由乔木树种组成、郁闭度0.2以上(含0.2)的林地或者冠幅宽度10m以上的林带，包括用材林、防护林、薪炭林(乔林)、特种用途林、经济林和竹林地。

①天然林：郁闭度0.2以上的林分。

②人工林：凡生长稳定(一般造林3~5年后或飞播5~7年后)，每公顷株数大于等于造林设计株数的80%或郁闭度0.2以上的林分。

③防护林：郁闭度达到0.2以上，或林带冠幅覆盖的宽度10m以上。

(2) 疏林地

疏林地是指附着有乔木树种，连续面积大于0.067hm²，郁闭度在0.1~0.19的林地。原始疏林地是由于当地自然条件差、林木生长缓慢、天然更新困难而形成的；而次生疏林地是人为原因造成的，使有林地经过次生逆向演替而形成的疏林地。但经济林和竹林不划为疏林地。

(3) 未成林造林地

未成林造林地是指造林后保存株树大于造林设计株树的80%，尚未郁闭但有成林可能的新造林地(一般指造林后不满3~5年，或飞播不满5~7年的造林地)。

(4) 灌木林地

灌木林地是指由灌木树种构成，以培育灌木为目标的或分布在乔木生长范围以外，以及专为防护用途，覆盖度大于等于30%的林地，包括人工灌木林地和天然灌木林地2类。

(5) 苗圃地

苗圃地指固定的苗圃用地，专门培育树木幼株(苗木)的场所(园地)，按其生产任务的不同分为防护林苗圃地、园林苗圃、果树苗圃地、经济林苗圃地、实验苗圃地等。苗圃地的主要任务是为造林和绿化提供优质苗木。

(6) 无林地

无林地指暂时无林，以后有可能成为林地的用地，包括以下4种：

①宜林荒山荒地：包括未达到上述几种林地的用地。

②采伐迹地：采伐后达不到疏林地的标准，且尚未更新的迹地。

③火烧迹地：火烧后保留的活立木达不到疏林地的标准，且尚未更新的迹地。

④宜林沙荒：可造林成活的固定、半固定沙丘和沙地。

3. 林地资源的特点

①生产性。一方面，林地即使不加入人类劳动也能产出各种林木产品和林副产品，具有自然资本的属性；另一方面，林地经人类社会改造和利用后，就成为生产资料，而

具有一定的生产力,具有人造资本的属性。以林地资源为物质基础,可以生产出人类社会生产、生活所需要的林木产品及各种林副产品。根据其性质可以分为自然生产力和劳动生产力。自然生产力是自然形成的,是林地质量的集中反映和外在表现。劳动生产力是人工施加影响形成,是人类生产技术水平对林地自然条件的改造和利用的能力。林地生产力主要取决于林地的自然条件和劳动生产力及其之间的关系状况。

②稀缺性。林地资源是稀缺的。虽然林地生产力和林地市场价格可以成倍提高,但在水平空间上林地却不能任意扩张。林地资源数量由地球表面可用于培育林木资源的土地面积所限制,人们不能在这些土地之外创造出新的林地。相反,由于森林资源的不合理利用和生产、建设上的征占用林地以及自然灾害等原因,林地资源正日趋减少。林地资源的稀缺性要求人们要珍惜林地,保护好现有林地资源,充分合理地利用林地,提高林地利用率和林地生产力。

③地域性。地域性亦称区位的不可移动性。与劳动力和资本要素不同,林地或者林地资源流动性和迁移性受到更多的空间约束;任何一块林地都有固定的地理位置,各自按照纬度、经度和海拔高度占据着特殊的空间位置。林地区位的不同和交通条件的差别,造成了林地位置的优劣,加之林地在肥沃程度上的差异,决定了林地等级和形成了级差林地生产力。

④正外部性。林地资源不仅能为人类社会提供木材、竹材及其他多种林产品,同时还能提供保持水土、涵养水源、防风固沙、净化空气、美化环境、维护生态平衡等多种非物质产品或者服务。虽然林地经营者提供了这些具有环境产品或者服务,但其一般不能直接从市场上获得相应的补偿,以至于林地提供的这些非物质产品或者服务具有极强的正外部性。

二、林地资源的利用

1. 理论基础

(1)林地的原始区位

为了计算各种农作物合理的种植界限,杜能在孤立国的假想上提出了杜能圈层理论,即城市周围的农业土地利用方式呈同心圆圈层结构(图3-2)。假定有一个巨大的城市,坐落在沃野平原的中央,但与别国隔绝,没有可以通航的自然水流和人工运河,我们把它称为孤立国。远离都市的外围平原变为荒芜土地,都市所需农产品由乡村供给,都市提供农村地区全部加工品。不同地方对中心城市距离远近所带来的运费差决定着不同地方农产品的纯收益或"经济地租"的大小。纯收益成为市场距离的函数,据此,将形成以城市为中心,由内向外呈同心圆分布的6个农业地带,它们由近及远分布。在何地种植何种作物最有利,完全取决于利润即地租收入最大,一般地租收入公式如下:

$$R=(P-C-K\times t)\times Q \tag{3-10}$$

式中　R——土地利润;
　　　P——农产品的市场价格;
　　　C——农产品的生产费用;
　　　K——距城市(市场)的距离;

t——农产品的运费率；
Q——农产品的产量(销售量)。

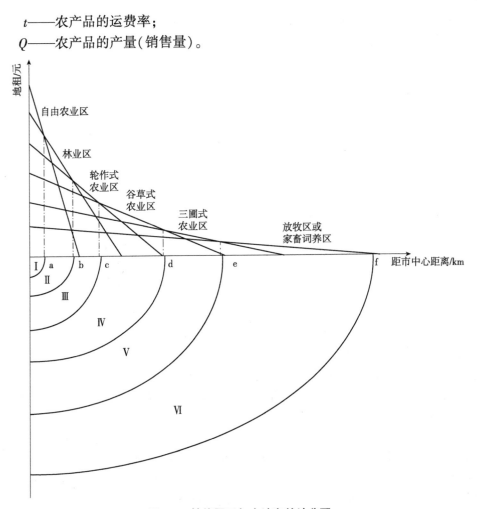

图 3-2　杜能圈层与农地有效地分配

第一圈主要是自由农业区，主要生产蔬菜、水果、牛奶等鲜货。该圈境内离城市越近的地方越有利，从城市取得肥料和向城市运送产品的费用越低。这个圈境的地租很高，需要用最小的土地面积生产最大的产量。这里实行自由农作制度，作物的种植轮流交替进行，以求从土地上获得最大的收益。第二圈主要是林业区，向城市提供燃料和木材。但如果距离城市太远，运输费用就会超过出售的价格，这样即使生产费用和地租都不存在，这些燃料和木材也不可能被送到城市进行出售。依此类推，第三圈为谷物轮作区，第四圈为谷草轮作区，第五圈为牧业区，第六圈为放牧区或家畜饲养区。地租的差别由距离都市的远近来决定，距离都市越近，地租越高，反之亦然。土地利用取决于土地质量、价格和产品价格等因素。好的土地要求集约经营，差的土地则粗放经营更合理。

(2) 森林转型理论

"森林转型"是英国地理学家 Mather 于 20 世纪 90 年代初总结出的关于森林或林地长期变化的一个规律(图 3-3)。随着经济社会的发展，一个国家或地区森林面积逐渐从净减少变为净增加，发生趋势性的转折，即国家的森林面积随时间的变化呈现出 U 形曲线的形态。虽然，森林转型规律最初是根据欧美发达国家森林面积的历史变化总结出来的，但在印度、越南、墨西哥以及洪都拉斯等发展中国家也先后发生了森林转型。

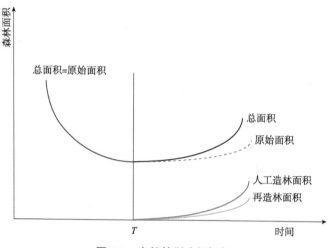

图 3-3　森林转型分析框架

（资料来源：2017 年 Barbier 等的研究）

Grainger 等将 U 形曲线划分为 2 个阶段，即转型之前的森林面积净减小阶段与其后的净增加阶段。多数案例表明，前一个阶段森林面积的减小主要是农业用地面积扩张的结果，间接的原因是人口扩张和经济增长带来的对粮食等农产品需求的增加。而在后一阶段，虽然直接原因可简单表述为前一阶段的逆过程，但间接原因却非常复杂。

关于森林面积增加的驱动力，Rudel 归纳出 2 条典型的路径，即森林转型的"经济增长路径"和"森林短缺路径"。前者指经济增长创造非农就业机会，使大量农村劳动力脱离农业，造成劣质农地的退耕，部分耕地因此恢复为森林。于是，对应于森林转型，农地面积呈现出倒 U 形曲线的形态；后者指社会对林木产品的需求增加，价格信号驱动人工林面积扩张。当然，政府的政策作用是不容忽视的，这在亚洲国家的案例中表现尤为明显。不过，公共政策往往是由环境和生态压力驱动的。森林砍伐造成的生态退化和自然灾害，意味着土地生态服务能力的降低。因此，也可以这样理解："生态系统服务"这种森林"产品"的短缺造成了森林面积的扩张，即广义上也可归入 Rudel 所说的第二条路径。

2. 林地资源的利用途径

林地是林业中不可替代的最基本的生产资料，中国人均林地资源稀少，人地矛盾突出，林地已成为制约林业发展的"瓶颈"要素。合理利用林地资源的主要目的是通过各种有效的途径，努力改善林地生产率，推动森林生态产品价值实现以及促进森林可持续经营。其基本途径有以下 4 个方面：

（1）实行集约经营，改善林地利用效率

在林业生产中，为了增加林业总产值，在林地利用上有 2 种不同的经营方式，即粗放经营和集约经营。粗放经营是在技术水平较低的条件下，投入较少的生产资料和活劳动，进行粗耕粗作，广种薄收，主要靠扩大林地面积来增加林业总产值的经营方式。集约经营是在一定面积的林地上投入较多的生产资料和劳动，采用先进技术装备和技术措施，进行精耕细作，主要靠提高单位林地生产率来增加林业总产值的经营方式。集约经营的类型，一般可分为劳动集约型、资金集约型和技术集约型。正确选择集约经营的模式，是保证集约经营顺利发展的重要前提。各国林业集约经营模式的选择，应从本国的实际出发。一般说来，经济比较落后的国家，林业集约经营通常以劳动集约型为主，而经济发达国家则以资金集约型和技术集约型为主。

根据中国林业集约经营的发展模式，为了逐步提高集约经营的水平，应当采取的主要措施有：①广泛应用先进适用的林业科学技术，改善林业生产要素的品质，改进生产方法，提高经营管理水平。②用现代工业提供的物质装备武装林业，逐步提高林业机械化和电气化水平，增加化肥、农药、林业生产工具等工业物质的投入。③充分发挥林业劳动力资源丰富的优势，实行精耕细作，提高林业劳动力的利用率；并向林农大力普及科学文化知识，增强林业劳动者的素质，以提高林业劳动力的利用效率和集约经营水平。④调整林业生产结构和生产布局，逐步实现林业生产专业化，因地制宜地安排林业生产，充分发挥各类林地资源的增产潜力。⑤加强林业的社会化服务，为林业集约经营提供各种必要的条件。

(2) 加强规模经营，提高林地经济效益

规模经营是指改变规模狭小的分散经营，根据生产发展的客观要求和社会、经济、技术、自然条件的可能，将林地生产要素适当集中使用，以获得更大经营效益的经营方式。规模经营的目的在于实现规模经济。所谓规模经济是指由于生产规模的扩大导致平均成本的降低，进而获得更大的经济效益。为使规模经营能实现规模经济，需要有一个适度的经营规模。所谓适度经营规模，是指与一定的社会、经济、技术和自然条件相适应，能够获得最佳经济效益的经营规模。从规模经营的组织实施单位看，中国目前林业生产规模经营的基本组织形式有农户家庭规模经营、联户规模经营、集体统一规模经营和双层规模经营等。各种组织形式都是和一定的客观条件相适应的，其中双层规模经营是一种与现阶段中国林业生产责任制形式相吻合，易于为广大林农所接受的规模经营形式。

所谓双层规模经营，是指在稳定家庭山林承包的基础上，由当地政府对其所属的林地统一规划，按照因地制宜的原则，对条件基本相同的林地实行连片发展某种林业项目，采取分户管理与集体服务相结合的形式，由2个经营层次共同进行的规模经营。双层规模经营的主要优点是：①不改变原有的承包关系，使林地经营连片而不是向个别农户集中，这就能保证山林承包制的相对稳定。②可以强化国家或集体的林地所有者地位，充分发挥统一经营层次的职能和作用，加强对林地的管理，按照因地制宜、发挥优势的原则和有计划的商品经济的客观要求，合理利用林地资源。③实行林地统一规划，连片种植，可以改变农户小而全的种植结构，为2个经营层次增加对林地的科学技术和物质资料的投入，推广使用林业机械，合理利用水利设施，加强山林管理和病虫害的防治等创造条件。

(3) 重视林地开发与保护，促进森林可持续经营

在中国的林地资源中，还有为数不少的荒山、荒地等林地后备资源尚未开发利用。对于这些资源，凡是已经具备开发条件的，要尽快开发为有林地；对于那些经济、技术、自然(如水源等)条件暂不具备的，要积极创造条件。开发要因地制宜，讲求实效，注意环境保护和生态平衡。与此同时，要十分珍惜林地资源，重视林地保护、防止沙

化、水土流失等对林地资源的破坏，并要严格控制基建用地和其他用地对林地资源的占用。通过开发扩大林业用地和切实保护林地资源，使一切可以利用的林地最大限度地投入林业生产，提高林地资源的利用率。

森林可持续经营是实现林业可持续发展最有效和最基本的途径。它要求通过现实和潜在的森林生态系统的科学管理、合理经营维持森林生态系统的健康与活力，维护生物多样性及其过程，以此满足社会经济发展过程中对人们森林产品及其环境服务的需求。森林可持续经营关注的重点是：①林业必须服务于国家经济社会可持续发展目标、不断满足经济社会发展和人民生活水平的提高对森林物质产品和生态服务功能的需要。②努力协调均衡相关利益群体，特别是林区居民的利益，促进多元化参与森林经营。③完善森林经营的支撑体系，加强机构、财政、法律、科研培训体系建设，建立灵活的应急反应机制，以应对异常干旱、严重森林火灾和林业有害生物等意外事件。④强化对森林经营各环节的监督，切实维护森林生产力，确保森林效益的持续发挥。

(4) 构建生态补偿市场，推动森林生态产品价值实现

森林是重要的水库、钱库、粮库和碳库，蕴含着巨大的生态服务价值，包括提供的食物、水等有形产品，在气候等方面的调节功能，以及土壤保育、养分循环等方面的支持功能和娱乐美学的文化功能。生态产品的经济特征以及不同的供给和消费方式，决定了生态价值实现的基本途径。实现路径选择不但要关注生态产品价值总量，而且要考虑其价值结构。同时，生态产品价值实现路径还应视产品属性而定，对于纯公共产品（如生态效益）属性的价值由政府主体实现，准公共物品属性的由政府和市场主体共同实现，私人物品属性的由市场主体实现。

森林生态产品价值实现的市场化路径主要为：①森林生态系统服务支付。近年来，生态系统服务支付取代综合生态系统管理，逐渐成为促进生态系统服务供给的重要措施，也是被运用最为广泛的生态效益补偿模式，激励土地经营主体自愿改变生产方式。②森林生态产品权属交易。权属界定和机制设计能够使更多类型的生态系统服务实现直接交易。作为生态产品权属交易的重要模式，国际碳交易的兴起源于《京都议定书》设立的清洁发展机制、联合履约和排放贸易等重要机制，此后，降低毁林和森林退化减排也逐渐成为全球碳市场的重要组成部分。③生态溢价。生态溢价的概念最早源于生态标签认证，其本质是将减少污染或提升生态系统服务功能的正外部性通过产品标签或认证的溢价形式转移给消费者，从而鼓励厂商以更加绿色可持续的方式进行生产活动。④生态产业。对于具有私人属性的生态产品，供需关系完全由市场决定，政府主要发挥引导和调控职能；在生态产品和服务价值实现过程中，以资源利用为主的生态产业具有基础性作用。

三、林地价值评估与林地市场流转

1. 林地价值计算方法

林地价值是对林地资产进行评估的结果，常用的林地价值评估方法包括林地市价法和林地费用价法。林地市价法以类似性质的其他林地买卖价格为标准来评估林地地价，得到的是林地的行情价。林地费用价法以取得林地所需要的费用和把林地维持到现在状态所需费用加总来评估林地地价，得到的是林地的贴现价。在选择具体评估方法时，通常

会涉及具体的指标，如林地市价法常用的指标为林地地租、林地级差地租。林地费用价法常用的指标为林地期望价值。

(1) 林地地租法

林地地租即林地的超额利润，是指单位面积林地所产出的林产品市场价值减去生产成本后的剩余部分。那么林地价值可以表达为：

$$R = (k-c) \times s \tag{3-11}$$

式中　R——林地地租；
　　　k——单位面积林地所产出的林产品市场价值；
　　　c——单位面积林地所产出的林产品成本；
　　　s——林地面积。

林地质量是影响林地地租最为主要的因素，林地越肥沃，林木生长量越大，纯利润也越大，林地地租也相应越高。林地地租是确定立木价格的基础，也是确定林地价值的基础，是林地经济生产力评价的重要依据。

(2) 林地期望价值法

林地期望价值是当经营林地所获得的纯收益达到最大时的地租，其本质是林地地租的最大化。林地期望价值法以实行永续皆伐为前提，并假定每个轮伐期林地上的收益相同，支出也相同，从无林地造林开始进行计算，将无穷多个轮伐期的纯收入全部折现累加求和值作为林地资产评估值。基本公式如下：

$$EV_u = \frac{A_u + D_a(1+I)^{u-a} + D_b(1+I)^{u-b} + \cdots - \sum_{i=1}^{n} C_i(1+I)^{u-i+1}}{(1+I)^u - 1} - \frac{V}{I} \tag{3-12}$$

式中　EV_u——林地的期望价值；
　　　A_u——现实林分第 u 年主伐的纯收入（指木材销售收入扣除采运成本、销售费用、管理费用、财务费用、有关税费、木材经营的合理利润后的部分）；
　　　V——年均营林生产间接费用（包括森林保护费、营林设施费、良种实验费、调查设计费、基层生产单位管理费场部管理费用和财务费角）；
　　　C_i——第 i 年的营林生产的直接费用（包括栽植、整地、抚育等费用）；
　　　u——经营周期；
　　　D_a、D_b——分别为现实林分第 a 年和第 b 年的间伐纯收入；
　　　I——投资收益率。

2. 林地流转市场

(1) 林地流转市场是实现林地流转的重要载体

林地流转市场包括林地所有权出让市场和林地使用权的出让市场、出租市场、转让市场和转租市场。集体林地市场建设是扩大林地经营规模必然要求，我国林业发展面临着林产品产出低、生态环境日益恶化的多种困境，造成这一残酷事实的原因是很多的，其中林地利用的低效率是主要原因之一。建立适应市场经济的具有竞争力的林地经营单元，对我国农村林业的可持续发展具有重要的意义。

集体林地流转是稳定和完善农村基本经营制度的必然要求，对于农村土地经营制度的完善、农村生产力的发展具有重要的意义。此外，集体林地流转的实施是促进农民增收和解决三农问题的重大举措。集体林地市场流转研究是深化林地制度改革中出现问题的需要。中国的集体林权制度改革取得了一定的成绩,但经营细碎化、分散化等问题突出。如何在市场体制建设过程中解决这些问题,是林地流转市场建设需要解决的问题。

林地流转是林地资源通过市场化途径的合理配置。交易的频度和广度是林地资源价值的选择和优化。当前,要完善林地流转市场的交易机制,规范交易行为,增强林地的流转,同时要加强林地流转的信息服务,要培育好市场化运作的中介组织,为林地流转搭建规范、有序、公开、公平、公正的交易平台,做到定期公布林地规划、林地的供求等信息,才能掌握好林地流转程序,协调好各方关系,以服务好林地流转这项工作。

(2)林地流转市场建设的典型案例:龙泉市林地经营权流转

龙泉市是浙江省最大的林区县(市)和第二大竹乡,隶属于丽水市。全市土地总面积456万亩[①],其中林业用地面积398.5万亩,森林蓄积量1786万 m^3,森林覆盖率84.2%。随着我国集体林权制度改革向纵深发展,现行林权证"四权合一"制度,使获得林地经营权的企业和个人,无法通过林权变更登记办理林木采伐许可、林权抵押贷款等业务,极大地制约了林地规模化集约化经营水平。2013年,丽水市人民政府办公室《关于加快农村土地承包经营权流转推进现代农(林、渔)业发展的意见》明确提出了试行农村土地流转经营权证制度,为龙泉市开展林地经营权流转证发放试点工作指明了方向,提供了依据。

2013年8月,龙泉市积极探索,大胆创新,在全国率先开展了《林地经营权流转证》发放试点。具体做法如下:

①出台一项政策。对当年新增的流转25年(含)以上(不超过林地承包经营期限)、连片(户)100亩(含)以上,且纳入林业投资计划进行毛竹、香榧、油茶、珍贵树种等林业主导产业新造林规模化经营基地的,给予流入主体每亩一次性补助50元。对开展整村(自然村)林地流转试点,完成整村(自然村)林地流转面积达3000亩(含)以上的,给予实施单位一次性工作经费补助不少于5万元。

②制定一个办法。龙泉市政府常务会议审议通过《龙泉市林地经营权流转证登记管理办法(试行)》,将林地承包权和经营权分离,对符合条件的经营主体赋予林权流入债权凭证——《林地经营权流转证》。在流转合同期内,林地经营权流入方享有除林地承包权之外的所有经营权利。林地经营权流转证是证明林地流转关系和权益的有效凭证,是林地流转受让方实现林权抵押、林木采伐和其他行政审批等事项的权益证明。

③建立一套机制。建立政府牵头、部门协作的机制,法院、检察院、人民银行、林业局等部门合力推进试点工作。建立联席会议制度,各部门定期商讨和解决试点工作过程中出现的问题。建立信息化管理制度,发证的程序在林权管理系统中操作,避免了流出方利用原林权证办理林木采伐、抵押贷款等情况的发生。

林地经营权流转证制度的实施在以下几个方面产生了积极的效果:

①促进了经营主体放心投入、安心经营。《林地经营权流转证》通过龙泉市政府确认,创造性地实现了受让方经营权证办理,消除了林业生产经营者的后顾之忧。经营主

---

① 1亩=1/15hm^2,下同。

体对长期投入收益有了更稳定的预期。

②缓解了经营主体"融资难",调动了参与林业的积极性。由于《林地经营权流转证》得到银行的承认,解决了工商企业、经营大户生产融资难的问题,提高了企业和个人投资林业的积极性。

③促进了林地适度规模经营,提高了林地经营水平。工商企业等新型经营主体积极投身林业产业,使林农分散细碎、粗放经营的林地能集中流转,提高了林地经营水平和效益。龙泉市已形成毛竹、油茶、香榧、珍贵树种、石蛙特色养殖和竹木加工6个林业主导产业。

④规范了林地流转,减少了林区纠纷。林地经营权流转证制度,为林农与工商资本、经营实体进行林地流转提供了规范和程序,办证时需由双方共同申请,龙泉市林业局审核,使得林农对林地流转更加慎重,双方的权益关系更加明确,林地流转运行也更加规范,后续矛盾纠纷将会减少,有利于维护林区稳定。

⑤促进了林农就业,提高了林农收入。实行《林地经营权流转证》制度,能有效防止林农失山失地,林农切身利益不受损害的同时提高了收益。林农在获得流转收益的同时,还可以在流入方处打工就业获得劳务收入,也可以外出就业或创业。据统计,龙泉市办理《林地经营权流转证》的林农(流出方)比没有办理的收益高出20%左右。

第三节 林业劳动力资源

一、林业劳动力资源性质

1. 林业劳动力资源的内涵

林业劳动力资源是指林业部门所拥有的具备劳动能力的人口的数量和质量的总和。林业劳动力资源包括数量和质量2个方面。林业劳动力资源的数量包括林业部门具有劳动能力的全部人口。林业劳动力资源的质量是林业劳动者体力和智力的统一。体力一般指人体的负荷力、耐力和疲劳的恢复能力等。智力包括劳动者的知识(基础文化知识和专业科学知识)和技能(经验和专门技术)。具体有以下3个方面的内涵:

①林业劳动力资源具有主观能动性。在林业生产中,土地和其他物力资源是被动地进入生产过程的,它们只是被开发和利用的客体;而林业劳动力资源不仅是被开发利用的对象,而且是开发利用的主体。林业劳动力数量的变化和质量的提高,林业劳动力资源的合理使用等,都要通过劳动者自身去实现。

②林业劳动力资源具有自我更新的能力。在林业生产要素配置过程中,其他各种物力资源只能将其所消耗的价值转移到林产品的价值中去,无法使自身价值获得更新或者增值;而林业劳动力资源除了将其自身再生产所消耗的生活资料的价值转移到林产品的价值中去以外,还能在林业生产实践中获得技术和知识更新,实现自我价值的提升。

③林业劳动力资源质量取决于劳动力的智力水平。智力水平是林业劳动力资源区别于其他林业生产要素的核心标志。高智力的林业劳动力可以有效地解决比较复杂的林业生产和管理问题,提高林业劳动力的生产能力和组织管理水平。另外,高智力的林业劳动力具有较强的知识学习和实践总结能力,其自身的劳动力资源质量也会在林业生产实

践中得到快速提升。

2. 林业劳动力的特点

①季节性。林业生产要素配置过程是自然生产要素与经济生产要素相互作用、相互影响以及相互匹配的过程。在现有的人类生产力发展水平下，林业生产必须要遵循基本的植物生长规律来投放劳动力，根据林业生产的季节性合理安排劳动时间。一般都是春季造林、冬季采运，在时间上具有明显的季节性。由于林业的各种经营活动具有季节性，导致林业劳动力使用在时间上具有季节性，其作业弹性比较高。

②兼业性。林业生产周期较长，并且要素投入比例在时间上不是固定不变的。林业初期劳动力投入多，而收益要经过漫长的生产周期结束才能获得，林业不能独自保证劳动力的再生产；林业生产的季节性也不需要劳动力常年固定在林业生产上。所以，林业劳动力同时又是种植业、养殖业、加工业、服务业等其他行业的劳动力，具有很强的兼业性。

③分散性。由于林地是林业的基本生产资料，而林地空间上分布广泛，并且位置是比较固定，这就使林业劳动在广大的自然空间上分散进行。林业劳动力工作地点不固定，群体流动性大，且工种变化频繁，难以形成工业上劳动力的专业化，具有较高的分散性。

二、林业劳动生产率

1. 林业劳动生产率概念

劳动生产率是指劳动者在一定时期内创造的劳动成果与其相适应的劳动消耗量的比值。它体现着劳动者所生产的产品同消耗劳动时间的对比关系。劳动生产率水平可以用同一劳动在单位时间内生产某种产品的数量来表示，单位时间内生产的产品数量越多，劳动生产率就越高；也可以用生产单位产品所耗费的劳动时间来表示，生产单位产品所需要的劳动时间越少，劳动生产率就越高。

林业劳动生产率是指林业生产成果与林业劳动时间的比率，它反映林业劳动者的生产效率。通常用林业劳动者在单位时间内生产的产品产量(或产值)，或者生产单位产品所耗费的劳动时间来表示，具体包含林业个别劳动生产率和林业行业劳动生产率。

①林业个别劳动生产率包括林业个人劳动生产率和林业组织(企业)劳动生产率。前者林业按个别劳动者的劳动耗费来计算；后者按林业个别(企业)的劳动耗费来计算。

②林业行业劳动生产率是以林业行业为单位来计算单位产品所耗费的林业平均必要劳动量。林业行业劳动生产率是衡量全行业范围内林业生产先进和落后的尺度。

林业个别劳动生产率高于林业行业劳动生产率，生产商品的林业个别劳动量就低于林业行业的必要劳动量；反之，则高于林业行业必要劳动量。

2. 林业劳动生产率的测度方法

①按不同产量指标计算的劳动生产率。林业实物劳动生产率：即每种林产品的实物产量与其相应的林业劳动消耗量之比。林业价值劳动生产率：林业总产值或净产值/林业劳动消耗量。

②按不同人员范围计算的劳动生产率。林业生产工人劳动生产率＝林业实物量或总产值/林业全部生产工人平均人数。林业全员劳动生产率＝林业实物量或总产值/林业全部职工平均人数。

③按不同时间单位计算的林业劳动生产率。可以根据不同时间单位来计算，如小时、日、月、季、年等。

3. 林业劳动生产率分解

劳动生产率涉及部门劳动生产率和部门劳动力配置结构 2 个因素，其增长可分解为以下 3 个部分：

①纯生产率效应。该效应表示以基期产出或投入为权数的行业劳动生产率增长率，即按照基期产出或投入权重，计算行业劳动生产率增加率的加权平均值。之所以称为"纯生产率效应"，是因为它测度了在产出或投入份额不变时各行业劳动生产率增加的平均值。

②鲍默效应。该效应表示在考察期间内各行业劳动生产率和行业权重变动间的相互影响对整体劳动生产率的作用效果。之所以称为"鲍默效应"，是因为鲍默在其不平衡增长理论中阐述了产出与生产率之间的关系——产出增长和劳动生产率增长正相关。

③丹尼森效应。该效应表示考察期内因为要素流动或投入权重差异所引起的生产率变动，即不同行业间劳动再分配对劳动生产率的影响。之所以称为"丹尼森效应"，是因为丹尼森认为，劳动力从低生产率部门向高生产率部门转移也会提高整体劳动生产率。

上述思想可以用数学公式来表示为：

$$A_t = X_t / S_t \tag{3-13}$$

式中　A——劳动生产率；
　　　X——林业总产值；
　　　S——劳动力投入数量；
　　　t——时间。

而考虑劳动配置结构的林业劳动生产率为：

$$A_t = \sum_{i=1}^{n} A_{it} \omega_{it} \tag{3-14}$$

式中　ω——劳动投入占全部劳动的比重；
　　　i——某个林业细分行业；
　　　n——林业细分行业的数量。

$$\Delta A_t = \sum_{i=1}^{n} A_{it} \omega_{it} - \sum_{i=1}^{n} A_{it-1} \omega_{it-1} = \sum_{i=1}^{n} A_{it} \omega_{it} - \sum_{i=1}^{n} A_{it-1} \omega_{it} + \sum_{i=1}^{n} A_{it-1} \omega_{it} - \sum_{i=1}^{n} A_{it-1} \omega_{it-1}$$

$$= \sum_{i=1}^{n} \omega_{it} \Delta A_{it} + \sum_{i=1}^{n} \Delta \omega_{it} A_{it-1} \tag{3-15}$$

$$\Delta A_t / A_{t-1} = \sum_{i=1}^{n} \omega_{it} (\Delta A_{it} / A_{it-1}) (A_{it-1} / A_{t-1}) + \sum_{i=1}^{n} \Delta \omega_{it} (A_{it-1} / A_{t-1}) \tag{3-16}$$

如果令 $R_{it} = A_{it}/A_t$ 表示第 i 个林业细分行业与整体林业行业劳动生产率的相对量，$g(A_t)$ 表示 t 时期林业劳动生产率的增长率，则：

$$g(A_t) = \Delta A_t / A_{t-1} = \sum_{i=1}^{n} \omega_{it} (\Delta A_{it} / A_{it-1}) R_{it-1} + \sum_{i=1}^{n} (A_{it-1} / A_{t-1}) \Delta \omega_{it} \tag{3-17}$$

令 $s_{it} = \omega_{it}R_{it-1} = (S_{it}/S_t)(A_{it-1}/A_{t-1}) = (S_{it}/S_t)(X_{it-1}/X_{t-1})(S_{t-1}/S_{it-1})$

如果是小的平滑时间序列，则 $s_{it} \approx m_{it} = X_{it}/X_t$。

$$g(A_t) = \sum_{i=1}^{n} s_{ik}g(A_{it}) + \sum_{i=1}^{n}(s_{it} - s_{ik})g(A_{it}) + \sum_{i=1}^{n}R_{it-1}\Delta\omega_{it}$$
$$= \sum_{i=1}^{n} m_{ik}g(A_{it}) + \sum_{i=1}^{n}(m_{it} - m_{ik})g(A_{it}) + \sum_{i=1}^{n}R_{it-1}\Delta\omega_{it} \quad (3\text{-}18)$$

式(3-18)右边第一项将林业各细分行业劳动占比始终固定为基期 m_{ik}，只测度了林业劳动生产率因各细分行业劳动生产率变化 $g(A_{it})$ 而变化的程度，因此是纯生产率效应；第二项测度了林业细分行业劳动占比变化 $(m_{it}-m_{ik})$ 和劳动生产率变化 $g(A_{it})$ 交互作用对林业劳动生产率的贡献度，因此是的鲍默效应；第三项不考虑各林业细分行业劳动生产率变化 $g(A_{it})$，只考虑各林业细分行业劳动力配置结构变化 $\Delta\omega_{it}$ 对林业劳动生产率的影响，因此是丹尼森效应。

4. 林业劳动生产率的影响因素

①林业劳动者的平均熟练程度。劳动者的平均熟练程度越高，劳动生产率就越高。劳动者的平均熟练程度不仅指劳动实际操作技术，而且也包括劳动者接受新的生产技术手段，适应新的工艺流程的能力。

②与林业生产相关的科学技术的发展程度。与林业生产相关科学技术越发展，而且越被广泛地运用于林业生产与加工过程，林业劳动生产率也就越高。

③林业生产过程的组织结构和管理方式。它主要包括生产过程中劳动者的分工、协作和劳动组合，以及与此相适应林业经营管理方式。

④生产资料的规模和效能。它主要指林业劳动工具有效使用的程度，对其他林业投入要素的等利用的程度。

⑤自然条件。它主要包括与林业生产有关的林地质量、林分条件以及雨热条件等。

5. 提高林业劳动生产率的途径

林业劳动生产率按其形成的条件可分为社会生产率和自然生产率。林业劳动的社会生产率是由林业劳动的社会经济条件决定的，林业劳动的自然生产率是由林业劳动的自然条件决定的。提高劳动生产率的主要途径如下：

①努力提高林业劳动者的素质。先进的林业技术、现代物质装备以及科学的经营管理方法，只有通过劳动者去掌握和运用，才能变为现实的生产力。在同样的物质技术条件下，由于林业劳动者的素质不同，林业劳动生产率相差悬殊。目前，从总体上看，中国农民受教育的程度和技术水平还很低，努力提高林业劳动者的素质是提高中国林业劳动生产率的一项根本性措施。

②大力推广应用林业科学技术，提高林业生产的物质技术装备水平。大幅度提高林业劳动生产率，归根到底要依靠科学技术。只有用现代林业科学技术代替落后的传统林业技术，用现代工业提供的物质技术装备武装林业，进行劳动对象和劳动手段的深刻革命，才能实现林业劳动生产率质的飞跃。

③加强劳动管理，改善劳动组织。劳动组织管理的科学化程度，直接影响劳动者的生产效率。因此，要按照林业生产的客观要求，根据劳动对象、劳动手段和生产过程的

特点，进行劳动的合理分工与协作，逐步建立健全科学的劳动管理制度和激励机制，以充分调动劳动者的积极性，提高林业劳动生产率。

④充分合理地利用自然条件。林业劳动生产率是和自然条件紧密联系在一起的，将一定的生产项目配置于不同的自然资源，其生产率往往相差很大。因此，要因地制宜地布局林业生产，扬长避短，充分合理地利用自然资源，使等量的劳动投入能取得较高的林业劳动生产率。

第四节 林业资金

一、林业资金的性质

1. 林业资金概念

货币参与生产过程的循环称为资金。资金在生产过程中的特点是顺序通过供、产、销各个阶段而不断地由一种形态转化为另一种形态（图3-4）。由一种形态向另一种形态转化称为资金运动，资金从出发点开始顺序通过供、产、销3个阶段，最后复归于出发点为止的过程称为资金循环。资金的不断循环称为资金周转。

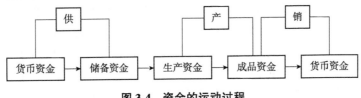

图 3-4 资金的运动过程

林业资金是林业再生产领域中所拥有的物质财富的货币表现。它是林业生产活动中重要的生产要素，具有货币和实物2种形态。货币形态的资金指进行林业经营过程中所需要的固定资金和流动资金；实物形态的资金主要指林业产业发展过程中所需要的固定资产和流动资产。

市场经济运行过程中最明显的一个特征就是资金在实物形态和货币（价值）形态之间循环不断的流动。林业中培育和采伐利用森林的生产经营活动也同时表现为林业资金的循环和周转运动。林业企业进行生产经营所使用的各种生产资料和物资器材，除了具有实物形态同时也具有价值即货币形态，林业企业还必须用货币来支付职工的劳动报酬，木材林产品的交换也要求按照等价的原则来进行。所以，林业资金实质上是林业生产和再生产过程的价值表现，它反过来又对林业生产和再生产的顺利进行起着保证和监督的作用。

2. 林业资金的分类

①根据资金的形态，林业资金可以划分为货币资金和实物资产。
②根据资金的用途，林业资金可以划分为营林投资和非营林投资。
③根据资金的来源，林业资金可以划分为中央政府投资、地方政府投资和社会资本投资。

④根据资金的性质,林业资金可以划分为国有投资、集体投资和私人投资。

3. 林业资金的特性

①时间长、周转慢。由于林业生产的长周期性,决定了林业资金占用大,资金的周转速度慢。林业生产阶段开始之前,生产者必须购买种子、肥料、机器、农药等生产资料进行生产准备;林业生产时,各种采伐、运输、销售成本等的发生,都需要资金进行周转,这需要一个漫长的过程。虽然不同树种的轮伐期不同,但是基本上每个树种的轮伐期都在几年以上,与工业生产等短周期的行业相比较,林业生产是一个长周期的生产活动。

②连续性投入和一次性收获。林业生产除了一个轮伐期结束的时间点上有收益外,在林业生产的漫长过程中几乎没有直接收入,反而要连续不断地追加资金投入。林业再生产过程中的资金处于不断地循环和周转运动中。为了再生产能不断地进行下去,林业资金必须依次通过供应阶段、生产阶段、销售阶段,分别采用不同的价值形态和执行不同的职能。只有这样,生产才能在时间上继续,在空间上并存,不断地产出产品并获取盈利。一旦林业资金停止了运动,林业就不可能为社会提供必要的林产品,林业资金也就丧失了其职能。在每一个轮伐期内,林业活动都是连续不断地投入,只有在轮伐期结束时的时间点上产生收益。

③风险性较大。林业生产受日照、温度、降水量等自然因素影响较大,目前,科学技术的发展还不能完全摆脱自然灾害对林业生产的危害,因而年度间的生产水平被动较大,生产成果不稳定。有些林产品还要受到市场机制的制约,价格高低直接影响到林业生产的利润,加上林业资金往往不能及时转向,也使林业资金的利润不稳定。由于林业生产的周期长,在漫长的过程中,林业资金面临着比较大的风险,包括自然风险、社会风险(林木被盗)、经济风险(价格波动)、政治风险(政策变动、战争)等。

④具有时间价值。由于林业生产周期较长会占用资金使用时间。培育森林就像在银行存款或投资股票,希望在将来可以得到更多的回报。

二、林业资金收益评价

1. 资金时间价值

(1)资金时间价值的内涵

资金时间价值又称货币时间价值,是指一定量资金在不同时间点上的价值差额。资金的时间价值来源于资金进入社会再生产过程后的价值增值。通常情况下,它相当于没有风险也没有通货膨胀下的社会平均利润率,是利润平均化规律发生作用的结果。

根据资金具有时间价值的理论,可以将某一时点的资金金额折算为其他时间点的金额。由于资金具有时间价值,因此,同一笔资金,在不同的时间,其价值是不同的。计算资金的时间价值,其实质就是不同时间点上资金价值的换算。具体包括2方面的内容:

①计算现在拥有一定数量的资金(现值),在未来某个时点将是多少数额,这是计算终值问题。

②计算未来时间点上一定数额的资金(终值),相当于现在多少数额的资金,这是

计算现值问题。

(2) 资金时间价值的计算方法

资金(货币)时间价值的计算方法有 2 种：①只就本金计算利息的单利法；②不仅本金要计算利息，利息也能生利，即俗称"利上加利"的复利法。相比较而言，复利法更能确切地反映本金及其增值部分的时间价值。

现设定如下符号：P 为现值、F 为终值、r 为利率、t 为时间，分别计算资金的时间价值。

①单利法。单利终值：$F=P(1+r\times t)$；单利现值：$P=F(1-r\times t)$。
②复利法。复利终值：$F=P(1+r)^t$；复利现值：$P=F(1+r)^{-t}$。

2. 林业投资收益评价

林业资金是林业再生产领域中所拥有的物质财富的货币表现。林业生产活动具有早期资金投入大、资金周转慢和林业经营活动的风险大等特殊性，林业资本在林业再生产活动中具有重要影响，林业资本包括林地、厂房设备等固定资本，也包括种苗、燃料等流动资本。因此，林业资金的利用效果即林业投资评价对指导林业生产经营活动具有重要意义，可以用净现值和内部收益率等指标来进行评价。

(1) 净现值

由于在林业投资过程中可能涉及间断或连续的后期费用，比如补植费、人工抚育成本等，人们就需要将未来所有现金流量贴现到现在的价值，这就涉及净现值问题。净现值等于毛收入现值减去支出现值，其公式表示为：

$$NPV = \sum_{t=1}^{n} \left[\frac{R_t}{(1+r)^t} - \frac{C_t}{(1+r)^t} \right] \tag{3-19}$$

式中 NPV——林业投资净现值；
R——每期的林业收入；
C——每期的林业成本；
t——投资时间；
n——投资期数；
r——贴现率。

NPV 表示的是林业投资者在一定收入、成本及贴现率的前提下应该投资的金额。当 NPV 大于零时，意味着林业投资项目可行，而当净现值为负，则表示林业投资项目不可行。

(2) 内部收益率

林业投资评价的另一种基本指标是内部收益率评价。内部收益率是当净现值等于零时的回报率，也就是林业投资项目实施后预期未来税后净现值流量的现值与初始投资相等的贴现率。其公式表示为：

$$\sum_{t=1}^{n} \frac{R_t}{(1+IRR)^t} - \sum_{t=1}^{n} \frac{C_t}{(1+IRR)^t} = 0 \tag{3-20}$$

式中 IRR——内部收益率；
其他同式(3-19)。

林业投资者投资的前提条件就是要保证可接受的项目投资的内部收益率大于最低回

报率,因此最低回报率是林业投资者的最低底线。如果内部收益率小于最低回报率,那么说明此项目不可行。

三、林业投资风险评价

1. 林业投资风险的概念

林业投资风险又称林业资金利用风险,主要是指林业资金使用过程中实际收益率的不确定性。风险不一定是坏事,它既可能是损失,也可能是收益,风险和收益表现出正相关。具体包含系统风险和非系统风险2大类。

(1)系统风险

系统风险主要是指由于某些全局性因素引起的林业收益的可能变动,是不可回避、不可分散的风险,主要分为市场风险、政策风险、利率风险以及通胀风险等。

①市场风险。基础资产市场价格的不利变动或者急剧波动而导致衍生工具价格或者价值变动的风险,特别是大型的林业上市企业在该方面的影响比较大。

②政策风险。政府有关林业政策的发生重大变化会给投资者带来的一定风险,特别是已经投资的林业项目面临着很大的收益不确定性。

③利率风险。市场利率水平是内部报酬率或者投资收益率的一个重要的参考基础,市场利率上升会导致林业生产单元的实际内部报酬率或者投资收益率下降。

④通胀风险。通货膨胀会引起货币贬值,造成资产价值和收益缩水。在通货膨胀的情况下,林业生产经营外部条件恶化,购买力风险难以回避,资金回报率会下降。

(2)非系统风险

非系统风险主要是指只对单个林农生产组织或者个体投资收益产生影响的风险,主要分为信用风险、经营风险以及财务风险等。

①信用风险。它是指林业生产单元的借款人、证券发行人或交易对方因种种原因,不愿或无力履行合同条件而构成违约,致使林业生产单元遭受损失的可能性。

②经营风险。林业生产单元的生产经营变动或市场环境改变导致其未来的经营性现金流量发生变化,从而导致林业生产单元的预期收益发生变动。

③财务风险。它是指林业生产单元因借入资金而产生的丧失偿债能力的可能性和利润的可变性。林业生产单元承担风险程度因负债方式、期限及资金使用方式等不同面临的偿债压力也有所不同。

2. 林业投资风险与收益的关系

为了进一步分析林业投资风险与投资收益匹配的问题,此处引入无风险收益率和风险溢价2个重要的概念。无风险收益率是指在确定时间内一项不会产生任何投资项目所提供的收益率,通常用一年期国债收益表示。风险溢价是投资风险项目要求的补偿,是投资于有风险项目的必要收益率与无风险收益率之差,即:

$$R_f = R_A - R_0 \tag{3-21}$$

式中 R_f——风险溢价;

R_A——有风险项目的必要收益率;

R_0——无风险收益率。

则有风险项目的必要收益率,也可以表示为:

$$R_A = R_f + R_0 = \beta(\overline{R}_s - R_0) + R_0 \tag{3-22}$$

式中　β——风险价值系数;

　　　$\overline{R}_s$——平均风险股票报酬率;

　　　R_A——有风险项目的必要收益率;

　　　R_0——无风险收益率。

3. 林业投资风险的度量

(1) 系统风险度量

β 系数也称为贝塔系数,是一种风险指数,用来衡量个别股票或股票基金相对于整个股市的价格波动情况。β 系数是一种评估证券系统性风险的工具,用以度量一种证券或一个投资证券组合相对总体市场的波动性。其计算公式为:

$$\beta = \frac{\text{Cov}(R_A, R_M)}{\sigma_M^2} = \rho_{AM} \frac{\sigma_A}{\sigma_M} \tag{3-23}$$

式中　R_A——林业证券的收益;

　　　R_M——市场收益;

　　　σ_A——林业证券的收益率标准差;

　　　σ_M——市场收益率的标准差;

　　　σ_M^2——市场收益率的方差;

　　　ρ_{AM}——林业证券与市场收益率之间的相关系数。

β 绝对值越大,显示其收益变化幅度相对于大盘的变化幅度越大;反之,显示其变化幅度相对于大盘越小。如果是负值,则显示其变化的方向与大盘的变化方向相反;大盘涨的时候它跌,大盘跌的时候它涨。β 系数越大的林业证券,通常是投机性较强的证券。

(2) 收益波动测算

方差或者标准差主要是用来衡量未来各种收益率偏离预期收益率的程度,通常用 σ^2 表示;标准差是方差的算术平方根,通常用 σ 表示。方差或者标准差越小,表示投资风险越低;反之,则表示投资风险较大。其计算公式分别为:

$$\sigma^2 = \frac{\sum_{i=1}^{n}[R_i - E(R)]^2}{n-1} \tag{3-24}$$

$$\sigma = \sqrt{\frac{\sum_{i=1}^{n}[R_i - E(R)]^2}{n-1}} \tag{3-25}$$

式中　R_i——林业项目在 i 条件下的投资收益率;

　　　$E(R)$——林业项目的平均收益率。

在林业投资时,如果2个以上的投资项目的风险一样大,则选择预期收益率更大或者风险更小的项目即可。但实际的林业投资中往往是收益较高的项目,投资风险也比较大,这时候可以借助变异系数衡量各项目的单位投资收益的风险。其计算公式为：

$$CV = \frac{\sigma}{E(R)} \tag{3-26}$$

式中 CV——林业项目收益率的变异系数；

其他同式(3-35)。

(3) 投资组合风险计算

假设，有2个林业项目 S_A 和 S_B，其收益率分别为 R_A 和 R_B，林业投资者将资金分成 W_A 和 W_B 的比例分别进行投资，则该投资组合预期收益率 R_P 可以表示为：

$$R_P = W_A E(R_A) + W_B E(R_B) \tag{3-27}$$

其中，$W_A + W_B = 1$。

那么，2种林业投资项目的风险可以表示为：

$$\sigma_P^2 = W_A^2 \sigma_A^2 + W_B^2 \sigma_B^2 + 2W_A W_B \text{Cov}(R_A, R_B) \tag{3-28}$$

$$\text{Cov}(R_A, R_B) = \sum_{i=1}^{n} [R_A - E(R_A)][R_B - E(R_B)] \tag{3-29}$$

其中，$\text{Cov}(R_A, R_B)$ 表示2个林业项目投资收益率变动的协方差，表示2个林业项目的收益率偏离各自预期收益率的相关程度。具有以下规律：

①$\text{Cov}(R_A, R_B) > 0$，说明2个林业项目收益率变动呈现正相关，即 S_A 项目的收益率增加，S_B 项目的收益率也在增加；或者 S_A 项目的收益率减少，S_B 项目的收益率也在减少。

②$\text{Cov}(R_A, R_B) < 0$，说明2个林业项目收益率变动呈现负相关，即 S_A 项目的收益率增加，S_B 项目的收益率在减少；或者 S_A 项目的收益率减少，S_B 项目的收益率也在增加。

③$\text{Cov}(R_A, R_B) = 0$，说明2个林业项目收益率变动不相关，即 S_A、S_B 项目的收益率没有明显的关系。

4. 林业投资风险的控制

①风险规避。风险规避是在考虑林业投资项目存在风险损失的可能性较大时，采取主动放弃或加以改变，以避免与该林业投资项目相关的风险的策略。具体方法有2种：一是放弃或终止该林业投资项目的实施，即在尚未承担风险的情况下拒绝风险；二是改变该林业投资项目的性质，即在已承担风险的情况下通过改变工作地点、工艺流程等途径来避免未来生产活动中所承担的风险。

②风险转移。风险转移是指通过合同或非合同的方式将林业投资项目风险转嫁给另一个人或单位的一种风险处理方式。风险转移是对风险造成的损失的承担的转移，具体是指原由卖方承担的货物的风险在某个时候改归买方承担。在当事人没有约定的情况下，风险转移的主要问题是风险在何时由卖方转移给买方。

③风险自留。风险自留也称为风险承担，是指林业生产单元非理性或理性地主动承担风险，通过采取内部控制措施等来化解风险或者对这些保留下来的项目风险不采取任何措施。风险自留与其他风险对策的根本区别在于：它不改变项目风险的客观性质，既不改变项目风险的发生概率，也不改变项目风险潜在损失的严重性。

④风险对冲。风险对冲是指通过投资或购买与该林业投资项目收益波动负相关的某种资产或衍生产品，来冲销该林业投资项目潜在的风险损失的一种风险管理策略。风险对冲是管理利率风险、汇率风险、股票风险和商品风险非常有效的办法。与风险分散策略不同，风险对冲可以管理系统性风险和非系统性风险，还可以根据投资者的风险承受能力和偏好，通过对冲比率的调节将风险降低到预期水平。利用风险对冲策略管理风险的关键问题在于对冲比率的确定，这一比率直接关系到风险管理的效果和成本。

第五节 林业科学技术

一、林业科学技术的性质

1. 林业科学技术的概念

科学技术是科学和技术的总称，是表征现代科学与现代技术密不可分的概念。科学是关于自然、社会和思维的知识体系，是正确反映客观事物的本质和规律的系统知识。科学要解决的问题是发现自然界中确凿的事实与现象之间的关系，并建立理论把事实与现象联系起来。技术从狭义上理解是指生产实践中的各种工艺操作方法和技能；广义上可以理解为人们按照预定的目的对自然、社会进行调节、控制、改造的知识、技能、手段和方法的总和。

林业科学技术既有科学和技术的共性，又有自己的特性。总体来看，林业科学技术是指研究森林资源的培育与保护、经营管理和综合开发利用的理论体系和方法技能。具体来看，包含以下内容：

①有关森林的发生发展规律，森林组成中各成分之间及其环境诸因素之间的相关关系的知识。

②有关采种、育苗、造林、抚育、间伐和主伐的理论与技术。

③有关森林病虫害防治与检疫、森林经营管理及野生植物资源保护的理论与方法。

④有关森林采运工艺和机械化作业技术，林产加工工艺与设备以及木材综合利用的技术措施等。

⑤有关林业经济政策的理论和林业组织管理的方法。

2. 林业科学技术的特点

①知识的综合性。林业生产不仅受社会经济条件的约束，还与生物生长发育规律密不可分。林业科学技术涉及生物学、林学、生态学、经济学以及管理学等多个研究领域，是一个由多学科组成的综合性知识和方法体系。

②研发的风险性。林业生产受自然环境影响大，不确定因素多，使林业科学技术推广应用的效果在不同时期、不同地区表现出不稳定性，特别是新的科技成果的推广应用具有较大的风险性。林业科技成果的大面积推广应用要持慎重态度，应通过试验示范，逐步推广。

③应用的受限性。林地一般分布在山高谷深的边远山区，并且沿着山脉走势分布，地形比较复杂，大型的机械设备很难大规模地应用到林业生产中；另外，由于林业加工链较短、行业附加值相对较低，社会对林业科学技术的投资意愿较低，并且科学技术的运用受到行业回报率的限制。

3. 林业科学技术的作用

随着社会经济的发展和科学技术水平的提高，科学技术在林业生产中的地位与作用日益重要。主要表现在以下几个方面：

①提高了林业生产率。林业科学技术的引入和使用可以促进林业组织采用精细化、现代化的管理技术，推动林业产业升级与林业体系发展；改变传统的粗放型林业管理方法，完善林业管理模式，对林业生产的各环节进行精细化管理，能够有效提升林业监管质量和林业生产效率。

②改善了林业劳动者素质。林业科学技术在林业生产中使用促进了劳动力与先进生产要素的结合，劳动者能够在林业生产中掌握比较前沿的林业技术、吸取先进的林业生产经验，从而逐步改善林业劳动者素质。

③促进了林业可持续经营。林业科学技术的使用与推广可以将现代技术和林业产业相结合，通过精细化管理和准确分析可突破林业发展瓶颈，实现林业现代化发展和可持续发展。

二、林业科学技术进步及其测度

1. 林业科技进步及其贡献率

(1) 林业科技进步的概念

科技进步包括自然科学技术的进步和社会科学技术的进步。仅包括前者的科技进步通常称为狭义的科技进步，同时包括两者的科技进步通常称为广义的科技进步。

林业科技进步则是指人们应用林业科学技术去实现一定目标方面所取得的进展。目标可以是提高林产品产量、改善农产品品质，可以是降低生产成本，提高生产率，也可以是减轻劳动强度、节约能源、改善生态环境等。如果通过对原有林业生产技术(或技术体系)的改造、革新或研究、开发出新的林业生产技术或技术体系代替旧技术，使其结果更近于目标，这就是林业科技进步。林业科技进步不仅包括林业生产技术，而且还应包括林业经营管理技术和服务技术。因此，林业科技进步包括自然科学技术的进步和社会科学技术的进步。

林业科技进步对林业经济增长的贡献主要包含以下4个方面的内容：

①林业科技应用后抬高了林业生产函数的曲面。
②林业科技提高技术效率。
③林业科技促进了规模效率。
④林业科技提高了资源的分配效率和产品的结构效益。

(2) 林业科技进步贡献率

从总产值的增量中剔除生产因素的增加带来的那一部分产值，剩余部分可理解为科技进步作用的结果。经济增长可以采取2种方式：增加要素投入和提高投入产出比。而提高投入产出比要靠依赖于广义的科学进步。因此，林业科技进步率可定义为林业经济增长总量中科技进步作用所占的份额。

人们通常把因科技进步产生的总产值增长率称为科技进步率。因此，林业科技进步率是林业总产值增长率中扣除因新增要素产生的总产值增长率之后的余额，即

$$\delta = \frac{\Delta Y}{Y} - \left(\alpha \frac{\Delta K}{K} + \beta \frac{\Delta L}{L} + \gamma \frac{\Delta S}{S} \right) \tag{3-30}$$

式中　δ——科技进步率；
　　　Y——林业总产值；
　　　K——林业资本；
　　　L——林业劳动力；
　　　S——林地面积；
　　　α、β、γ——要素产出弹性系数。

林业科技进步贡献率反映的是科技进步对经济增长的贡献份额。林业科技进步率除以林业总产值增长率，即林业科技进步贡献率 η，即

$$\eta = \delta \bigg/ \frac{\Delta Y}{Y} \tag{3-31}$$

2. 林业科技进步贡献率的测定

索洛(Solow)发现影响经济增长的根本动因在于技术进步而非资本积累。对于科技进步贡献率测算主要采用索洛余值法、势分析方法、马克思价值论方法、DEA-Malmquist 方法等。其中，索洛余值法是我国学者和政府部门推荐的测算科技进步贡献率方法，以包含劳动、资本和科技进步三要素的 C-D 生产函数为基础，将经济增长中劳动和资本投入对经济增长的影响部分扣除，余值归结为科技进步对经济增长的影响，即科技进步贡献率。基于索洛余值法的科技进步贡献率测算方法具有操作方便、结果直观的特点，在研究科技进步贡献率中具有相对优势。

假设，林业生产函数的基本形式为：

$$\left. \begin{array}{l} Y = A(t) K^{\alpha} L^{\beta} S^{\gamma} \\ A(t) = c e^{\delta t} \end{array} \right\} \tag{3-32}$$

式中　$A(t)$——科技进步贡献率；
　　　δ——测定时期内科技进步的年平均变化率；
　　　t——时间；
　　　其他同式(3-30)。

则两边同时取对数可得：

$$\ln Y = \ln c + \delta t + \alpha \ln K + \beta \ln L + \gamma \ln S$$

对上式两边同时微分有：

$$\frac{\Delta Y}{Y} = \delta + \alpha \frac{\Delta K}{K} + \beta \frac{\Delta L}{L} + \gamma \frac{\Delta S}{S}$$

令 $y = \frac{\Delta Y}{Y}$ 表示年均增长速度；$k = \frac{\Delta K}{K}$ 表示资本的年均增长速度；$l = \frac{\Delta L}{L}$ 劳动的平均增

长速度；$s=\dfrac{\Delta S}{S}$ 为林地面积的平均增长速度；α 为资本产出弹性；β 为劳动产出弹性；γ 为林地面积的产出弹性。

科技进步贡献率测算的一般公式为：

$$E=\left[\left(1-\dfrac{\alpha k}{y}-\dfrac{\beta l}{y}-\dfrac{\gamma s}{y}\right)\right]\times 100\% \qquad (3-33)$$

三、林业生产技术效率

1. 林业生产技术效率的概念

技术效率是生产经济学上的一个重要概念，是指投入与产出的最优配置状态，即在一定的技术条件下，如果不增加其他投入就不可能减少任何投入，或不减少其他产出就不可能增加任何产出。这种最优配置状态通常包括2种：一是投入导向，即既定产出下投入最小；二是产出导向，即既定投入下产出最大。与技术效率相对应的是技术无效率，即当产出既定情况下，投入并非最小，此时，潜在的最小投入与实际投入的比值即技术效率；或当投入既定的情况下，产出并非最大，此时，实际产出与潜在的最大产出比值即技术效率。由于投入与产出通常为正值，且潜在最小投入小于实际投入，实际产出小于潜在最大产出，因而技术效率取值区间为[0，1]，特别的是，当技术效率为1时，表示实现了最小投入或最大产出，当技术效率为0时，表示实际投入完全无效或实际产出为0。

在林业生产领域，投入导向的林业生产技术效率是指当林业产出（木材与非木质林产品）既定情况下，最小的要素投入（土地、劳动、资本等）与实际要素投入的比值。以2种投入要素 x_1 和 x_2 为例，林业生产技术效率为 OB/OA，如图3-5所示，其中，y 为等产量线。

产出导向的林业生产技术效率是指当要素投入（土地、劳动、资本等）既定情况下，实际林业产出（木材与非木质林产品）与潜在林业产出比值。以2种林业产出 y_1 和 y_2 为例，林业生产技术效率为 OA/OB，如图3-6所示，其中，PPF 为生产前沿面。

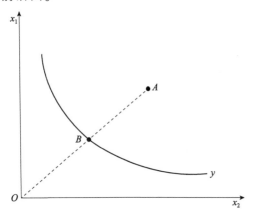

图3-5 投入导向的林业技术效率

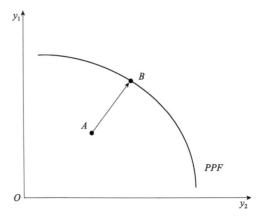

图3-6 产出导向的林业技术效率

2. 林业生产技术效率的测算方法

(1) 数据包络分析

数据包络分析是非参数方法,主要根据投入产出构造一个包含所有生产方式的最小生产可能性集合。数据包络分析采用数学规划进行求解计算,优势在于不需要设定函数形式,劣势在于未考虑气候变化、自然灾害、病虫害等随机因素的影响,且对特异值比较敏感。一般形式如下:

$$\hat{\theta}_j = \min \theta \quad s.t. \begin{cases} \sum_{j=1}^{n} x_j \lambda_j \leq \theta x_j \\ \sum_{j=1}^{n} y_j \lambda_j \geq y_j \\ \sum_{j=1}^{n} y_j = 1, \ \lambda_j \geq 0 \end{cases} \quad (3\text{-}34)$$

式中 x——林业生产投入;
y——林业产出;
j——决策单元(如林场、林农);
λ——决策单元的权重。

(2) 随机前沿分析

随机前沿分析是参数方法,需要构造一个具体的函数形式,并计算函数中所含参数。随机前沿分析方法的优势在于可以考虑随机因素影响,技术效率计算结果受特异值影响小,缺点在于需要设定函数形式,而不同的函数形式往往得到不同的结果。一般形式如下:

$$y = f(x; \beta) \exp(v-u) \quad (3\text{-}35)$$

式中 y——林业产出;
x——林业要素投入;
β——估计参数;
v——一般随机误差项;
u——技术无效率项。

其中,μ 与 v 相互独立,有 $\text{Cov}(\mu, v) = 0$。

通过设定具体生产函数,可以得到 ε 和 μ 的估计值。此时,林业生产技术效率 TE 为:

$$TE = E[\exp(-\mu) \mid \varepsilon] \quad (3\text{-}36)$$

无论采用哪种方法,林业生产技术效率测算都需要有要素投入和林业产出。值得注意的是,与农业和其他产业技术效率测算不同,在林业生产技术效率测算中,由于林业生产的长周期性,生产收获不同时,部分年份没有林业产出,如造林初期,部分年份没有林业投入,如中幼龄林抚育与主伐间隔期,因而对个体生产者(如林农、林场)而言,需要在轮伐期内考虑林业生产技术效率,而对于国家和地区而言,则可以像农业生产一样,将要素投入和林业产出视为连续变量。

第四章
森林产品与市场：有形产品

第一节 森林产品的概念

森林产品是社会商品的组成部分之一。从国际通用的统计口径来看，它包括以森林资源为基础生产的木材、森林动物、植物、微生物和以木材为原料的各种产品，主要包括原木、锯材、木质人造板、各种木制成品和半成品、木浆、以木材为原料的各种纸及纸制品、林化产品等。

一、联合国粮食及农业组织的定义和分类

联合国粮食及农业组织(Food and Agriculture Organization of the United Nations, FAO)将林产品分为木质林产品(timber forest products)和非木质林产品(non-timber forest products, NTFP)2大类。

1. 木质林产品的定义与分类

FAO 的林产品定义以欧盟统计局、联合国粮农组织、国际热带木材组织、联合国欧洲经济委员会联合调查表中对林产品的定义为基础。根据1982年FAO发布的《林产品分类和定义》(FAO, 1982, http://www.fao.org/3/a-ap410m.pdf)，木材（未加工）是指自然状态的倒木或采伐的木材，带皮或去皮的，圆形、劈开的，大致成方形或其他形状（如树根、树桩、树瘤等）的木材，包括从采运点获得的所有木材，即从森林或森林外采伐的树木数量。木质林产品分类列表中的一些产品有时也有非木材的，包括其他适合于锯制的木质纤维材料（如棕榈树）、适于结构用途的（如竹藤）以及其他作为刨花板、纤维板、纸浆或作为能源使用的植物材料。根据该定义，木质林产品范畴包括以森林资源为基础生产的木材和以木材为原料的各种产品，其原料不仅仅来自森林，还应纳入一些原料为竹藤、纤维植物等的非木材纤维产品。FAO 此后发布的《林产品年鉴》对木质林产品的定义与分类均以此为据，并根据实际变化作出调整。

FAO《林产品年鉴》对林产品分类的编码主要依据2个分类标准体系。一个是国际贸易标准分类(Standard International Trade Classification, SITC)。SITC 于1950年由联合国统计局主持制订，并由联合国经济理事会发布，该标准历经四次修订，第四次修订版(SITC Rev.4)的贸易数据自2007年起开始提供。另一个是《商品名称及编码

协调制度的国际公约》(International Convention for Harmonized Commodity Description and Coding System)，简称"协调制度"(harmonized system，HS)。HS 是经联合国贸发会议、关贸总协定、国际商会等组织和美国、加拿大等 60 多个国家协作的基础上编制的国际公约，1988 年实施，并于 1992 年、1996 年、2002 年、2007 年、2012 年和 2017 年修订。

在 FAO《林产品年鉴 1997》及之前的年鉴对林产品贸易数据的收集、整理和公布是以 SITC 编码的方法为基础，木质林产品主要分为 5 个大类：原木、锯材、人造板、木浆及纤维配料、纸和纸板。自 FAO《林产品年鉴 1998》开始，林产品在 SITC 编码与 HS 编码的对应下进行分类统计。彼时，尽管联合国统计委员会已于 2006 年通过了 SITC Rev. 4，林产品年鉴对林产品的分类标准仍沿用 SITC Rev. 3。FAO《林产品年鉴 2011》参考《林产品分类和定义》(FAO，1982) 及 SITC Rev. 3(SITC，1990)，将林产品分为 10 个大类：原木(round wood，也译为圆木)、木炭(材)(wood charcoal)、木片和碎料(wood chips and particles)、木材剩余物(wood residues)、锯材(sawn wood)、人造板(wood-based panels)、木浆(wood pulp)、其他纤维浆(other pulp)、回收纸(recovered paper)、纸和纸板(paper and paperboard)。2019 年 FAO 发布的《林产品年鉴 2017》，林产品在贸易统计中是总称，包括 12 个大类：原木(round wood)、木炭(材)(wood charcoal)、木片和碎料(wood chips and particles)、木材剩余物(wood residues)、木质颗粒及其他成型木质品(wood pellets and other agglomerates)、锯材(sawn wood)、单板(veneer sheets)、人造板(wood-based panels)、木浆、非木质纤维浆、回收纸(pulp and recovered paper)、纸和纸板(paper and paperboard)，将木质颗粒及其他成型木质品单列，同时将单板从人造板中单列出来。

2. 非木质林产品的定义与分类

FAO 和国际林业研究中心(CIFOR)也有"非木材林产品"等近似称谓。1991 年 11 月，在曼谷召开的"非木质林产品专家磋商会"将其定义为：在森林中或任何类似用途的土地上生产的所有可更新的产品(木材、薪材、木炭、石料、水及旅游资源不包括在内)，并把非木质林产品分为 5 类，即纤维产品、可食用产品、药用植物产品及化妆品、植物中的提取物、非食用动物及其产品。1995 年，FAO 正式把非木质林产品定义为：从森林及其生物量获取的各种供商业、工业和家庭自用的产品。并把它分为 2 大类，即适合家庭自用的产品种类和适于进入市场的产品种类。前者指森林食品、医疗保健产品、香水化妆品、野生动物蛋白质和木本食用油，后者指竹藤编织制品、食用菌产品、昆虫产品、森林天然香料、树汁、树脂、树胶、糖汁和其他提取物。

二、中国的定义和分类

1. 中国《国民经济行业分类》的界定

要对林产品的概念进行界定，首先就要了解林业的概念。

中国《国民经济行业分类》(GB/T 4754)国家标准于 1984 年首次发布，先后于 1994 年、2002 年、2011 年、2017 年修订。几次修订对林业产业未做特别大的调整。根据 GB/T 4754—2011，一个行业(或产业)是指从事相同性质的经济活动的所有单位的集合；林业是指国民经济中以林业资源为基础的社会生产、加工及服务的产业链。根据 GB/T 4754—2017，02 大类，即林业（包括林木育种和育苗，造林和更新，森林经营、管护和改培，木材和竹材采运，林产品采集）；20 大类，即木材加工和木、竹、藤、棕、草制品业（包括木材加工，人造板制造，木制品制造，木、竹、藤、棕、草等制品制造）；21 大类，即家具制造业；22 大类，即造纸和纸制品业。由此，林产品可定义为林业所生产的原料或半成品进行加工的产品的总称。

从可持续发展的角度来看，上述林业产业和林产品的概念仍然是一种狭义的概念，并不包含生态建设，仍有拓展的空间。

2003 年 6 月，中共中央、国务院颁发了《关于加快林业发展的决定》；2007 年 10 月，党的十七大第一次把"建设生态文明"写进报告，把林业推上了一个新高度，赋予林业一系列重大使命。林业活动领域由传统的森林资源培育、管理与利用，拓展到湿地资源的保护与利用及防沙、治沙、荒漠化防治等。以森林培育管理及木材加工利用为主的传统产业迅速发展的同时，以森林休憩旅游为主的林业生态产业和以非木质林产品开发利用为主的新兴产业成为新的增长点，尤其是野生动物驯养、木本粮油、林业生物产业（林业绿色化学产品、生物质能源及材料、生物制药）等新兴产业快速成长。这些产业涉及一二三产业，所有制形式、经营形式及规模具有多样化。现行林业统计中的产业分类对这些活动难以进行准确和全面的反映。同时，随着林业对外交流的增加，林业领域的国际合作与交流也随之增加，这更需要一个新的林业分类，既能全面、准确、系统反映中国目前林业及相关产业活动现状，又能与国际分类相衔接。2008 年，按照《国民经济行业分类》（GB/T 4754—2002）并结合中国国情林情，国家林业局和国家统计局颁布《林业及相关产业分类（试行）》，将林业及相关产业界定为：依托森林资源、湿地资源和沙地资源，以获取生态、经济和社会效益为目的，向社会提供林产品、湿地产品、沙产品及服务的活动（也包括部分自产自用），以及与这些活动密切相关的活动的集合；将林业及相关产业划分为：林业生产、林业管理、林业旅游与生态服务、林业相关活动等 4 个部分，共 13 个大类、37 个中类和 112 个小类。

随着林业产业迅速发展，人们对于林业产业认识的深化影响了对林业内涵的认识，林业的概念得到了进一步拓展，林业涉及的范围进一步扩大。目前，学术界普遍认为林业产业应该是一个完整的产业体系，以林木资源或森林资源为主要对象，含产前、产中和产后的产业链，包括林木种植业，林业规划设计业，森林培育业，林果、林药、菌类等的培育利用业，森林动物驯养业，森林狩猎业，森林采伐运输业，木材（含竹材）加工业，林产化工业，森林旅游业，森林保健业，林产品市场营销业等。林业产业作为重要的基础产业，除了具有一般产业的共同属性外，还有以下四大特性：资源的可再生性、产品的可降解性、三大效益的统一性和一二三产业的同体性。

2.《中国林业发展报告》的界定

根据《中国林业发展报告》，林产品分为木质林产品和非木质林产品。木质林产品分为 8 类：原木、锯材（包括特型材）、人造板（包括单板、刨花板、纤维板、胶合板和强化木）、木制品、纸类（包括木浆、纸和纸制品、印刷品等）、家具、木片和其他（薪材、木炭等）。非木质林产品分为 7 类：苗木类，菌、竹笋、山野菜类，果类，茶、咖啡类，调料、药材、补品类，林化产品类（松香等），竹藤、软木类（含竹藤家具）。

3.《中国林业统计年鉴》的界定

根据《中国林业统计年鉴》，林产品为依托森林资源生产的所有有形生物产品和提供的森林服务，包括木质林产品、非木质林产品、森林服务。木质林产品包括原木、锯材、人造板、木浆、纸和纸板、木炭、木片、碎料和剩余物。非木质林产品包括来自森林、其他林地和森林以外的林木的非木质生物有形产品，即包括植物和植物产品、动物和动物产品。森林服务包括2部分，一是由森林资源本身提供的服务，如森林旅游、生态服务等；二是林业生产过程中，以森林资源为对象的林业生产服务，如森林防火、森林病虫害防治等。

4.《中国林产品：流通、市场与贸易》的界定

根据《中国林产品：流通、市场与贸易》，林产品的界定主要遵循国际组织的分类标准——《中华人民共和国加入WTO议定书》中的《附件8：第152减让表——中华人民共和国》，同时结合中国海关进出口统计林产品税号——《中国林业统计年鉴》中的《海关进出口主要林产品代码》标准，将林产品分为木质林产品和非木质林产品2大类。其中木质林产品包括：原木类、锯材类、单板类、胶合板、纤维板、刨花板、木制品、纸类（木浆类、纸和纸制品）、家具类和其他类10大项，每大类又分为若干小类。非木质林产品包括：苗木类、菌、竹笋、山菜类、果类、茶、咖啡类、调料、药材、补品类，林产化工，竹藤软木类7大类，每个大类又分为若干小类。上述林产品的界定与分类与国际间统计标准具有一致性，便于获取数据，也符合国际营林思想的动态发展需要。

5. 其他界定

根据2006年11月国家林业局发布的《中国森林可持续经营指南》，木质林产品包括2类：一是林地中产生的主要林产品和木质生物原产品，主要包括木材和薪材；二是木材加工品，指以木材或木材纤维为原料生产的产品，主要包括锯材、板材、家具等木制品、纸和纸制品。非木质林产品是森林产生的非木质的生物原产品，包括竹产品、藤条、化学制剂和其他工业原料，水果、坚果、调味品、食用油、野菜、蘑菇、饮料、茶类、药材及其他产品。

随着对林业所具有的生态和社会价值认识的深化，还可以将林产品划分为有形林产品和无形林产品。有形林产品包括上述木质林产品和非木质林产品，无形林产品包括能够体现林业社会和生态价值的森林休闲、生态旅游、森林服务、林业碳汇、森林生态产品等产品。我们都不难看出：第一，不论按哪种统计口径考察林产品，林产品所包括的产品种类繁多，品种多样。它既包括生产资料产品，也包括生活消费品；既包括工业加工产品，也包括种植、养殖产品。林产品的服务对象涉及社会生产生活的方方面面。社会对林产品的需求具有多样性，这也增加了林产品贸易的复杂性。木材及其制品是林产品的重要组成部分，也是林产品贸易的主要商品。第二，林产品的界定与分类标准并不统一，也难以保持一成不变。例如，根据FAO的林产品定义，锯材是指经纵锯、切或刨切、旋切的木材，不论是否刨平、砂光或端部结合，厚度大于5mm（1992年前）或6mm（1992年后）；单板（薄板）是指经纵锯、切或刨切、旋切的木材，不论是否刨平、砂光或端部结合，厚度不超过5mm（1992年前）或6mm（1992年后）。又如，在FAO的

FORSTAT 数据库中，1992 年前，纤维板只分为压缩(密度>0.4g/cm³)和非压缩纤维板(密度≤0.4g/cm³)；1992 年后，分为高密度(密度>0.8g/cm³)、中密度(0.5g/cm³<密度≤0.8g/cm³)、低密度(密度≤0.5g/cm³)。

三、森林产品组合

1. 原木

原木(round wood)是指原条(即采伐后的树木，去除枝丫、根)长向按尺寸、形状、质量的标准规定或特殊规定截成一定长度的圆形木段。

根据使用价值，原木可以分为经济用材和薪炭材 2 大类。根据使用情况，经济用材又分为直接使用原木和加工用原木。直接使用原木又分为采掘坑木、房建檩条等。加工用原木又分为特级原木、针叶树加工用原木和阔叶树加工用原木，主要用于锯材、造纸、胶合板等。

根据木材加工特性，原木可以分为硬木和软木。硬木取自阔叶树，树干通直部分一般较短，材质硬且重，强度大，纹理自然美观，质地坚实、经久耐用，是家具框架结构和面饰的主要用材。常用的硬木有榆木、水曲柳、柞木、橡木、胡桃木、桦木、樟木、楠木、黄杨木、泡桐、紫檀、花梨木、桃花心木、色木等。其中，易加工的有水曲柳、泡桐、桃花心木、橡木、胡桃木。不易加工的有色木、花梨木、紫檀，易开裂的有花木、椴木，质地坚硬的有色木、紫檀、榆木；软木取自针叶树(常青树)，树干通直高大，纹理平顺，材质均匀，木质较软而易于加工，一般不易变形和开裂，密度和胀缩变形较小，耐腐蚀性强。因其质地松软，软木一般不能作为家具框架结构的用料，而是充当非结构部分的辅助用料，或用来加工成各种板材和人造板材。常用的软木有红松、白松、冷杉、云杉、柳桉、马尾松、柏木、油杉、落叶松、银杏等。其中，易于加工的有冷杉、红松、银杏、柳桉、白松。软木有不同的抗风化性能，许多树种还带有褐色、质硬的节子，做家具前要将节子中的黏性液体清除干净，再进行虫胶密封处理，而松动的节子要用白胶粘实后再进行虫胶密封处理。

原木在中国木材产业发展过程中具有基础性作用。随着中国木材加工业的发展，原木进口量逐年上升。目前，进口原木存在进口树种种类多、进口国家多、树种价格差异大、树种鉴定难度大等特点，导致进口商为了追求利益虚报树种、逃避关税等现象越来越严重。目前，进口原木的树种鉴定主要通过传统的形态学方法，即通过专家对其形态的宏观和微观结构进行观察，并与标准物质或鉴定资料所描述的特征进行比较而确定。随着科学技术的发展，一些物理、化学等方法及新技术越来越多地被应用于木材识别中，特别是 DNA 条形码技术的出现，给木材鉴定带来了新的曙光。

在实践过程中，往往涉及原木早材和晚材的判别、如何提高原木出材率以及名贵分类等问题。

(1)原木早材和晚材的判别

早材是每一年轮内，靠髓心部分是每年生长季节初期形成的，材色浅、组织松、材质软，称为早材(春材)；靠树皮部分是后来生长的，材色深、组织密、材质硬，称为晚材(秋材、夏材)；某些树种靠近树皮部分的材色较浅，在树木伐倒时，这一部分的水分较多，称为边材。在髓心周围材色较深、水分较少的部分，称为心材。

(2)影响原木出材率的因素

①原木条件。直径小、形状差异大、尖削度大和质量低的原木,主产出材率低。

②锯材宽度。厚锯条会增加锯路宽度,有时会影响锯材规格,增加木材损耗,降低出材率。

③锯材余量。亦称后备量,它包括手编余量、截头余量和加工余量。在锯制板材时必须考虑这几种余量,对锯材的名义尺寸进行放大后锯解。因此,在锯解毛料时应合理留取余量,将其控制在最小的范围。

④产品配制。在同一根原木中,锯制同种规格的产品还是配制产品,对出材率影响较大。加工时通常将厚板、薄板搭配生产,采用原木心部锯厚板、边部锯薄板的原则,对方材、板材进行合理套制,主产、副产合理套制,以提高原木出材率。

⑤操作水平。操作工的操作技术水平直接影响到原木出材率,特别是没有实现计算机优化控制的制材厂,起着决定性的作用。从下锯方案的设计到锯口位置的实现,从原木几何形状的判别到原木的卡紧定位,从材质对进料速度的影响板材的裁边、截断等,都要操作工的合理运作,应加强操作工的理论素质和技术水平的培养。

⑥生产条件和设备维修。应该对制材设备定期检修,保持其良性运行,以提高出材率、提高锯材的合格率及质量。

(3)提高原木出材率的工艺措施

①分类生产。对原木的树种、直径、长度和等级进行分选,对要加工的锯材规格进行分类,可在一段时间内,使原木的树种、直径等不变,锯材的产品单一,操作工艺简化。通过分类生产有利于实现下锯图设计和划线下锯,操作工更易于操作。

②小头进锯。原木在锯解时,以小头先着锯进行锯解,有利于估测小头端面的直径、形状。通常原木的大头端面形状不如小头端面规整。小头进锯有利于操作工确定锯口位置和看材下料。小头进锯在跑车带锯上锯的板皮、毛方都是小头向前,为下道工序的再剖或裁边、截断的合理锯刻和剔除缺陷创造了条件。

③设计下锯图。根据原木的直径、形状和质量,按最大出材率原理设计出合理的下锯图,下锯图的设计可依据所需产品规格由计算机设计出原木锯解工艺卡片。锯解工艺卡片是由不同下锯方案中比较选择出的最佳方案,可提高出材率。

④划线下锯。划线下锯和采用激光对线下锯,有利于确定第一个锯口的位置,有利于下锯方案的实施,避免人工估测的误差。特别是在原木条件和锯材规格变化较大时,配合原木锯解工艺卡进行划线下锯,效果更为明显。在锯制方材、枕木时,划线下锯是必不可少的工序。

⑤编制下锯计划。根据原木条件和锯材要求,使其在规格、质量上相互适应。在原木加工前进行下锯计划编制,做到按材配料,心中有数,又用它作为技术文件指导生产,进行定额管理。下锯计划的编制还能为"代客加工"提供判别能否完成订制任务的理论依据。下锯计划的编制可借助计算机进行辅助设计,是现代制材企业生产管理的重要手段。

⑥按生产选用理想径级原木。依据订制任务的锯材规格,按最大出材率原理挑选理想径级的原木进行加工,是提高原木出材率的重要措施。特别在主产品为枕木、方材时,选择理想径级原木,可以提高主产出材率,实为多出一根枕木或方材。除了对原木直径的挑选,还可能对原木的断面形状进行挑选。通常椭圆形的原木的出材率比圆形的

原木锯枕木、方材的出材率高。

⑦其他措施。提高摇尺精度,使用薄锯条,合理套制产品,合理裁边与截断,按标准留钝棱,采用合理的下锯法。

(4)"紫檀"等名称的红木类木材

在中国"紫檀"一名由来已久。中国自古以来就崇尚紫檀,是最早认识和开发紫檀的国家。"紫"寓意着祥瑞之兆,紫气东来;"檀"在梵语中是布施的意思,意指上天赐给人类的宝贵礼物。紫檀木质紧密坚硬,香气芬芳永恒,色彩沉古,绚丽多变。紫檀神秘、沉稳、端庄、典雅、含蓄、尊贵,代表了中国人最深层的文化底蕴,体现了中国人最高的审美取向。紫檀木是非常名贵的红木。2017 年发布国家标准《红木》(GB/T 18107—2017)。该标准将 5 属 8 类 29 种木材统称为红木。5 属是以树木学的属来命名的,即紫檀属、黄檀属、柿属、崖豆属及决明属。8 类则是以木材的商品名来命名的,即紫檀木类、花梨木类、香枝木类、黑酸枝木类、红酸枝木类、乌木类、条纹乌木类和鸡翅木类。红木是指这 5 属 8 类 29 种木料的心材。心材是位于树干内侧靠近髓心部分的木材,一般颜色较边材深,由边材演变而成。列入《红木》(GB/T 18107—2017)标准的树种有:紫檀木类(檀香紫檀),花梨木类(安达曼紫檀、刺猬紫檀、印度紫檀、大果紫檀、囊状紫檀),香枝木类(降香黄檀、刀状黑黄檀、阔叶黄檀、卢氏黑黄檀、东非黑黄檀、巴西黑黄檀、亚马孙黄檀、伯利兹黄檀),红酸枝木类(巴里黄檀、赛州黄檀、交趾黄檀、绒毛黄檀、奥氏黄檀、中美洲黄檀、微凹黄檀),乌木类(厚瓣乌木、乌木),条纹乌木类(苏拉威西乌木、菲律宾乌木、毛药乌木、鸡翅乌木、非洲崖豆木、白花崖豆木、铁刀木),其中越南紫檀和鸟足紫檀是大果紫檀的异名,黑黄檀是刀状黑黄檀的异名,因此未列入附录。

2. 锯材

锯材(sawn wood)是指原木经过纵向锯切或轮廓切削工艺,制成的厚度超过 6mm 的原木初加工产品,又称为"成材"。已经锯解成材的木料,凡宽度是厚度 2 倍以上的称为板材,不足 2 倍的称为方材。锯材广泛应用于工业、农业、建筑、包装、家具及其他造船、车辆生产等行业,目前主要用于高档家具制造、实木地板、室内装修门窗制造、木线条加工、扶手制造和家庭楼梯板等。

由于世界性原木资源日渐减少,许多木材生产国和出口国禁止或限制原木出口,各国林业部门普遍重视强化对锯材制造业的管理,以增加锯材的产量和出口量,有效增加木材附加值,促进了锯材贸易的发展。

3. 人造板

人造板(wood-based panels)是人工制造的板材的总称,是指以原木和采伐、造材、加工等木材剩余物,以及其他植物(如秸秆)、矿物材料为原料,经过一定的加工使之成为单板、纤维和碎料,并与胶黏剂混合,在高温高压下制成的人造板材。

人造板的种类繁多,其中利用木材作原料生产的人造板为木质人造板;利用棉秆、甘蔗渣等非木质材料作原料生产的人造板为非木质人造板;利用水泥、石膏等矿物材料和木材混合物生产的人造板称为水泥刨花板和石膏刨花板。

人造板种类较多,常见种类如下:

①单板(veneer sheets)。又称为薄木,是指原木经过旋切、刨切或平切方法生产的厚度不超过 6mm 的木质薄片(厚度通常为 0.4~1.0mm)。单板主要用于生产胶合板和其他胶合层积材。其中,优质单板一般用于胶合板、细木工板、模板、贴面板等人造板的面板,而等级较低的单板主要用作背板和芯板。按形态分类,单板可分为天然薄木、染色薄木、组合薄木(科技木皮)、拼接薄木、成卷薄木(无纺布薄木)。依切削方式,单板可分为平切(可再细分为直纹取花、山纹取花或随意花)、旋切、半旋切等类型。

②胶合板(plywood)。胶合板是用多层由原木沿弦切面切下的薄板,涂胶后按纹理纵横交错黏合,热压而成的板状材料。每生产 $1m^3$ 的胶合板大约需要 $2.5m^3$ 的原木,大约可替代 $4.3m^3$ 的原木制成的板材。

③刨花板(particle board)。是指用木材加工剩余物或小径木等做原料,经专门机床加工成刨花,加入一定数量的胶黏剂,再以热能、压力或催化剂等方式经成型、热压而制成的一种板状材料。刨花板主要用于家具制造、建筑内部装修、产品包装和其他工业部门。据统计,$1.3m^3$ 的废材大约可以生产 $1m^3$ 的刨花板,大约可代替 $3m^3$ 原木制成的板材使用。

④纤维板(fiber board)。又名密度板,是以木质纤维或其他植物素纤维为原料,添加胶黏剂,经过纤维分离、成型、热压(或干燥)等工序制成的一种人造板材。纤维板具有材质均匀、纵横强度差小、不易开裂、隔音、隔热等优点,主要用于车船、房屋内部装修、包装箱、家具衬板等。制造 $1m^3$ 纤维板需 $2.5~3.0m^3$ 的木材,大约可代替 $3m^3$ 锯材或 $5m^3$ 原木。

⑤细木工板。俗称大芯板,是由胶拼或不胶拼实木条组成的实木板状或方格板状作板芯,两面覆盖两层或多层不同纹理的旋切单板(薄木),经热压、砂光制成的一种特殊胶合板,是装饰装修用人造板的主要品种之一。芯板主要树种有柳桉、杉木、松木、杨木、桦木、松、泡桐等,面层是在板芯两侧分别贴合一层或两层单板,可分为三层细木工板和五层细木工板等,主要树种有奥古曼、柳桉、山香果、黄芸香等。在中国南方市场,芯板常用树种为杉木与进口马六甲、杂木等,以杉木为优,而在北方市场,芯板常用树种为杨木、桐木、进口马六甲等,面层常用树种为奥古曼与柳桉。

⑥集成材。又称胶合木,是指将板材按平行于纤维方向,用胶黏剂沿其长度、宽度或厚度方向胶合拼接形成的木质材料。它一般是由剔除节子、树脂、腐朽等木材缺陷的短小木方指接成一定长度后,再横向拼宽(或拼厚)胶合而成。集成材有不易变形、外形美观等特点,价格较低等优势,近年来被广泛应用于家具和房屋结构中,是一种家具和室内装饰用材,能做到小材大用,次材优用,有利于充分利用木材加工剩余废料和速生小径材,提高木材的综合利用率和附加值,有效缓解木材资源的供需矛盾。

⑦压缩木。是木材经过一定的温度和压力加工处理后,产生的一种质地坚硬、密度大、强度高的强化处理材料。木材经压缩密实后,其组织构造、物理力学性质都发生了重大变化,力学强度增强,变形很小,耐磨性、耐久性好,从而有效地改善了木材的性能,提高了木材的利用价值。

⑧层积材。是用旋切的厚单板数层顺纹组坯、低压胶合而成的一种机构材料。由于全部顺纹组坯胶合,故又称其为平行合板。单板层积材强度均匀、材质稳定,不受原木径级、长度和等级的影响,可以利用径级较小的原木、长度短不能加工的原木、缺陷多

但可以旋切的原木，通过剪切和接长的方法，生产出任意长度和大小的材料。

⑨塑合木。这是在木材中注入乙烯系单体，经放射线照射聚合或添加引发剂，通过加热催化聚合而成的一种木材塑料。与同种木材相比，它具有密度大、尺寸稳定性好、力学强度高、耐热性强、表面光滑等特点，可经过预处理，提高板材防火等性能。

4. 木浆

木浆（wood pulp）是由木片、颗粒或残留物通过机械或化学过程制成的纤维材料，主要用于造纸、纸板或其他纤维产品，按制浆方法分为机械木材、硫酸盐针叶木浆等。

一般根据制浆材料、制浆方法、纸浆用途等，对木浆进行分类。

①废纸纸浆。废纸纸浆是利用使用过的废纸或印刷厂裁切下的纸边为原料，经过机械力量搅拌并经漂白或脱墨处理而制成的。废纸纸浆的纤维强度和性能是由废纸所用的纸浆种类决定的。但是由于纤维再次遭受药液侵蚀，或受机械力的损伤，所以较原来纤维性质较差。根据纸浆原废纸的质量高低，分别用于制造印刷纸、书写纸、纸板及较低档次的纸张。

②机械木浆。也称磨木浆，是利用机械方法磨解纤维原料制成的纸张，它在造纸工业中占有重要的地位。它的生产成本低，生产过程简单，成纸的吸墨性能强，不透明度高，纸张软而平滑，适宜印刷要求。但由于纤维短，非纤维素组分含量高，所以成纸强度低。另外，由于木材中的木素和其他非纤维素绝大部分未被去掉，用其生产的纸张易变黄发脆，不能长期保存。机械木浆通常指白色机械木浆和褐色机械木浆2种。白色机械木浆主要用于生产新闻纸，也可配入其他纸浆制造书写纸和印刷纸；褐色机械木浆多用于生产包装纸和纸板，特别是工业用纸板。

③硫酸盐木浆。是采用氢氧化钠和硫化钠混合液为蒸煮剂。在蒸煮过程中，因为药液作用比较和缓，纤维未受强烈侵蚀，故强韧有力，所制成的纸，其耐折、耐破和撕裂强度极好。一般可分为漂白和未漂2种。未漂硫酸盐木浆可供制造牛皮纸、纸袋纸、牛皮箱板纸及一般的包装纸和纸板等。漂白硫酸盐木浆可供制造高级印刷纸、画报纸、胶版纸和书写纸等。

④亚硫酸盐木浆。是以亚硫酸和酸性亚硫酸盐的混合液为蒸煮剂。该木浆的纤维较长，性质柔软，韧性好，强度大，容易漂白，并有极好的交织能力。依其精制程度可分为未漂、半漂和漂白3种。未漂木浆因含少量木素和有色杂质，所以呈黄色，纤维也较硬，多用于制造中等印刷纸、薄包装纸以及半透明纸和防油纸。半漂木浆中含有大量的多缩戊糖，因此制造透明的描图纸和仿羊皮纸等。漂白木浆的纤维洁白，质地纯洁而柔软，但由于经过漂白处理，纤维强度低于未漂木浆。此种浆多用以制造各种高级纸。

5. 纸及纸板、废纸

①纸及纸板（paper and paperboard），是指定量小于 $225g/m^2$ 的纸和定量为 $225g/m^2$ 及以上的纸板。

根据《中国造纸工业可持续发展白皮书》的定义，造纸工业包括纸浆制造、纸及纸板制造和纸制品制造3个子行业。纸浆制造：用植物原料（木、竹、苇、草、棉、麻、甘蔗渣等）和废纸制造纸浆。造纸工业：机制纸和纸板、手工纸和加工纸制造，产品分为文化用纸、生活用纸、包装用纸、特殊技术用纸、其他类用纸等。纸制品业：使用纸和纸板、手工纸和加工纸生产成纸制品，如纸箱纸盒、纸袋、纸扇、笔记本、分切成包的餐巾纸、面巾纸、成卷的卫生纸等。只有将纸张加工成纸制品才能交由用户使用，而由造纸机生产出来的纸张在造纸行业统称为原纸。

②废纸(recovered paper)，是指用于重新使用或交易的废纸及纸板，包括已经使用过的纸及纸板和纸及纸板的剩余物。

6. 木家具

家具是指在人类日常工作生活和社会活动中使用的具有坐卧、凭倚、贮藏、间隔等功能的器具，一般由若干个零部件按一定的结合方式装配而成。其中，木家具是指以木材及其制品为主要原材料制成的家具。

家具已成为室内外装饰的一个重要组成部分，其造型、色彩、质地等在某种程度上烘托了室内外的气氛；在一些庭院、海滩、街道等公共场所，还具有环境装饰、分隔、使用和点缀的作用。家具式样繁多，千姿百态，随着生产技术和消费需求的不断发展，家具的种类层出不穷。

①按基本功能分类。支承类家具：主要功能是支承人体或物体，如床、椅、桌、凳、沙发等，主要是供人们坐、卧的家具；贮存类家具：主要功能是贮存物品，如衣柜、酒柜、书柜等，主要是供人们贮存衣物、食品、图书、用具等物品的家具。

②按基本形式分类。椅凳类家具：各种类型的椅、凳、沙发等，如扶手椅、方凳、单人沙发等。桌类家具：各种类型的桌、茶几等，如写字台、方桌、方凳、方茶几等；床类家具：各种类型的床，如单人床、双人床、双层床、儿童床等；柜类家具：各种柜类家具，如衣柜、书柜、酒柜等；其他类家具：如花架、书架、挂衣架、屏风等。

③按使用场所分类。办公家具：各种办公室所用家具，如写字桌、会议桌、文件柜、工作椅等；民用家具：供每个家庭成员使用的家具，有起居室家具、卧室家具、会客室家具、厨房家具、卫生间家具等；商业家具：百货商店、购物中心等贮存、陈放、展示商品用家具，如货架、柜台、展示台等；校用家具：供教学或科研使用的家具，如学生桌椅、实验台、讲台、仪器仪表柜、标本柜等；公共家具：礼堂、影剧院、车站、码头等公共场所供人们临时使用的家具。

④按结构特征分类。框式家具：采用框架作为承力和支撑结构的一类家具，方材通过接合构成承重的框架，以装板结构围合四周。框式家具对材料和工艺要求较高，不便于组织机械化、自动化生产；板式家具：主要部件由各种人造板为基材构成板式部件，并以连接件或圆棒榫将板式部件结合起来的家具；拆装家具：各种零部件的接合采用连接件，可以多次拆装的家具。板式柜类家具可以采用拆装结构，框式支承类家具也可采用连接件结合，做成拆装家具；组合家具：由一系列的单元组合而成，其中任何一件都可单独使用，也可以互相组配成新整体使用，用户可以分批购买任意挑选，根据需要组配形成不同的式样；折叠家具：使用时可打开，存放时可折叠起来的家具。实践过程中人们常常分不清板式家具与框式家具，两者的主要区别体现在：一是柜体材质不同：板式家具的柜体，其结构是左右侧板(一般采用16mm厚度的密度板或刨花板)加前后上下4根拉条(一般宽16mm，厚80mm)固定成型。框架结构式家具的柜体(框架)结构一般采用实木。二是承重力不同：板式家具的4根拉条只起固定作用，承重力主要取决于

左右两块刨花板。框式家具承重力取决于框架。三是风格适应性不同：板式家具欧式风格多，中式风格少。框式家具适合所有的建筑风格。四是可调节性不同：板式家具一般做成封闭式的，难以修改调节。框式家具拆装较为灵活。五是环保程度效果不同：板式家具一般采用刨花板，甲醛释放总量比框式家具大；板式家具如果废弃，一般只能当垃圾处理，而框式家具可以回收利用。六是耐候性不同：框式家具有卓越的耐候性，无论是在南方还是北方，东方还是西方，框架不发霉、变形；板式家具恰恰相反，气候对板式家具来说是最大的挑战。

第二节 活立木市场含义及其发展

一、活立木市场的含义及意义

活立木就是指生长在土地上，未经砍伐的林、竹、木。

活立木交易是指以活立木为交易对象所形成的市场。由于活立木本身的特性，活立木交易实质上涉及活立木本身所有权的交易与活立木所在的林地使用权的让渡。

活立木交易具有诸多积极意义。一是缩短造林收益周期，加快资金周转，降低造林经营风险。营林业生产周期少则 5~6 年，多则 60~70 年甚至更长时间。如此长的周期使得经营者意味着后续资金保证、市场价格、自然灾害、管理层稳定等诸多方面的不确定大大增加，经营风险急剧放大。没有资产流动机制，自然缺少有效的风险转移手段，因而活立木交易在加强营林业的资金周转，降低风险等方面具有重要意义。二是促使分散的林地集中，实现规模经营。三是提高造林质量，迫使营林生产者有粗放经营转向集约型经营。四是引导社会资金流向林业，尤其是投向营林业。五是减少乱砍滥伐现象，因为砍伐量过大会影响当地木材市场的供应，导致木材价格下降，因而进一步影响活立木市场转让价格，活立木资产持有者利益受损，失去采伐动力。六是缓解国家对林业投入，节约国家资金。

二、活立木市场的发展

活立木交易在 20 世纪 80 年代中期"林业三定"后就已经有少量出现，后随着有关政策的变化不断发展，时至今日，已经形成比较规范的市场体系。活立木交易主要经历了以下几个阶段：

1. 自发试验阶段(1984—1997 年)

自 1984 年开始，在国家提出"在荒山、荒沙、荒滩种草、种树，谁种谁有，长期不变，可以继承，可以折价转让"的政策推动下，在我国多个省(自治区、直辖市)出现了自发进行人工幼林转让苗头。特别是 1990 年以后，部分地区甚至正式开始了人工林活立木有偿流转工作试点。其后随着市场经济的发展，各地自行开始了转让活动，活立木交易快速发展，如在 1991—1997 年，辽宁共发生转让面积达 16.667 万 hm^2，交易金额达几亿元。这一阶段，国家到各省(自治区、直辖市)都没有制定相应的法律、法规和政策，在缺乏指导的情况下自发形成的，缺乏完整的市场管理以及运行规则，因而出现了不少问题。主要是无法可依，无章可循，基本处于无序状态，随意流转；买卖双方短期行为现象比较严重，大部分买方的主要目的在于低价套购盗伐木材，获取高额利润。具体表现在买卖活立木数量和质量缺乏统一的衡量标准，没有评估或评估不准确；缺乏监督机制，存在权钱交易，低价出售，捞取回扣；买方不按采伐规程作业，滥伐林木等。

2. 依法规范阶段（1998—2002 年）

1998 年 7 月全国人大修改了《中华人民共和国森林法》，增加了对森林资源流转的法律规定，对关于森林、林木、林地使用权流转的规范作出了基本的要求，这标志活立木交易正式纳入了法制化轨道。其后各省（自治区、直辖市）制定了有关实施《中华人民共和国森林法》的办法，为森林资源流转以及活立木交易提供了法律和制度上的保障。但规范活立木交易行为的具体法律法规没有出台，交易的范围、交易的形式、交易应遵循的基本原则、程序、政府对交易行为的监控及鼓励政策等方面都不够规范。

3. 全面推进集体林权改革阶段（2003—2015 年）

2003 年，《关于加快林业发展的决定》发布；2008 年 6 月，中共中央、国务院印发了《关于全面推进集体林权制度改革的意见》，召开会议全面部署林改工作，提出用 5 年左右时间，基本完成明晰产权、承包到户的集体林权制度改革，实行集体林地家庭承包经营制；规定林地的承包期为 70 年，承包期届满可以按照国家有关规定继续承包。从 2009 年开始，全国集体林权制度改革全面推开，主要措施就是把集体林地实施所有权、承包权、经营权三权分置，林地所有权归村集体，农民获得承包权和经营权，林地可以流转和抵押。福建、江西等率先实行了以"明晰所有权，放活经营权、落实处置权，确保收益权"的集体林改的探索，其后南方集体林区包括浙江、安徽等分别颁发相应的地方文件，到 2015 年各地已基本完成集体林改的确权发证任务，全国已确权集体林地面积占纳入集体林权制度改革面积的 98.97%，全国已发放林权证 1.01 亿本，占已确权林地面积的 97.65%。第九次全国森林资源清查结果显示，全国集体林地森林蓄积量达 69.35 亿 m^3，比 2013 年前增长了 27.83%，森林资源得到有效保护和增长。

4. 集体林业多种功能，实现增绿、增质和增效阶段（2016 年至今）

2016 年国务院办公厅《关于完善集体林权制度的意见》提出加强集体林业管理和服务，提升集体林业管理水平。加强基层林业业务技术人员培训，提升林权管理服务机构能力和服务水平。充分利用现代信息技术手段，建立全国联网、实时共享的集森林资源、权属、生产经营主体等信息于一体的基础信息数据库和管理信息系统，推广林权集成电路卡（IC 卡）管理服务模式，方便群众查询使用。依托林权管理服务机构，搭建全国互联互通的林权流转市场监管服务平台，发布林权流转交易信息，提供林权流转交易确认服务，维护流转双方当事人合法权益。

同时鼓励工商资本与农户开展股份合作经营，推进农村一二三产业融合发展，带动农户从涉林经营中受益。建立完善龙头企业联林带户机制，为农户提供林地林木代管、统一经营作业、订单林业等专业化服务。引导涉林企业发布服务农户社会责任报告。加大对重点生态功能区的扶持力度，支持林业生产公益性基础设施建设、地方特色优势产业发展、林业生产经营主体能力建设等，推动集中连片特困地区精准脱贫，实现乡村振兴。

推进集体林业多种经营。加快林业结构调整，充分发挥林业多种功能，以生产绿色生态林产品为导向，支持林下经济、特色经济林、木本油料、竹藤花卉等规范化生产基地建设。大力发展新技术新材料、森林生物质能源、森林生物制药、森林新资源开发利用、森林旅游休闲康养等绿色新兴产业。鼓励林业碳汇项目产生的减排量参与温室气体自愿减排交易，促进碳汇进入碳交易市场。

三、活立木等资源情况分析

据中国第七次至第九次全国森林资源清查显示，我国森林资源呈现出以下几个特点：

①森林资源不断增长，但相对水平较低。中国近3次森林资源清查表明（表4-1）：森林面积由2009年的1.95亿hm^2上升到2018年的2.20亿hm^2，森林蓄积量也由137.21亿m^3增长至175.60亿m^3。同时，我国森林覆盖率也由20.36%增长为22.96%，但2018年相对于日本67%，韩国64%，挪威60%左右，瑞典54%，巴西50%~60%，加拿大44%，德国30%，美国33%，法国27%，印度23%，森林覆盖率依然较低。

表4-1 我国森林资源变化情况

项目	2009年	2014年	2018年
森林面积/hm^2	1.95亿	2.08亿	2.20亿
森林蓄积量/m^3	137.21亿	151.37亿	175.60亿
森林覆盖率/%	20.36	21.63	22.96

资料来源：《2010年中国林业发展报告》《2015年中国林业发展报告》《2019年中国林业发展报告》。

②森林资源分布不均。东部地区森林覆盖率为34.27%，中部地区为27.12%，西部地区只有12.54%，而占国土面积32.19%的西北5省（自治区）森林覆盖率只有5.86%。

③森林资源质量不高。全国林分平均每公顷蓄积量只有84.73m^3，相当于世界平均水平的84.86%，居世界第84位。林分平均胸径只有13.8cm，林龄组结构不尽合理（表4-2），幼中龄林面积所占比重较大，占林分面积的67.85%。人工林保存面积0.53亿hm^2，即7.95亿亩，蓄积量15.05亿m^3，人工林面积居世界首位，但人工林经营水平不高，树种单一现象还比较严重。

表4-2 林分各林龄组面积和蓄积量及比例

项目	幼龄林	中龄林	近熟林	成熟林	过熟林
面积/万hm^2	4723.79	4964.37	1998.73	1714.79	876.99
比例/%	33.08	34.77	14.00	12.01	6.14
蓄积量/万m^3	128496.60	342572.18	224550.99	301660.98	212482.93
比例/%	10.62	28.32	18.56	24.94	17.56

资料来源：《2019年中国林业发展报告》。

有鉴于此，我国林业正在经历由以木材生产为主向以生态建设为主的历史性转变。

特别是为了保护森林资源，发挥森林资源的生态效益和社会效益，我国自 1998 年在 17 个省(自治区、直辖市)实施天然林资源保护工程控制木材采伐量并加大对超限额采伐和乱砍滥伐监督处罚力度以来，国内商品材产量呈逐年减少之势。

第三节　中国林权交易市场

市场的概念并不统一，可以从不同角度进行描述和界定。一是把市场当作一种场所，即联结商品买方和卖方的地方。这是一种比较狭义的理解。二是将市场理解为把特定的商品和服务的供求关系结合起来的一种经济体制，是商品交换关系的总和。三是把市场看作商品和劳务、现实的和潜在的购买者的总和。四是把市场看成有购买力的需求。

随着中国集体林权制度改革的不断深入，中国林业产权交易市场已经取得了长足的发展。林业产权交易市场建立的目的是在从事林权交易、林产品交易和碳汇交易等基础功能上，达到优化配置森林资源、调整林业产业结构与规模、健全市场体系的目的。至 2017 年初，全国县级以上林权管理服务机构达到 1800 多个，这为中国的林业资源要素交易提供了平台。

一、林权交易市场的概念

林权交易市场作为一般产权交易市场的组成部分，从权利约束方面包括产权、所有权、使用权、收益权、处分等权利，从森林资源的特点可以分为林地产权、林木产权和环境资源产权。

林权交易市场是指国家、集体或公民等林权所有人依法对其权利客体(森林、林地和林木)进行林地使用权、林木所有权和林木使用权的流转场所、领域和交换关系的总和，是围绕林权交易行为而形成的交易设施与对象、价格体系、生产者(包括国有林场、集体林权改革后的林农等林地和林木所有者)、消费者(从事林地和林木经营者)、交易中介(全国各地林权交易市场以及相关资产评估、法律和金融等支持的机构)和监督者(林业相关主管部门)等相应的制度安排的特殊的经济关系。

二、林权交易市场的结构

随着 2003 年《关于加快林业发展的决定》以及 2008 年《关于全面推进集体林权制度改革的意见》的发布，集体林权制度改革不断深入，小规模林农成为林业生产要素的重要经营主体，为解决林地经营主体细碎化与林业适度规模经营的矛盾，林权交易市场应运而生，为交易双方提供了新的交易渠道，同时综合性服务的林权交易中心还承担着林权流转交易、林权信息发布、森林资源评估等职能。我国目前主要有政府主导的林权交易中心、市场驱动的林权交易市场、政府和市场相结合的林权交易市场。

(1)政府主导的林权交易中心

政府主导的林权交易中心是林权流转交易市场的重要组成部分，多为政府下属的办事机构。按照事业化运作的林权交易中心一般兼有林权交易组织和行政服务功能，工作人员有核定编制。政府主导的林权交易市场一般除具有林权流转的功能之外，还具有提供相关交易信息和服务、规范林权流转市场、履行部分林业行政管理职能等功能。例如,魏远竹在对福建省林权交易中心的案例研究中抽取了福建省的永安等4个典型县(市),其中,从事林权交易服务的5个县级中心中,除了尤溪县鸿信公司采取公司制的组织形式之外,其余均为市场在地县(市)林业局下属的事业单位。

(2)市场驱动的林权交易市场

市场的供需是通过林业资源的价格来调节的,这也形成了市场机制主导下的林权交易市场。从资源动态配置的角度来说,只有真正在市场规律驱动下的自愿交易才是有效率的。在我国农村传统的熟人社会中,农户深谙情感关系能带来各项行动的便利,因而以个体经营者为主,一般交易者直接与林农打交道,经双方协调形成的交易,多以木商为主。如卖青山的交易。还有一家一户的小规模林权的临时出租或转让。其次林业经营大户长期林业投资经营,与林农签订的长期经营的书面和口头协议等非场内交易的方式。当然中介组织在场外交易中也起到了重要的作用,如林业股份合作社,林农以林地入股,参与分红。

(3)政府和市场相结合的林权交易市场

林权交易中心在规范林权流转、保障流转公平方面发挥着重要作用,但流转数量却没有上升。部分学者认为流转程序复杂、流转成本较高、林农的认知、林权交易中心员工的素质难以满足其提供专业化产权交易服务的需要是未参与林权交易中心内交易的主要原因。同时,市场上可能会有较多的林权交易市场或者林权服务机构产生竞争,当企业利益最大化和社会效益最大化产生冲突时往往会产生恶性竞争,平台往往会更选择企业利益最大化;目前我国对于林业产权市场的建设还处于初始建设阶段,相关设备和制度都不甚完善,因此,这个阶段既需要政府主导下的林权交易中心,也需要辅以必要的市场机制为主导的林权交易中心,2类林权交易中心相辅相成,缺一不可。林权交易市场的运行需要政府和市场相结合,政府参与管控和监督,以实现平台信息共享;同时,政府应当坚持依法适度干预原则,在保护林权流转各方利益群体及平台正当的利益的同时禁止不法的相关行为或做法。

三、典型林权交易市场的比较

部分林业产权交易所的发展情况介绍如下:

①南方林业产权交易所位于江西省省会南昌市。江西省是全国集体林权制度改革的重要试点省份,2009年在整合江西省72家县级林业产权交易所的基础上成立了南方林业产权交易所。南方林业产权交易所是经过江西省机构编制委员会办公室设立的事业单位,属于全额拨款批准设立。2012年南方林业产权交易所引进注资5000万元,创立了南北联合林业产权交易股份有限公司。

②华东林业产权交易所位于浙江省省会杭州市,2010年浙江省成立的全省唯一一家林权交易机构。交易所发展投资者、林业相关企业等社会各类服务会员达到2000多家,它由担保机构——信林担保有限公司出资控股成立,属于股份公司企业性质。江南林业产权交易所位于安徽省黄山市,是经安徽省政府批准,黄山市政府和安徽省林业厅批准组建后成立的国有控股公司,由黄山市招标采购监督管理局和黄山市林业局共同注资成立。

③中部林业产权服务中心在2013年由湖南省林业调查规划设计院全额出资1000万元注册成立,属于有限责任公司。

现选取比较典型的信息比较容易获得的 11 家林权交易所分析服务类型,其中林权交易是每所交易中心都具备的功能,也是最基础、最本质的功能。其中有 9 家林权交易市场具有融资服务功能,有 5 家林权交易市场可以进行碳汇交易。此外,相当多林业产权交易所也具有大宗林产品、古建筑交易等功能,还有部分交易发展了电子商务网上交易的职能。因此可以简要总结目前林权交易市场主要有林权流转、融资服务、林产品交易和碳汇交易等服务(表 4-3)。

表 4-3 林业产权交易所的功能服务类型

林权交易所	林权流转	融资服务	大宗林产品	碳汇交易	收藏品(古建筑)交易	电子商务平台	其他类
南方林业产权交易所	√	√					
华东林业产权交易所	√	√	√	√	√	√	
中国林业产权交易所	√	√	√	√			
江南林业产权交易所	√	√					√
中部林业产权交易服务中心	√	√	√	√	√	√	
中国西部林权交易网	√						
东北林业产权交易中心	√	√					
广西林权交易中心	√			√			√
重庆涪陵林权交易所	√	√					
云南林权交易中心	√						
四川林权交易网	√						√

资料来源:杨丽颖《中国林业产权交易市场场内交易研究》,2018。

第四节 中国木材市场

一、木材产品的概念

木材即由树木加工而成的材料。木材泛指用于工民建筑的木制材料,常常被统分为软材和硬材。工程中所用的木材主要取自树木的树干部分。木材可分为针叶树材和阔叶树材 2 大类。针叶树材如红松、落叶松、云杉、冷杉、杉木、柏木等,因其密度较小,材质较松软,俗称软材,多用于建筑、桥梁、家具、造船、电柱、坑木、桩木等。阔叶树材如桦木、水曲柳、栎木、杨木、椴木、柚木、紫檀、酸枝、乌木等,因其密度大,材质坚硬,俗称硬材,多用于家具、室内装修、车辆、造船等。木材作为商品流通按用途进行分类可分为原条、原木、锯材和人造板 4 大类。按材质进行分类可将加工用原木分为一、二、三等材,其锯材分为特等锯材、普通锯材,普通锯材又分为一、二、三等材。

我国的木材产量主要包括商品材、农民自用材及农民烧材三部分。国内商品材又由 2 部分组成:一是国家计划生产的木材,二是超限额采伐和乱砍滥伐流入市场的计划外超采木材。

二、中国木材市场供给分析

新中国成立初期,林产工业主要的任务是为各行业提供所需木材资源,木材采伐被视为林场或营林单位的主要工作任务,甚至需要超额完成以满足国家经济发展需求。但是随着经济社会发展到一定水平,大规模的资源消耗导致的生态环境问题凸显,已成为制约社会可持续发展的主要因素。

天然林资源保护工程的实施是中国林业政策从木材生产为导向转变到以生态建设为导向的重要标志,也是我国林业发展历史的重要转折点。1998年,我国开始实施天然林保护工程及退耕还林计划,长江上游、黄河上中游以及东北、内蒙古等地都实行了天然林资源保护工程。2017年我国开始实施全面停止全国天然林商业性采伐。天然林禁伐政策的实施,在很大程度上增加了我国森林的面积和蓄积量。

2012年党的十八大会议提出"大力推进生态文明建设,优化国土空间开发格局"。2015年中共中央、国务院《关于加快推进生态文明建设的意见》中再次强调国土空间格局优化的重要性,并指出坚定实施主体功能区划分,健全空间规划体系。

在新常态经济发展的背景下,2013年,我国开始开展国家储备林建设项目,既是我国大规模造林营林、保障森林生态安全的新发力点,也是补充中国木材供给短缺的重要支撑。2017年,国家发展和改革委员会颁布的《关于进一步利用开发性和政策性金融推进林业生态建设的通知》中提出:"将林业利用开发性和政策性金融贷款用于国家储备林建设"。2018年,国家林业和草原局印发的《国家储备林建设规划(2018—2035)》提出:到2020年,规划建设国家储备林700万 hm^2,到2035年,规划建设国家储备林2000万 hm^2,划分为七大重点建设区域,共打造和建立20个国家储备林建设基地。国家储备林建设,在一定程度上可以提高我国木材的储备量,是林业供给侧改革的重要推手,这对增加木材供给能力有一定作用。

2020年9月,我国明确提出于2030年前实现碳达峰,争取2060年前实现碳中和,从宏观层面看,森林蓄积量的增加是实现碳中和目标的根本途径,这也将引起对木材采伐的数量控制,从而进一步压缩国内木材相对供给的能力。

木材产品的供给受资源制约,在很大程度上依赖于森林资源状况。从森林资源角度来讲,我国森林资源类型多种多样,树种达8000余种,但其分布极不均衡、结构也不合理,防护林、薪炭林及经济林的比重较低,人工用材林集中在东北和西南地区,以原木为例,从1998—2019年,原木生产从5555.74万 m^3 增至9021.00万 m^3,年平均增长率2.91%。原木生产量增长缓慢。原木的生产区域主要以中南地区的广西、广东、湖南、湖北为主,西南地区的云南、贵州为主,华东地区以福建、山东、安徽、江西为主,2019年十大生产区域原木生产量占全国的80.14%,其中广西的原木生产量占全国的36.08%(表4-4)。

表4-4 全国原木产量与生产区域所占比例

时间	原木产量/万 m^3	广西/%	广东/%	云南/%	福建/%	山东/%	安徽/%	湖南/%	贵州/%	江西/%	湖北/%	C_{10}/%
1998	5555.74	6.26	4.21	3.78	7.74	2.76	4.68	6.02	1.16	4.26	1.69	42.54
1999	4848.69	6.18	4.75	3.30	8.27	3.36	4.62	6.78	1.03	5.17	2.11	45.55

(续)

时间	原木产量/万 m³	广西/%	广东/%	云南/%	福建/%	山东/%	安徽/%	湖南/%	贵州/%	江西/%	湖北/%	C_{10}/%
2000	4395.72	6.74	5.82	2.34	8.61	3.60	6.42	7.94	0.73	5.29	1.56	49.04
2001	4197.03	9.50	5.58	2.98	9.00	2.23	4.50	8.34	0.41	7.37	1.57	51.49
2002	4127.21	9.04	5.64	3.29	10.28	0.92	5.42	9.85	0.42	6.39	1.34	52.59
2003	4319.86	9.71	6.48	3.77	10.67	0.90	5.56	8.95	0.68	6.98	1.79	55.50
2004	4712.09	10.04	6.56	3.71	10.99	0.86	5.10	9.25	0.69	7.72	1.62	56.53
2005	5022.87	9.68	6.45	3.78	11.16	1.24	5.31	8.96	1.07	7.89	2.56	58.09
2006	6111.68	10.22	5.92	5.40	9.77	1.61	5.47	9.67	1.45	6.95	2.69	59.15
2007	6492.05	11.92	6.40	5.49	9.52	2.34	5.33	9.77	1.86	6.69	2.62	61.94
2008	7357.32	12.36	6.41	5.18	8.92	2.14	4.63	11.09	2.82	7.86	2.59	63.99
2009	6476.27	14.04	7.15	6.50	8.63	3.10	4.80	8.11	1.98	4.86	2.74	61.92
2010	7513.21	15.89	8.14	6.26	8.15	3.67	5.18	7.09	2.39	4.29	2.52	63.58
2011	7449.64	19.56	9.27	6.02	6.85	4.15	5.65	7.41	2.51	3.63	3.15	68.21
2012	7494.37	21.53	9.14	6.04	6.96	6.73	5.62	5.51	2.77	3.60	3.12	71.01
2013	7836.89	28.27	9.15	4.67	6.67	6.51	5.26	5.79	2.22	3.17	2.92	74.63
2014	7553.46	28.79	9.92	4.60	6.93	4.87	5.34	6.11	2.44	3.18	2.38	74.55
2015	6546.35	29.64	10.87	4.73	6.85	4.74	6.10	3.72	2.57	3.33	2.87	75.41
2016	7125.45	35.24	9.73	5.00	7.37	4.32	5.49	3.58	2.22	3.02	2.33	43.06
2017	7670.40	36.39	9.41	5.89	6.27	4.81	4.85	4.10	2.94	2.98	2.27	79.91
2018	8088.70	36.42	9.67	6.41	6.52	5.04	4.88	3.28	3.22	3.11	2.23	80.79
2019	9021.00	36.08	9.34	6.73	6.60	4.79	4.58	3.20	3.16	2.85	2.80	80.14

注：C_{10}指前 10 位省份原材产量占比。

资料来源：《2010 年中国林业发展报告》《2015 年中国林业发展报告》《2019 年中国林业发展报告》。

三、中国木材需求情况分析

木材的需求原则上是指消费者和使用者在某一特定时期内，在每一价格水平上，愿意而且能够购买的木材商品量。随着我国经济的不断发展，城市化进程的加快，居民消费能力的不断提升，各行各业对木材的需求量不断增大。为缓解木材的短缺问题，1998年，我国开始对各种进口木材实施零关税以鼓励进口。2013 年，我国开始开展国家储备林建设项目，也是补充中国木材供给短缺的重要支撑。

1998—2019 年，国内原木需求量从 5947.90 万 m³ 增长到 15073.89 万 m³，同期国内木材供给量从 5555.74 万 m³ 增至 9021.00 万 m³，总体来说原木供给量与需求量的缺口越来越显著，原木自给率从 1998 年的 93.40% 下降到 2019 的 59.84%。

四、中国木材主要进口国情况分析

从全球供给层面看，原木产量、出口量均处于波动状态，供给不稳定，环比增速更是呈现波动降低态势，新增原木倾向于国内生产消费，原木国际市场的供给安全性总体较低。对国外进口木材具有长期的进口依赖性；原木进口市场供给风险较大，新西兰、澳大利亚供给安全性强，美国、巴布亚新几内亚、俄罗斯进口风险大。

现选取1998—2019年中国原木主要进口国数据给予说明（表4-5）。中国从9个国家进口的原木量占总进出口量，从1998年的15.82%升至2019年的51.37%，其中新西兰、德国、澳大利亚、加拿大和所罗门群岛的森林资源丰富，原木产量高，但近年来，俄罗斯由于增加原木出口关税、鼓励国内加工等原因，对中国原木出口迅速下降，说明在保证原木供给方面，进口国的贸易与产业政策对进口平衡与安全性有较大的影响。

表4-5 中国9大原木进口国数据　　　　　　　　　　　　　　　单位：万元

时间	澳大利亚	加拿大	白俄罗斯	新西兰	德国	所罗门群岛	喀麦隆	法国	莫桑比克
1998	282.30	382.40	0.00	9870.74	21912.63	3746.46	37337.53	4793.48	130.61
1999	128.83	631.52	0.00	14023.55	92665.08	13036.11	36750.89	22007.53	2540.62
2000	573.87	1837.33	0.00	23340.00	151485.44	11007.88	34901.94	62345.53	7009.34
2001	2079.63	2778.17	0.00	43199.60	93997.40	4906.05	21772.25	26855.68	9149.03
2002	6784.08	4728.16	0.00	83178.74	58078.43	15042.15	37207.91	9825.23	15767.74
2003	18953.98	9327.56	0.00	105992.83	47817.79	26938.57	28578.10	3548.07	21981.64
2004	23529.65	9619.60	0.00	64754.72	50988.66	47422.73	25389.27	1928.08	22584.24
2005	18450.65	15040.48	0.00	51151.79	62947.94	76960.56	13030.57	3966.92	32292.37
2006	26833.23	9811.09	0.00	72148.48	61380.49	94834.01	76008.95	6793.99	37637.14
2007	37241.35	12528.44	0.00	107101.28	77119.24	126331.43	61875.63	14013.98	66273.50
2008	34288.10	28824.76	0.00	167780.46	45410.72	144973.33	58776.92	14596.87	50189.48
2009	53530.34	42440.31	0.00	354084.48	37966.53	145187.48	72564.71	31294.05	42295.22
2010	84527.34	121977.07	0.00	538467.55	41736.86	191293.31	101879.18	35814.22	68820.70
2011	146456.61	307392.43	0.00	809195.19	52938.73	236696.39	92617.78	77090.06	69156.24
2012	100207.60	273177.16	0.00	772773.27	36164.66	260146.33	100437.24	63843.25	102794.99
2013	146502.14	355502.80	0.00	1115248.67	37807.16	266716.16	106416.79	85409.84	111074.55
2014	204098.76	392340.58	0.00	1116222.52	58370.42	312360.20	123617.28	101542.26	221490.26
2015	194043.51	250488.02	0.00	821579.93	40547.95	297726.69	124564.62	88745.50	194971.36
2016	249558.98	287218.43	8265.46	954205.64	52457.63	241611.22	91554.58	67873.43	193276.91
2017	370383.71	355772.39	9892.06	1194867.90	60995.62	300382.07	88459.96	86741.10	182452.28
2018	380577.34	297111.41	3086.94	1505740.14	101324.36	337872.46	132047.56	106690.98	150338.38
2019	363622.86	290163.91	23.84	1410461.23	346675.52	250170.26	88542.66	104431.55	147404.95

注：FAO数据经汇率换算。

五、影响木材供需因素分析

1. 影响木材供给的因素分析

木材供给是指生产者在某一特定时期内，在每一价格水平上愿意而且能够提供给市场的商品木材的数量。通常情况下，与其他产品一样，木材价格越高，供给量越大。

木材生产的基础是森林资源，森林资源的供给受其生长量和生长周期的影响，同时还受土地有限性的制约。由于受到自然条件和生长周期较长的限制，林木的供给不像其他产品那样通过提高社会劳动生产力在短期内得到较大幅度的增加。此外，林业生产在保障市场需求的同时，还要保证其在生态环境和生态文明建设方面发挥的重要作用，因此许多国家都制定森林保护政策，这也影响木材的供给。影响木材供给的主要因素如下：

①森林资源状况。木材是森林资源的主要产品之一，森林资源的数量和质量直接决定了木材的供给量。森林资源面积越大，质量越好，生产力越高，可持续提供木材的数量也就越多。此外，森林资源的结构也对木材供给产生影响，如林龄结构不合理，树种结构单一。

②加工利用水平。加工利用水平也是影响木材供给的因素之一，如果木材的综合利用率高，则单位蓄积木材利用率就高，因此，提升木材加工利用水平能节约木材消耗。此外，想要更充分的利用有限的森林资源，就要引入新的营林技术、木材加工新技术和新工艺，提高林业产业素质，提高森林采伐利用率和木材综合利用率。

③木材价格水平。根据经济学基本原理，价格是调减供需的杠杆，价格与供给之间存在系统联系。在市场经济条件下，木材价格除了影响木材市场的供求外，在一定程度上还将影响森林资源利用的方向和人们对林地获益的预期。木材价格的改变，将影响人们加强森林资源培育和森林采伐利用，从而影响木材供给能力。

④林业政策与投资。中国实施的森林采伐限额制度，对森林的最大采伐限额量进行了限制，进而控制了原木的供给量，导致国内原木供给量不能按照市场规律进行调节，进而导致原木进口量和对外依存度的增高。天然林全面商业性禁伐政策，致使森林采伐面积大幅减少，从而影响国内木材供给。此外，林业在人工林方面（如速生丰产林、储备林方面）的投资和林产工业技术方面的投资，将有利于提高森林资源的生产力和提升木材加工利用水平。

⑤国际贸易环境。木材进口是中国木材供给的主要组成部分，在解决中国木材供需失衡方面发挥着重要作用。木材进口量除了受国际木材市场价格的影响外，还受全球森林资源状况及其产材能力、贸易伙伴国的经济发展水平和林产品出口政策的影响。主要木材出口国为保护本国森林资源和发展木材加工产业，如俄罗斯、罗马尼亚、乌克兰等，纷纷提高原木出口关税或限制、禁止出口原木，部分发达国家通过制定传统贸易壁垒（如反倾销和反补贴）和绿色贸易壁垒（如森林认证等），或通过立法限制林产品出口贸易，这些政策都将对中国木材进口产生一定的影响，从而减少木材总供给量。

2. 影响木材需求的因素分析

木材需求是指消费者在一定时期内，在某一价格水平上愿意而且能够购买的木材产品。木材与其他商品一样，符合微观经济学的需求定理，即在其他条件不变时，木材产品价格上升，则木材产品的需求量就减少；反之，需求量增加。

关于木材供需的研究很多，学者们对影响木材需求的因素进行了深入分析，总结概括影响木材需求的因素有以下几点：木材需求受国家基本建设规模、相关行业发展速度和产业结构变化、国际木材市场环境、木材加工技术水平、木材替代材料的创新、相关经济政策、价格变化、人均收入水平、国民生产总值的变化等影响较大。人口数量及结构、消费者偏好、替代材料价格也会影响木材需求。不同发展时期各个影响因素对需求的影响程度不同,且随着时间不断改变。

①人口数量和结构。人口数量的增加和人口结构的变化,促进木材产品的需求。城镇化水平越高,建筑业和房地产业发展越迅速,则对工业用材的需求越大。

②人均收入水平。国民经济持续稳定发展,人均收入增加,是促进木材消费的原动力。随着经济社会水平的不断提高,人民可支配收入不断增长,需求层次也从温饱型转变为享受型。随着人均收入的提高,人民可能更多地需要高品质、高附加值的木材产品,特别是名优产品。随着房地产市场及装修业的发展,对住房的需求也进入享受型消费模式,将极大促进木材的消费市场。

③消费者偏好。消费者偏好就是消费者根据自己的意愿对可供消费的商品的排序,这种排序反映了消费者个人的需要、兴趣和嗜好。木材需求量与消费者对该商品的偏好程度正相关:如果其他条件不变,消费者对木材的偏好程度越高,对木材的需求量就越高。

④木材出口环境。在完全竞争的市场下,木材出口和木材进口一样除受国际市场价格影响外,还受国际贸易政策和绿色壁垒等因素影响。为了保障本国木材产品需求和保护本国森林资源,一些国家通过制定调节关税或出口退税等政策限制或促进木材产品出口。此外,森林认证、非法采伐、国际环境可持续倡议等,都对木材产品的国际贸易设置了贸易壁垒,成为影响木材国际贸易的因素。

⑤木材节约与循环利用。木材节约与循环利用是发展绿色经济、循环经济的重要基础。木材节约是通过提高木材加工技术、合理造材、综合利用木材剩余物和加强森林采伐、集材、运输过程的管理等措施,减少浪费,提高木材利用率。木材循环利用主要包括废旧木材、木制品和废纸的回收利用。如果大力发展废旧木材及木制品的循环利用,将在一定程度上降低木材的消耗量。

六、木材需求特点与预测方法

木材是国民经济发展所必需的重要生产资料和人们生活不可缺少的物质生活资料,主要体现在以下 5 个方面:①国民经济发展所需的木材需求总量;②国民经济各个部门的木材需求量;③区域木材需求结构;④具体木材产品需求;⑤木材节约和代替。木材广泛用于建筑、家具、造纸和能源等行业,可见木材需求更多的是一种间接需求,因而需求缺少价格弹性,木材价格对木材需求影响不大。替代性是指用与木材具有同种功能或近似功能的商品来代替木材使用。木材的可替性强,新材料、新工艺、代用品的出现必然使木材的消耗系数下降,代用品的资源与供给量,决定了木材的代用程度,例如在建筑用材方面,作为梁、柱等结构用材日趋减少,即使门、窗用材亦有相当大的一部分为其他材料(主要为钢、铝材和塑料)所取代,因而木材与其他产品的交叉价格弹性大。

木材需求收入弹性指的是当消费者的收入变化时,木材商品的需求量对于该变化的反应程度。有研究表明:2002—2013 年的建立人均 GDP 和木材消费量之间的协整关系表明木材的需求收入弹性为 0.840。与木材相关的木质林产品有原木、锯材、人造板等产品。根据世界银行的报告结果来看,发达国家的原木收入弹性较小,而欠发达国家的原木收入弹性较大。学者们测算表明,中国原木的平均收入弹性在 1990—1996 年为 0.106,即人均 GDP 每增长一个百分点,对原木的需求量会增加 0.106 百分点;1997—2004 年、2005—2012 年原木需求量增加的百分点分别为 0.289 和 0.301,呈递增的趋势，表明伴随着经济的增长、生产建设的扩大和人民生活水平的提高刺激着原木的消费。中国锯材的平均收入弹性 1990—1996 年平均收入弹性为 0.840，即人均 GDP 每增长一个百分点，对锯材的需求量会增加 0.840，弹性值小于 1 表明锯材需求量增长的速率小于人均 GDP 增长速率。2005—2012 年，锯材平均收入弹性 1.100 表明锯材需求量增长的速率大于人均 GDP 的增长速率。中国人造板平均收入弹性在 1990—1996 年为 1.073，在 1997—2004 年、2005—2012 年人造板需求量增加的百分点分别为 3.230 和 1.338。人造板的弹性系数比原木和锯材等产品更富有需求收入弹性，这是因为人造板属于深加工产品，而且人造板对应的消费行业是家具、室内装修等行业。有一点需要特别注意，需求收入弹性的计算是以价格不变为假定前提的，即设定商品价格不会变化，当消费者收入变化后，商品的需求量会产生变化。

鉴于我国经济运行的一些不规范和数据统计准确性的影响，目前为止虽然还没有一套可一个贯穿木材生产、流通、消费全过程的信息系统。但 FAO 的统计数据库涵盖与粮食安全和农业相关的广泛主题，给研究者较快捷的数据来源。包括：①粮农组织共用数据库(FAOSTAT)；②全球水资源及农业的信息系统(AQUASTAT)；③国家统计数据库(CountrySTAT)；④渔业和水产养殖(fisheries and aquaculture)；⑤性别和土地权利数据库(gender and land rights database)；⑥农产品市场信息系统(agricultural market information system，AMIS)；⑦全球信息和预警系统(global information and early warning system，GIEWS)；⑧全球畜牧生产及卫生地图集(global livestock production and health atlas，GLiPHA)。其中，FAOSTAT 是一个在线数据库，可以免费便捷地获取自 1961 年以来 245 个国家和 35 个地区的统计数据，包括时间序列和横截面数据。在进行林产品贸易数据时统计时，该数据库汇总了世界各国及地区的基本林产品统计数据，包括林产品产量、进出口贸易量和贸易额等年度数据，可有针对性地对林产品数据进行长时间序列分析。

准确测度木材需求量和结构特点很有必要，目前建立经济数学模型是我国木材需求预测研究中普遍采用的方法，其中有代表性的模型有指数平滑模型、单方程回归预测方法、计量经济学方程联立方程组、系统动力学方法、带输入项的线性差分方法等。但以上方法都存在着一些问题，诸如不宜做长期预测、自变量引入缺陷、外生变量合理性等。

第五节　中国林产品贸易政策

中国是林产品贸易大国，其林产品贸易政策不仅直接影响中国林产品贸易，而且直接影响国际林产品贸易格局。因此，研究分析中国林产品贸易政策走向，不仅对于国内相关林产品生产、贸易企业具有重要意义，而且对于国外林产品贸易伙伴有重要参考价值。政治经济利益和发展目标是制定对外贸易政策的依据，在不同的社会经济发展阶段，中国的林产品贸易政策发生了很大的变化。

一、林产品进口贸易政策梳理

中国林产品进口贸易政策主要可以划分为集中控制(1979 年之前)、以计划经济为主(1979—1988 年)、计划与市场共同作用(1989—1998 年)、自由贸易为主(1999 年至今)四个时期。在不同时期,林产品进口贸易政策和林产品出口贸易政策的目标、手段都存在差异。关税、国家专营、进口配额、进口许可证是改革开放后中国林产品进口贸易的主要政策工具箱,但不同时期重点采用的政策工具区别较大:改革开放早期主要采用国家专营、进口配额和进口许可证的进口贸易政策,随着改革开放的不断深入,逐步放弃了国家专营、进口配额和进口许可证,关税成为中国林产品进口贸易政策的主体,而且关税税率逐步下降。

第一时期(1979年之前):这一时期中国林产品对外经济交往较少,实行集中控制的贸易体制。林产品进口贸易主要由政府指定专门的国有公司根据国家建设需要从有限的几个国家和地区进口。进口数量小、树种相对集中,国家高度垄断经营。

第二时期(1979—1988年):林产品对外贸易的重要性逐渐得到重视,林产品被政府列为重点发展项目,国家财政安排专项资金用于林产品进口,并指定公司专营林产品进口业务。关税政策虽然做了一些调整,但在进出口贸易中大量采用许可证和配额经营时,关税即便存在,也只是形同虚设。

第三时期(1989—1998年):中央计划林产品比例逐年减少,1993年完全取消计划内林产品进口;自1993年关税及贸易总协定乌拉圭回合签字起,多次自主大幅降低进口关税,至1998年底,主要林产品进口税率分别为原木2%、锯材3%、高档板材6%~9%、胶合板15%、细木工18%、木线条20%、木家具22%,原木、锯材等初级林产品进口税率已降至世界平均水平,但胶合板、木家具、纸产品等关税依然较高。

第四时期(1999年至今):1998年中国实施了天然林资源保护工程,当前全面禁止天然林商业性采伐,使国内的木材资源供给迅速减少。与此同时,中国的木材需求却进入了迅速增长时期,特别在基本建设和居民消费等方面,林产品需求趋于不断扩大。在此背景下,中国林产品进口关税大幅度降低,几乎没有非关税措施。从1998年12月1日起取消了原定的"只有经过国家审核确定的专营单位才有权从事国际林产品贸易"的管理办法,按新规定,凡具有外贸经营权的公司、企业均可在自负盈亏的基础上自主进口。从1999年1月1日起,为了鼓励木材进口,实行木材进口零关税政策,原木、锯材、薪材、木片、纸浆和废纸等的进口税调减到0,胶合板的进口税亦由原来的20%调减到15%。同时继续实施边境小额贸易进口增值税减半的政策。2001年1月1日起,中国林产品平均关税为12.3%。加入WTO后中国严格按照入世承诺,对249种林产品降低关税,并逐步取消非关税措施,向世界开放林产品市场。2002年中国木材、纸及其制品平均关税已降至8.9%,同时,取消部分非关税壁垒,如取消了对原木和胶合板的进口管制等。2003年中国木材、纸及其制品平均关税仅为7%,2005年又将家具进口关税降为0,纸及制品的关税由7.5%降至4.6%。2010年7月1日起对33个最不发达国家原产的4762个税目输华商品实施零关税,实施零关税的商品包括木材、种用苗木、插花及花蕾、干果、水果、林下药材等大量林产品和林产工业用料。

总体而言,改革开放以来中国一直实行鼓励林产品进口的贸易政策。目前中国的林产品进口税率已接近世界平均水平,甚至部分林产品关税还低于发达国家水平,林产品关税降低的余地已经不大。除了禁止软木类、枕木类、木粉类、木制一次性筷子进口等一些小的措施以外,现在中国进口林产品没有非关税措施。但为了发展和保护国内市场,高附加值林产品进口关税是逐步调整的,而且在2008年全球金融危机发生后,对实木家具、藤竹家具以及其他家具征收10%的关税,自2012年4月15日起执行。

二、林产品出口贸易政策梳理

20世纪80年代以来，中国在不同时期对不同林产品分别采取了出口鼓励政策和出口限制政策。出口鼓励政策主要包括出口退税等手段；出口限制政策主要包括出口关税、出口配额控制、禁止出口等手段。

1. 出口退税政策

1997年亚洲金融危机和2008年全球金融危机发生后，调整出口退税政策应对金融危机时期国际市场需求的萎缩。亚洲金融危机之后，中国在1998—2003年对所有木质林产品实行了出口退税对资源型林产品原木、软木及制品、竹、藤实行了5%退税率；对木片、锯材、单板、家具、强化板、纤维板、纸以及纸质品等林产品实行了13%的出口退税率。2008年全球金融危机爆发后，中国于2008年8月、11月、12月，经过3次调整提高了117种林产品出口退税，相当于给出口林业企业年补贴4.1亿美元。例如，将部分竹制品的出口退税率提高到11%，将部分家具的增值税出口退税率提高到11%和13%，将部分林产品的增值税出口退税率从5%提高到9%。

在正常时期逐步减少对资源型林产品的出口退税。2006年9月15日起，取消对木炭、枕木、软木制品等木制品的出口退税，对胶合板、实木复合地板、强化木、木窗、木门和家具的出口退税由原来的13%下降为11%。2007年7月1日起，濒危动物、植物及其制品和部分木板及一次性木制品取消出口退税；纸制品和部分木制品出口退税率下调至5%；木家具出口退税率下调至9%。

2. 进口原木加工锯材出口试点

为有效保护国内森林资源，加强对进口原木加工锯材出口的管理，扩大出口创汇，2001年在绥芬河、满洲里等中俄边境口岸实施了进口原木加工锯材出口试点，此后中国锯材出口快速增长。2003年，扩大了进口原木加工锯材出口试点范围。2014年，取消了进口原木加工锯材出口试点企业备案核准的行政审批。

3. 出口关税政策

为了保障国内供应、保护本国资源，2006年11月1日起，中国对部分高能耗、高污染、资源型的出口商品加征出口关税，其中涉及林产品的包括木片、实木地板和一次性筷子，首次加征出口关税，关税暂定税率为10%。2008年1月1日起，以暂定税率的形式对木浆等征收10%的出口关税。2018年中国仍然对木片、一次性筷子和木浆等资源型林产品征收10%的出口关税。

4. 出口配额和出口禁止

2001年，原木被列为第一批《禁止出口货物目录》；2004年，木炭被列为第二批《禁止出口货物目录》。根据2006年11月3日发布的《新一批加工贸易禁止类商品目录》，自2006年11月22日起，总计有66类木制品和用濒危树种木材生产的板材和家具等被列入加工贸易禁止类商品，不允许出口。自2007年1月1日起，对锯材实行出口许可证管理制度。自2007年4月26日起，以国产木材生产的木浆、纸制品等不允许出口。2008年,森林凋落物、泥炭(草炭)被列为第五批《禁止出口货物目录》。

总体而言,中国林产品出口贸易政策呈现出2大特征:第一,逐步减少木材资源型初级林产品的出口鼓励政策,对其出口限制政策越来越严格;第二,灵活采用出口退税等出口鼓励政策促进林产品出口和林业的健康发展。

三、林产品贸易政策发展趋势

1. 关税壁垒的风险值得重视

为了保护森林资源,许多国家尤其是原木出口国纷纷通过提高原木出口关税、原木出口严控政策等贸易政策限制原木出口,导致国际市场上的原木供给紧张,价格高涨。例如,俄罗斯分别于2007年7月1日、2008年4月1日2次提高原木出口关税税率,现已提高至25%,且不低于每立方米15欧元。素有"森林之国"之称的非洲加蓬政府决定自2010年1月起禁止原木出口。

近年来,美国国内的贸易保护主义逐渐抬头,给全球林产品贸易蒙上了阴影。例如,2017年美国商务部对美国进口某些加拿大针叶锯材产品征收20%税率,美国胶合板起诉方在2018年5月11日提交了书面申请,并在美国贸易代表办公室的听证会上向美国政府提出请求,要求把针叶材(软木)胶合板产品加入500亿清单直接加征25%的关税。为了应对美国从2018年7月6日正式开始对340亿美元的中国产品加征25%的关税,中国于2018年8月23日起对从美国进口的160亿美元商品加征25%的关税,征税产品包括18.3亿美元的木制品和原木。

以反倾销调查为主的贸易摩擦频繁发生。2003年,美国对中国木制卧室家具提出反倾销调查,涉案企业130多家,金额9.6亿美元,2004年终裁征收0.83%~198%不等的反倾销税;2005年美国对中国文具纸反倾销案,涉案金额1.25亿美元;2005年,美国对中国木地板锁扣专利技术侵权发起"337"调查,2007年签发普遍排除令限制相关产品的进口美国,涉案企业18家,涉案金额数亿美元;2006年,美国对中国铜版纸同时提起反倾销和发补贴调查,涉案金额1.2亿美元,2007年裁定征收10.9%~20.4%的临时反补贴税;2006年,加拿大家具业特保调查案,要求对中国家具征收3年的高额附加税;2007年,美国又开始对中国木制卧室家具实施新一轮反倾销复审调查;2007年,美国对中国木地板和胶合板332调查正式启动……林产品贸易争端常常久拖不决,一旦裁决一般对出口国,尤其发展中国家不利,极大影响出口贸易,进而影响出口国产业发展和就业。例如受美国木制卧室家具法倾销案影响,2004年7月到2005年3月,中国对美国木制卧室家具出口额下降15%。对于中国面临的越来越多的林产品贸易争端。

2. 非关税贸易壁垒更加多样化与苛刻

近年来,以美国、欧盟、日本等为代表的发达国家和地区为了为保护人类、动植物的健康和安全以及满足本国的贸易需求,不断制定与实施一系列对发展中国家而言过于苛刻的环保标准,给中国林产品贸易出口带来一定的影响。①苛刻的技术要求指标。美国和欧盟针对家具、人造板、纤维板等木质林产品相继出台了大量苛刻的法令法规,在亚洲,中国林产品重要的出口国之一日本也对人造板中的甲醛含量等技术指标重新进行了严格规定，这些苛刻的技术要求给中国木质林产品出口带来了巨大影响。此外，欧盟等国家还针对茶叶、食用菌等林产品中的农药残量制定了严格标准，使中国的优势非木质林产品贸易额下降。②严格的环境与资源保护条约。目前，欧美等发达国家已相继制定了1800多个环境与资源保护条约，加重了发展中国家的绿色贸易壁垒。欧盟的欧洲统一认证体系要求企业对人造板生产工序、设备、原辅料和产品质量进行严格控制，随时对产品进行检查、评估，几乎涵盖了欧盟所有相关的技术法规。

3. 进口林产品认证制度日趋完善与严格

非法采伐加快了森林退化的进程，破坏可持续森林经营和发展，还会导致沙漠化、土壤侵蚀、增加二氧化碳排放，破坏守法运营商的商业生存能力等，因此各国纷纷打击非法采伐以保护环境、减缓气候变化、改善木材贸易环境的手段。例如，2003年5月欧盟实行了名为"森林执法、施政和贸易行动计划"（FLEGT），以保证只有按照生产国国内法规生产的木制品才能进入欧盟，努力减少欧盟对非法木材的消耗。同时致力于和木材生产国（合作伙伴国）签订《自愿合作伙伴关系协议》（VPA）。这些协议都是基于自愿的基础，对限制非法木材没有法律强制力，但是2013年3月3日起，欧盟的"木材及木制品规例和新环保设计指令"强制实施，要求出口欧盟的木材生产加工销售供应链上的所有厂商，都必须获得森林管理委员会（FSC）的认证。

企业若要通过第三方森林认证要承担额外的认证费用。据广东省WTO/TBT通报资讯研究中心的数据显示，目前欧盟认可的第三方森林认证是泛欧森林认证体系（PEFC）和泛美森林认证体系（FSC），认证费用可达数十万元人民币，而企业需要在生产和经营中投入大量的成本才能达到这些认证要求或维持资格。另外，通过森林管理委员会森林供应认证的原材料比较少，合法木材价格高，这将导致企业增加采购成本。成本的增加会导致价格失去竞争优势，降低出口产品的国际竞争力。例如，杭州龙神工贸有限公司2012年出口欧美的木质沙发和椅子货值在4000万元左右。按照新的认证要求，公司成本增幅在5%~10%。因为木材经销商对于是否具备森林管理委员会认证的木料，一般会给出2个不同的价格，环保型材料价差在5%左右，如果是实木材料的，价差一般都在10%以上。欧盟这一新的"环保指令"，令企业生产成本大幅提升，挤压利润。随着中国木材进口数量的急剧增加，俄罗斯、印度尼西亚、巴布亚新几内亚、泰国等中国木材进口的主要来源国又是非法伐木的高风险供应国，围绕中国木材贸易的争论也越来越多，欧盟和美国这些政策的施行必定会加剧中国对木材等木质林产品原料的社会需求与林业供应能力不足的矛盾，制约中国木质林产品出口的增长和国际竞争力的进一步提高。

4. 碳关税等碳排放壁垒措施值得重视

碳关税是指主权国家或地区对高耗能产品进口征收的二氧化碳排放特别关税。除了应对气候变暖和削弱竞争对手竞争力等目的，欧洲和美国等发达国家和地区已着手制定碳关税等碳排放政策措施。2008年1月23日，欧洲委员会发布了《修订欧盟2003年87号指令》的提案，要求欧盟内部进口者购买碳排放指标，使得进口者承担额外的税费。2009年美国众议院通过的《清洁能源安全法案》即包含了"碳关税"的条款：自2020年起，美国总统将获权对来自未采取措施减排温室气体国家的纸张等进口产品采取"边境调节"措施，即可以对这些产品征收碳关税。森林在保护生态环境，调节气候变化方面具有无可替代的作用，具有环境、经济和社会效益。一方面，木质林产品可以通过储碳和减排2个方面减缓气候变化；另一方面，木质林产品在采伐、生产过程中也会减少森林面积、产生碳排放。因此，碳关税等碳排放壁垒对国际林产品贸易格局的潜在影响不容忽视。

第五章
森林产品与市场：无形产品

第一节　森林生态系统服务

一、森林生态系统服务的内涵

森林资源是地球上最重要的自然资源之一，森林资源不仅能够为生产、生活提供多种宝贵有形产品，如木材、纤维等，还能够提供更重要的无形产品，如森林资源具有调节气候，保持水土，防止和减轻旱涝、风沙、冰雹等自然灾害，净化空气，消除噪声等功能，同时森林资源还是天然的动植物栖息地，哺育着各种飞禽走兽，生长着多种植物，是自然界生物多样性的重要基地。研究森林资源的无形产品，评估其价值，有利于森林多功能价值的提高和综合利用，保证森林资源的可持续发展。

什么是森林生态系统服务？要理解这个概念，必须要从生态系统及其结构和功能谈起。

1. 生态系统与生态系统结构

生态系统（ecosystem）一词是英国植物生态学家坦斯利（Tansley）于1936年首先提出来的，后来苏联地植物学家苏卡切夫（Sucachev）又从地植物学的研究出发，提出了生物地理群落的概念。这2个概念都是把生物及其非生物环境看成互相影响、彼此依存的统一体。生物地理群落简单地说就是由生物群落本身及其地理环境所组成的一个生态功能单位，所以从1965年在丹麦哥本哈根会议上决定生态系统和生物地理群落是同义语，此后生态系统一词便得到了广泛的使用。生态系统是在一定区域中共同栖居着的所有生物与其环境之间由于不断进行物质和能量流动过程而形成的统一整体。例如，森林生态系统、海洋生态系统、农田生态系统（人工生态系统）等。

生态系统结构指构成生态系统的各种动植物个体和群落，它们的年龄结构和空间分布，以及生态系统中的非生物资源（如化石燃料、矿物质等）。生态系统结构通过复杂的相互作用产生了生态系统功能，包括能量转换、营养循环、调节大气成分、调节气候和水循环等。生态系统中各结构单元依靠这些功能维持自身的生存。

以热带雨林生态系统为例，虽然热带雨林是生物多样性最丰富的陆地生态系统，其中的单株植物对气候、养分循环、栖息地供给的影响很小。离开生态系统，单株植物甚至无法进行繁殖,然而将大量的植物、其他生物以及非生物资源聚集在一起,像亚马孙河流域热带雨林、海南岛热带雨林,整体生态系统功能就显现出来了。

2. 森林生态系统的结构与功能

在森林生态系统尺度下,热带雨林中森林的树冠层吸收和散射了大约98%的阳光,降低了树冠下的日间温度。树冠层阻止了空气与外界的交换,增加了树冠层下的夜间温度,维持了树冠层下高且恒定的湿度,使土壤处于通风状态,方便了土壤吸收水分,还减缓了地表径流,这些都防止了系统中土壤和养分的流失,森林为土壤和其他生物创造了一个微气候和生存环境,而这些土壤和其他生物又促进森林生态系统内的养分循环和吸收。

在区域尺度上,森林生态系统结构保持的水分被植物吸收并通过蒸腾作用返回到大气中,这增加了林区的空气湿度,较大的空气湿度则增加了暴风雨的频率。对亚马孙森林中的估算表明,有50%的降水是由于森林自身调节作用产生的,这确保了当地各类物种的繁盛。同时,土壤吸收能力的增加,保证了水资源的调节。

在更大的尺度上,森林吸收了大量的太阳能,其中的大部分又通过蒸腾作用释放,通过大气环流传输到温带,这有助于全球气候调节。同时由于光合作用下二氧化碳的吸收,也使森林生态系统成为重要的碳汇,减少了向大气中排放的二氧化碳。

热带森林生态系统功能和结构的讨论表明,为什么森林的存在需要依赖自己产生的功能,同时间接地阐明了生态系统的这些功能,为人类提供了很多促进人类福祉的东西,我们把这些对人类有价值的生态系统功能统称为生态系统服务。具体生态系统服务的内容,有不同的体系,有不同的分类,详见下文。

二、森林生态系统服务的分类

1. 联合国千年评估中对森林生态系统服务的分类

千年生态系统评估(millennium ecosystem assessment,MA)是由联合国于2001年启动的、为期4年的国际合作项目,是世界上第一个针对全球陆地和水生生态系统开展的多尺度、综合性评估项目,其宗旨是针对生态系统变化与人类福祉之间的关系,通过整合生态学和其他学科的数据、资料和知识,为社会公众和决策者提供生态系统服务信息,改进生态系统管理水平。来自95个国家超过1360位知名学者参与了该项目的研究工作。千年生态系统评估的研究先后形成了相应的技术报告、综合报告、理事会声明、评估框架等相关著作。感兴趣的读者可以从千年生态系统评估官方网站上下载[①]。

千年生态系统评估是基于海洋、海滨、内陆水域、森林、旱区、岛屿、山地、极地、垦殖和城镇这10种生态系统类型开展全球评估生态系统服务的,在评估报告框架中对每一类生态系统的边界范围进行了详细的界定。森林生态系统是其中重要的组成部分之一。千年生态系统评估中森林生态系统指的是以"生长树木为主的土地,通常用于

---

① MA官方网站:http://www.millenniumassessment.org/。

生产木材、燃料，以及非木材的森林产品""高 5m 以上，冠层郁闭度不低于 40% 的木本植物群落。另外，还有其他一些被承认的定义和标准（如联合国粮农组织使用的冠层郁闭度的标准是大于 10%），包括采伐迹地和人工林地，但不包括果园和以生产粮食作物为主的农林复合系统"。

千年生态系统评估作为进行生态系统评估一种重要框架，根据功能把生态系统服务划分为：供给服务、调节服务、文化服务及支持服务 4 大类（图 5-1）。①供给服务是指人类从生态系统获取的各种产品。这些产品多数都属于有形产品。特别是森林生态系统当中的供给服务，主要包括纤维、木材和其他非木质的林产品等。在本教材的第四章当中已有相应的介绍，本章着重森林生态系统服务中的无形产品。②调节服务是指人类从生态系统过程的调节作用当中获取的各种收益，包括气候调节、疾病调控、水资源调节、净化水质和授粉等。③文化服务使人们通过精神满足、认知发展、思考、消遣和美学体验从生态系统中获得的非物质收益。④支持服务是为生产其他所有生态系统服务所必需的那些生态系统服务，包括土壤形成、养分循环和初级生产。人们通常不会直接利用支持服务，但是支持服务对人类的影响要么通过间接的方式，要么是发生在一个很长的时间里。例如，人们通常不会直接利用土壤形成这一服务，因为土壤形成的周期很长，几十年或者几百年以上。土壤形成过程的变化将会通过影响食物生产方面的供给服务而对人类产生间接的影响。因此，在很多生态系统服务价值评估计算时，为了避免重复计算，没有将支持服务纳入生态系统服务价值评估当中。

需要说明的是，虽然千年生态系统评估对生态系统服务评估的分类不是单纯针对森林生态系统的，但是在一定程度上，森林生态系统提供了图 5-1 中所有的产品和服务。因此千年生态系统评估所提供的生态系统服务分类也同样也适用于森林生态系统。

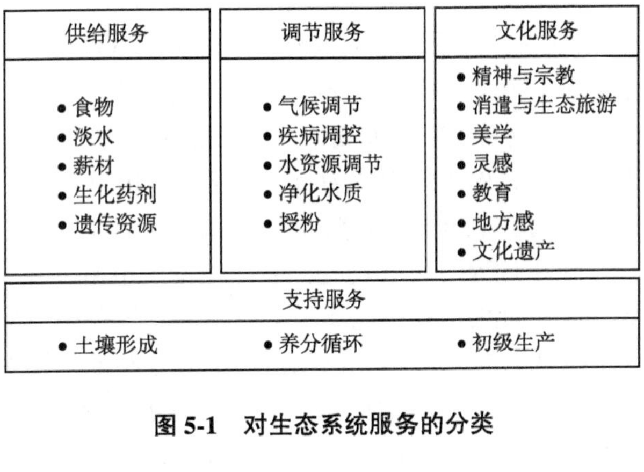

供给服务	调节服务	文化服务
•食物 •淡水 •薪材 •生化药剂 •遗传资源	•气候调节 •疾病调控 •水资源调节 •净化水质 •授粉	•精神与宗教 •消遣与生态旅游 •美学 •灵感 •教育 •地方感 •文化遗产
支持服务		
•土壤形成　　•养分循环　　•初级生产		

图 5-1　对生态系统服务的分类

2. 中国森林生态系统服务功能评估规范的分类

2008 年 4 月，国家林业局发布了林业行业标准《森林生态系统服务功能评估规范》（LY/T 1721—2008）。该标准将森林生态系统服务功能划分为涵养水源、保育土壤、固碳释氧、积累营养物质、净化大气环境、森林防护、生物多样性保护和森林游憩 8 个方面，详细评估指标见表 5-1。

表 5-1 森林生态系统服务功能评估指标体系

序号	指标类别	具体评估指标	序号	指标类别	具体评估指标
1	涵养水源	调节水量	5	净化大气环境	提供负离子
		净化水质			吸收污染物
2	保育土壤	固土			降低噪声
		保肥			滞尘
3	固碳释氧	固碳	6	森林防护	森林防护
		释氧	7	生物多样性保护	物种保育
4	积累营养物质	树木营养积累	8	森林游憩	森林游憩

(1) 涵养水源

涵养水源是指森林对降水的截留吸收和贮存，将地表水转为地表径流和地下水的作用，主要功能表现在增加可利用水资源、净化水质和调节径流 3 个方面。

(2) 保育土壤

保育土壤是指森林中活地被物和凋落物层层截留降水，降低水滴对表土的冲击和地表径流的侵蚀作用；同时林木根系固持土壤，防止土壤崩塌、泻溜，减少土壤肥力损失以及改善土壤结构的功能。

(3) 固碳释氧

固碳释氧是指森林生态系统通过森林植被、土壤动物和微生物固定碳素、释放氧气的功能。

(4) 积累营养物质

积累营养物质是指森林植物通过生化反应，在大气、土壤和降水中吸收氮、磷、钾等营养物质，并贮存在体内各器官的功能。森林植被的积累营养物质功能对降低下游面源污染及水体富营养化有重要作用。

(5) 净化大气环境

净化大气环境是指森林生态系统对大气污染物（如二氧化硫、氟化物、氮氧化物、粉尘、重金属等）的吸收、过滤、阻隔和分解，以及降低噪声提供负离子和萜烯类（如芬多精）物质等功能。空气负离子就是大气中的中性分子或原子，在自然界电离源的作用下，其外层电子脱离原子核的束缚而成为自由电子，自由电子会很快会附着在气体分子或原子上，特别容易附着在氧分子和水分子上，而成为空气负离子。森林的树冠和枝叶的尖端放电以及光合作用过程的光电效应，会促使空气电解产生大量的空气负离子，植物释放的挥发性物质，也能促进空气电离，从而增加空气负离子浓度。负离子浓度的高低与人们的健康息息相关。据环境学家研究，当每立方厘米空气中的负氧离子在 1 万个以上时，人就会感到神清气爽，舒适惬意。而当每立方厘米空气中的负氧离子达 10 万个以上时，就能起到镇静、止喘、消除疲劳、调节神经等防病治病效果。因此，森林的净化大气环境功能为森林游憩和森林康养提供了必要的物质基础。

(6) 森林防护

森林防护是指防风固沙林、农田牧场防护林、护岸林、护路林等防护林降低风沙、干旱、洪水、台风、盐碱、霜冻、沙压等自然灾害危害的功能。

(7) 生物多样性保护

生物多样性保护（物种保育）指的是森林生态系统为生物物种提供生存与繁衍的场

所，从而起到保育作用的功能。森林生态系统中各种野生生物如药材、食用菌、山野菜、鸟类、野兽等，都是重要的物种资源和基因库。

(8) 森林游憩

森林游憩指的是森林生态系统为人类提供休闲和娱乐的场所，使人消除疲劳、愉悦身心、有益健康的功能。

该标准还给出了 8 种森林生态系统服务功能的实物量评估公式及参数设置。从技术层面上为森林生态系统服务的经济价值评估给出了相应的参考依据。

第二节 森林生态系统服务价值评估方法

森林生态系统的有形产品如木材产品是有价格的，可以像商用木材那样在市场上出售。在这种情况下，评价这些效益的价值可以参考该产品的市场交易价格即可。但是对森林生态系统的无形产品来说：一是有些森林生态系统服务由受益者无偿使用，如清新的空气、美丽的森林景观等，具有天然的"非排他性"和"非竞争性"的特点，这些无形产品的稀缺性也就无法由价格本身体现；二是没有成熟的市场机制对无形产品进行交易，无法形成能反映无形产品真实价值的交易价格。本节侧重于无形产品的价值评估。

上述原因造成了相当长一段时间内人们对森林生态系统服务的忽视，只片面强调了森林生态系统的市场价值，而忽略了森林生态系统的社会效益和环境效益，低估了森林生态系统对人类社会的巨大贡献。因此，森林资源的管理者应该同时考虑提供有市场价值的和无市场价值的森林生态系统服务。森林生态系统的无形产品具有公共物品的性质，而公共物品同样需要评估其价值、核算其成本，才能更好地发挥森林资源的多种功能和效用，为社会提供更多、更高质量的森林生态系统服务。

一、森林生态系统服务价值评估的理论基础

效用价值论认为价值是指物品能够满足人们某种需要的能力。边际效用价值论认为商品价值由商品的边际效用所决定。森林生态系统服务的效用价值指它能够满足人类需要的自然属性和能力，即现在或未来通过商品和服务的形式为人类提供的福利。这种效用价值进一步又可以分为使用价值和非使用价值。

使用价值又可以分为直接使用价值、间接使用价值和选择价值。非使用价值包括存在价值和馈赠价值等。森林生态系统服务价值的构成见表 5-2。

表 5-2 森林生态系统服务的价值及其构成

价值构成	价值细分	对应的森林生态系统服务
使用价值	直接使用价值	林产品、森林游憩、森林康养、淡水等
	间接使用价值	气候调节、净化水质、防洪减灾等
	选择价值	生物多样性、栖息地等
非使用价值	存在价值	濒危物种、生存栖息地等
	馈赠价值	生存栖息地、不可逆改变等

1. 森林生态系统服务的使用价值

森林生态系统服务的直接使用价值是指森林生态系统所提供的产品和服务，以对生产和消费的直接贡献而产生的价值。接使用价值可以是消耗性的，如木质林产品和非木质林产品；也可以是非消耗性的，如森林康养和淡水利用。直接使用价值可以根据产品或服务市场价格或替代品的市场价格来进行估计。

森林生态系统服务的间接使用价值是指从森林生态系统所提供的、用于支持目前的生产和消费活动的各种功能中，间接获取的效益，如气候调节、净化水质、防洪减灾等。这些间接使用价值虽然不直接进入生产和消费过程，却为生产和消费活动的正常进行提供了必要的生态基础。间接使用价值通常无法商品化和市场化，其价值评估难度较大。

森林生态系统服务的选择价值是人们为了在未来能直接或间接利用生态系统服务而持有的支付意愿，又称为期权价值。当代人在利用森林资源的时候，并不希望现在就把它的所有功能和资源耗尽，考虑持有该资源未来的使用价值可能会更大，或者因为存在不确定性采用其他的利用方式，可能对人的价值更大。因此现在用这种方式利用了森林资源，就不可能再用别的方式或未来就不可能再获得该森林资源，因此对何时和如何利用作出选择。选择价值在本质上和保险的原理一致，即相当于人们为确保未来能利用某种资源、获得一定的效益而愿意支付的一笔保险金。

2. 森林生态系统服务的非使用价值

森林生态系统服务的非使用价值是指森林资源没有经过人们的实际使用，单纯因为该资源的存在而使人们获得的经济价值。非使用价值是森林资源的一种内在属性，它与人们是否使用它没有关系。

存在价值是人们为确保生态系统服务功能继续存在而持有的支付意愿存在价值，尽管在市场中无法买卖，但客观上确实会影响到人们的决策，存在价值是非使用价值的主要形式，与人们是否使用它没有关系。如濒危物种的保护、生物多样性维持等。森林生态系统服务的存在价值是人们对森林生态系统价值的一种道德上的评判，包括人类对其他物种的同情和关注，不是出于任何功利的考虑，纯粹是为了森林生态系统的存在而表现出的支付意愿。

非使用价值的另外一个组成部分是馈赠价值。馈赠价值源于遗产动机和利他动机。遗产动机是指人们愿意把某种资源保留下来，遗赠给后代人；正如可持续发展的定义中强调的，"既满足当代需要又不削弱子孙后代满足其需要的能力的发展"。利他动机是同遗赠动机类似，但突出了同代人，或许资源对其他人有用。

非使用价值是争论比较大的价值类型，客观地说这是对生态资本的评价，这种评价与其现在或将来的用途都无关，仅仅源于人们知道资源的某些特征和永续存在的满足感，而不论自己或他人能否从中受益。

二、森林生态系统服务价值评估方法概述

森林生态系统服务包括调节气候、保持水土、防风固沙、涵养水源、固碳释氧、美化环境、减少水旱灾害、减少噪声等，这些无形产品只有用价值的形式来表现，才能给

人以更加直观明确的概念，才能使人们认识到森林资源所具有的全部作用和价值，提高人们保护森林资源的意识。同时，可以为生态补偿提供必要的依据。森林生态系统服务的价值评估问题一直是国内外研究的热点问题。一般来说，森林生态系统服务功能的定量评价方法主要有能值分析法、实物量评价法和价值评估法3种。能值分析理论最早由生态学者Odum提出。森林生态系统服务价值的能值分析是以能量为共同的评价标准，通过能值货币转换率或通过能值与森林生态系统服务之间的函数关系，确定生态系统服务价值。实物量评价法则是利用遥感技术和定位观测手段，结合生态学参数，构建生态系统服务价值评估模型计算各项生态服务的实物量。其中生态学参数当量因子作为各类土地利用类型的评估参数，用于评价生态系统服务的价值量。本教材这里介绍的是第三种，即价值评估法。

价值评估法是指从货币价值量的角度对森林生态系统服务进行定量评价，使生态效益货币化，便于进行比较。而森林生态系统服务价值评估的方法又分为2种，一种是替代市场方法，它以"影子价格"和消费者剩余来表达生态服务功能的经济价值，评价方法主要有市场价值法、旅行成本法、享乐定价法、影子工程法等；一种是模拟市场方法，由于森林生态系统服务是准公共产品，缺乏真正意义上的市场，而要确定这些产品的价值，只能假设一个市场的存在。用支付意愿（willingness to pay，WTP）和接受赔偿意愿（willingness to accept，WTA）来表示各种森林生态系统服务的经济价值。评价方法采用的是条件价值法（contingent value method，CVM）。CVM是一种典型的陈述偏好的评估方法，也是生态与环境经济学中应用最广泛的关于公共物品价值评估的方法。

三、替代市场价值评估技术和方法

1. 市场价值法

市场价值法适合于没有费用支出的，但有市场价格的森林生态系统服务的价值评估。利用环境品质变化所造成的市场产品价格或数量变化，来估算生态系统服务的经济价值。例如，没有市场交换而在当地直接消耗的森林生态系统产品，这些自然产品虽没有市场交换，但它们有市场价格，因而可按市场价格来确定它们的经济价值。市场价值法先定量地评价某种森林生态系统服务产生效果，再根据这些效果的市场价格来评估其经济价值，可表达为：森林生态系统服务的经济价值=某种效果的市场价格×森林生态系统服务产生效果的量化值。

如果一个森林生态系统产生了多种生态服务，其经济价值就等于多种服务价值的加总。在实际评价中，通常有2类评价过程。一类是理论效果评价法。先计算森林生态系统服务产生某种效果的量化值，如涵养水源量、固碳量、农作物增产量等；再确定森林生态系统服务的"影子价格"，如涵养水源的定价可根据水库工程的蓄水成本，固碳效果的定价可以参考二氧化碳的市场价格，农作物增产量可以参考市场上农产品的价格；最后计算其总经济价值。另一类是环境损失评价法。这是与环境效果评价法类似的一种生态经济评价方法。例如，评价保护土壤的经济价值时，用生态系统破坏所造成的土壤侵蚀量及土地退化、生产力下降的损失来估计。

理论上，市场价值法是一种合理方法，也是目前应用最广泛的森林生态系统服务价值的评价方法。但由于森林生态系统服务种类繁多，且在量化森林生态系统服务的效果时，只能采用相应的功能因子进行折算，实际评价时只是得到森林生态系统服务价值的一个粗略估算值。

2. 旅行成本法

旅行成本法（travel cost method，TCM）又称旅行费用法，是一种经常用于评估森林游憩价值的评估方法。旅行成本法主要适用于休闲娱乐场所、国家公园、风景名胜区中用于娱乐的森林和湿地，以及水库大坝等兼有娱乐和其他用途休闲地的价值评估。1947年，霍特林（Hotelling）最早提出了旅行成本法。他建议根据旅行成本和游览次数来估计美国国家公园的旅游休闲价值。在霍特林看来，旅行成本不仅不能简单地用门票价格来衡量，还应该包括旅行过程中所发生的一系列费用，包括交通费用、住宿费、用餐饮费用、门票费用等，再加上时间的机会成本，由于距离不同旅行成本通常也不尽相同，而旅行成本的不同，恰恰可以反映出不同消费者对旅游景点效用评价的不同。20世纪60年代，旅行成本法的理论基础和实证研究开始起步，到20世纪80年代得到了空前的发展。

旅行成本法的评价程序可以分为4个步骤：①根据被评价地区总的森林游憩状况，选择有代表性的样地调查；②选好样地后，详细收集各个样地的游憩资料，包括游憩种类、游憩面积、游憩人数和各种游憩项目收费、门票等；③计算每个样地的人均年消费者剩余；④计算森林游憩总利用价值。把各个样地的年人均年消费者剩余加权平均后，求出该地区的人均年消费者剩余再乘以被评价地区的游憩总人数，可得出被评价地区年总消费者剩余即森林游憩总价值。当被评价地区森林游憩总人数无法统计时，可先求出各个样地每公顷年消费者剩余，在加权平均后求出该地区每公顷年消费者剩余，最后乘以被评价地区森林游憩总面积，即可求出森林游憩总利用价值。

旅行成本法基于个体或家庭实际发生的游憩行为来评估森林生态系统游憩服务的价值，所得到的研究结果可信度较高。

3. 享乐定价法

享乐定价法（hedonic price method，HPM）基于效用论的观点，认为商品价格取决于商品各方面属性给予消费者的满足，是一种利用差异性市场产品的性质，将产品的特征或属性价值推导出来的方法，其隐含的假设是商品的总价值能够通过其在不同属性上的边际价值汇总得到。

1967年，里德克（Ridker）和亨宁（Henning）首次将HPM模型应用到环境经济学的研究中。1997年，萨·泰尔瓦宁（Tyrvainen）运用享乐定价法对城市森林的非市场价值进行了评估。作者认为城市森林为周边居民提供了森林景观、清洁的空气、安静平和的环境和游憩活动等非市场价值，经验证发现，距离城市森林比较近的住宅价格比远离城市森林的住宅价格更高，通过房地产价格就可以反映出城市森林的多种价值。

享乐定价法提出的初衷是为了给房地产赋予额外的环境附加价值，国内的应用则主要集中在土地及房地产的估值，对森林生态系统服务价值的评估研究较少。享乐定价法要求大量的交易数据和现行市场价格数据极难收集，不利于准确的价值评估。

四、模拟市场价值评估技术和方法

对于不存在相应市场的生态系统产品和服务，可以人为地构造假想市场来度量其价值，这类方法统称为模拟市场价值评估技术。模拟市场价值评估技术有很多种，包括直接评估法和效益转移法，其中用得最多的是直接评估法当中的条件价值评估法（CVM）。条件价值评估法是一种陈述偏好评估方法，利用效用最大化原理，在模拟市场的情况下直接调查和询问人们对某种非市场产品和服务的支付意愿，或对该问项的接受赔偿意愿。条件估值评价法的构想由万德鲁普（Wantrups）首先提出，戴维斯（Davis）在1963年首次将CVM应用于美国缅因州宿营、狩猎娱乐的价值评估。1993年权威性和学科代表性均很强的美国国家海洋和大气管理局（NOAA）发布了条件估值评价法研究报告，确定条件估值评价法为评估非市场价值的有效方法。

西方经济学认为价值反映了人们对事物的态度、观念、信仰和偏好，是人的主观思想对客观事物认识的结果。支付意愿可以表示一切商品价值，也是商品价值唯一合理的表达方式。因此可以将森林生态系统的服务价值等价于人们对该服务的支付意愿。

根据核心估值问题的设计模式不同，可以将条件估值评价法问卷分为投标式、开放式、支付卡、两分式4种，其中两分式又可以分为单边界和双边界2种。

条件估值评价法评估的完整步骤包括6个阶段，即前期准备、问卷设计、实地调查、数据处理、数据分析和确定价值量。由于条件估值评价法评估法比较复杂，且不同条件估值评价法调查问卷的数据分析方法和最终确定价值量的方法也不完全相同。本教材只对其中共同前3个关键步骤进行说明，其他步骤请参考条件估值评价法的相关著作。

1. 准备阶段

首先在准备阶段需要明确价值评估的对象和确定调查对象范围，也就是与某种生态系统服务相关利益者的范围，如流域公益林主要受益对象为下游城乡居民。而森林生物多样性的价值属于公共品，它的市场范围不再局限于一个城市，调查范围更大、更难把握。

准备阶段还需要确定抽样方式，抽样分为概率抽样和非概率抽样2类。概率抽样包括简单随机抽样、分层抽样、系统抽样。非概率抽样包括偶遇抽样、滚雪球抽样等。在调查方式上，条件估值评价法常用的调查方式，包括当面调查、电话调查和邮寄调查3种形式，近年来随着互联网兴起，利用互联网络的调查方式，也逐渐被学界所采用。

2. 问卷设计阶段

设计问卷是条件估值评价法方法的关键，问卷所提供的信息数量和质量对研究结果至关重要，条件估值评价法方法的有效性和可靠性很大程度上受到问卷质量的影响。设计问卷之前需要组建焦点小组，针对问卷进行仔细评估，还需要进行多轮预调研，并与专家学者研讨，在经过多次修订后方可实施大规模的正式调查。

问卷设计阶段要注意的几个问题：一是信息偏差问题，受访者对所评估对象较为陌生时，如果信息提供不充分或者不恰当，受访者就无法形成明确的消费偏好。如果问卷所提供的信息与受访者固有的知识结构相悖，也会造成信息偏差。二是支付工具设计。问卷设计中涉及的支付工具有自由捐款缴税、成立基金会募捐、义工、提高相关产品的价格等形式。支付工具的可行性和真实性，会影响到受访者的 WTP。三是询价方式。条件估值评价法询价方式包括逐步竞价法、开放式、支付卡式及封闭单边界和封闭双边界。在设计问卷的过程中，要明确采用何种询价方法。四是问卷题目设计。设计问卷题目应根据研究目的进行设置，为了检验调查结果的有效性，除了核心的估值问题外，问卷题目还应该涵盖调查对象的人口学特征、社会经济状况、地理区位和环境认知度等。

3. 调查实施

调查实施过程当中，必须对调查员从访问技巧、调查内容、调查方式以及工作态度等进行系统的培训，特别要向调查员说明哪些信息是受访者必须提供的，防止信息遗漏和信息泛滥，并针对调查中受访者可能提出的问题，制定统一的解释口径。通常在调查活动当中会采用统一的、可视化的图片和图形，直观地反映生态系统服务改善带来的效果。

第三节　森林生态系统服务价值评估方法的应用

森林生态系统服务是多种多样的，针对不同的生态系统服务，不同的研究尺度，可以采用不同的评估方法。国内外学者对森林生态系统服务的经济价值评估已经取得了较丰硕的研究成果。可以归纳为 2 种类型：一是大尺度下的森林生态系统的价值评估；二是针对森林生态系统服务的一种或者几种进行小尺度上的价值评估。

一、全球尺度下的森林生态系统服务价值评估

最早的全球尺度下的生态系统服务价值评估是 1997 年由科斯坦扎（Costanza）等人在前人已有研究的基础上，将自然生态系统为人类所提供的服务归纳为大气平衡、气候调节、食物生产、土壤形成、生物控制、原材料等 17 个大类，使用或构造了实物量估价法、能值分析法、市场价值法、机会成本法、影子价格法、影子工程法、成本分析法、防护成本法、恢复成本法、人力资本法、资产价值法、旅行成本法、条件价值法等一系列方法分别对每一类生态子系统进行测算，从而对整个生物圈的生态系统服务价值作出了初次评估，最后进行加总求和得到全球生态系统每年能够产生的服务价值为 16 万亿~54 万亿美元，平均为 33 万亿美元（为 1997 年全球 GNP 的 1.83 倍）。其中森林生态系统服务总价值为 4.7 万亿美元（含有形产品和无形产品），占生物圈生态系统服务总价值的 14.1%，占陆地生态系统服务总价值的 38.2%。每公顷森林每年产生 969 美元的经济价值。

二、区域尺度下的森林生态系统服务价值评估

在区域尺度上，包括国家和地区范围内的森林生态系统服务价值进行评估的研究也很多。尼南（Ninan）等人对亚洲、非洲、美洲、欧洲等区域森林生态系统每年每公顷的服务价值进行了汇总。各地区由于经济水平的差异、系数的不同，估计生态系统服务类型和数量不等，导致全球各地森林生态系统服务价值差异极大，从每年每公顷 8 美元到

4080 美元不等(折算为 2010 年美元不变价)。统计的生态系统服务种类越多,统计区域面积越小得到的每公顷生态系统服务价值越大。其中统计的森林生态系统服务种类、价值见表 5-3。

表 5-3 不同类型的森林生态系统服务价值

生态系统服务	年价值变动范围/(美元/hm²)(2010年不变价)	平均值/(美元/hm²)(2010年不变价)	中位数/(美元/hm²)(2010年不变价)
集水区保护/水文服务	5-1160	248	174
土壤保护	3-910	210	203
碳汇/气体调节	4-3400	733	16
游憩	2-279	41	20
营养循环	56-228	261	142
授粉	205-434	142	320
其他服务(药材、生物多样性、初级生产力)	1-789	320	35
合计	8-4080	189	441

达莫托(D'Amato)等(2016)对中国森林生态系统服务价值评估进行总结,研究者最关注的是森林生态系统调节服务,包括水文服务、固碳、水土保持和营养循环 3 大类服务价值。由于地区差异、估值方法的不同,不同研究森林生态系统服务估值差异较大,不具有可比性。因此,森林生态系统服务价值评估还有待于进一步标准化和规范化,不同估值方法得到的评价结果无法直接相加。

第六章
森林轮伐期

第一节 林分的生长与采伐

一、林分生长与木材收获

木材收获量是影响木材效益大小的一个主要因素,它可以简单地理解为林分采伐时的林木蓄积量(林分中每一棵树的主干体积之和)与出材率的乘积。林分采伐时的林木蓄积量等于新造的林分的蓄积量以及从造林到采伐期间每年的净生长量之和。林木蓄积量在每一年的增加值称为林分的年生长量(current annual increment,CAI),从造林到任意一个林龄 T 期间的连年生长量的平均值称为平均年生长量(mean annual increment,MAI)。

同龄林指的是年龄相同或大致相同的林木所组成的林分。同龄林的基本生长趋势是,在林龄较低时林分连年生长量随着林龄的增加逐年增加,林分达到一定年龄后连年生长量随着林龄的增加逐年下降。相应地,随着林龄的增加林分平均年生长量一开始逐年增加,在一定林龄时达到最大,然后逐年下降。当树木中的木材体积随着时间的推移被绘制成图表时,生长遵循一个 Sigmoid 或 S 形曲线。

在同龄林管理的理论描述中,假设林分中的所有树木都是相同的,并且具有相同的树龄。因此,一旦知道了单棵树的生长函数和给定林分或土地单元中的树木数量,就知道了林分在任何时间点的体积。森林生物计量学家已经开发出测量和描述树木生长的复杂方法。他们的分析表明,任何地点的任何树木的生长功能都有共同的特点;也就是说,当树木中的木材体积随时间绘制成图表时,生长遵循 Sigmoid 或 S 形曲线。Sigmoid 增长意味着体积首先以递增的速度增加,然后最终以递减的速度增加。当森林开始衰退时,增长率甚至会变成负数。

间伐(thinning)是同龄森林的重要管理制度。它包括土地所有者在轮伐期间选择一些树木进行收割,从而为剩余的树木创造更好的生长条件。间伐通常被称为中间处理或林分改良处理,因为间伐是在建立和轮伐期之间的某个时候进行的,通常旨在增加收获时高质量树木的比例,同时获得可能更高的立木价格。间伐包括抚育性间伐(pre-commercial thinning)和商业性间伐(commercial thinning)2 种。抚育性间伐指林龄很低,林木还没有达到具有商业价值的规格时进行的间伐,其目的是清除林分中多余的苗木和幼树,改善林分的生长条件。商业性间伐是指林木达到一定的商品材规格后进行的间伐,其主要目的有2个,一是提前获得一部分木材效益,二是促进保留林木的直径生长、增加主伐时大径级材种的出材率。一般情况下,间伐后林分生长率增加,但是林分生长量以及轮伐期末的木材总收获量会因间伐而下降。间伐对林分的影响是以离散的方式减少体积,在间伐条件下的森林生长呈间断的 Sigmoid 曲线。

林木生长的生物模型(也就是生长和产出模型)是森林经理和营林的重要研究内容,这里讨论的主要是指在给定林木生长的生物模型的情况上如何确定最佳的采伐时间,假设单位面积立木的生长曲线是:

$$y = f(t) \tag{6-1}$$

$f(t)$ 表示林分年龄为 t 时的森林蓄积量。在立地条件不变的情况下,林分的体积随着生长而增加。林分体积随时间的变化由 $f'(t)$ 给出,其中 $f'(t)$ 是 $f(t)$ 的时间导数。因此,林分生长量等于 $f'(t)$,并具有以下数学特性:

①当 $f'(t)>0$ 时,$t \leq t'$;当 $f'(t) \leq 0$ 时,$t>t'$。t' 表示林分成熟时的年龄。

②当 $f''(t)>0$ 时,$t<\bar{t}$;当 $f''(t)<0$ 时,$t>\bar{t}$。$\bar{t}$ 表示林分生长函数的拐点。

特性①表明,在林分成熟之前,森林蓄积量是时间的递增函数,但在此之后,蓄积量下降。当林木过度成熟的时,最终的特点是体积减小,因为林木开始衰败。

特性②表明,与森林生长函数一致,随着时间的推移,森林生长函数由凸函数变为凹函数。也就是说,体积以递增的速率增加,直到体积以递减的速率增加的时间点。在经济学中,$f(t)$ 被简单地解释为一个经典的生产函数。

图 6-1 描述了在不进行间伐的情况下林分年生长量和平均年生长量与林龄之间的一般关系:①年生长量达到最大的林龄低于平均年生长量达到最大的林龄;②在平均年生长量达到最大以前,年生长量大于平均年生长量;当平均年生长量达到最大时,年生长量等于平均年生长量;在平均年生长量达到最大以后,年生长量小于平均年生长量。

只要年生长量大于零,那么林木蓄积量就随林龄的增加而增加。年生长量逐年增加意味着林木蓄积量增加的速度越来越快;年生长量逐年下降意味着林木蓄积量增加的速度越来越慢。因此,图 6-1 所描述的林分年生长量随林龄的变化趋势意味着,在年生长量达到最大以前,林木蓄积量是林龄的凸函数,在连年生长量达到最大以后,林木蓄积量是林龄的凹函数。换句话说,在不进行间伐的情况下,林木蓄积量随林龄的变化呈现一个 S 形曲线的形式(图 6-2)。

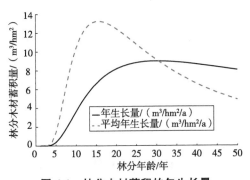

图 6-1 林分木材蓄积的年生长量与平均年生长量

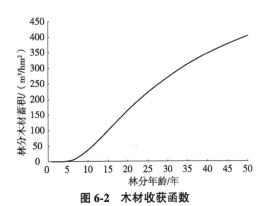

图 6-2 木材收获函数

林分生长模型为模拟林分状态尤其是蓄积量,与主要变量(林分密度、树高、胸径、蓄积量等)随时间变化的公式。林分生长模型的种类很多,最简单的生长模型直接估计立木蓄积量在每个分期(如1年或者5年)的生长量。复杂一些的生长模型则通过模拟林分胸高断面积、种植密度、树高等在每个分期的变化间接地估计林木蓄积量或收获量的增长。利用生长模型进行木材收获预估需要确定一个林分的初始状态。林木生长发育是一个复杂的动态过程,为了解林木动态生长及发育趋势,国内外对部分树种树高、胸径等进行了多种函数和模型(Exponential、Gompertz、Logistic、Richards 等)的构建及生长量预测。如 Chapman-Richards 模型的形式为:

$$Q(t) = A(1-e^{-Bt})^C \tag{6-2}$$

式中　$Q(t)$——林龄为 t 年时单位面积立木蓄积量;
　　　A——总生长量的极限值;
　　　B——生长速率参数;
　　　C——曲线形状参数。

它的图形是以 A 为渐近线的 S 形曲线。

另一个可以较好地模拟同龄林林木蓄积量的公式是 Logistic 模型,其形式为:

$$Q(t) = \frac{k}{1+e^{a-bt}} \tag{6-3}$$

式中　k——材积生长极限;
　　　a,b——待定系数。

林分的生长模型在相当大的程度上是由林分的年龄或异龄林的年龄分布情况决定的。其余重要的决定蓄积量的变量还包括:①林分在某一块林地上的生产潜力状况,即立地质量;②单位林地生产潜力的利用程度,即林分密度;③林分经营过程中所采取的营造林措施,如施肥、间伐等。将这些因素考量在内,生长模型可以被扩展为其他形式,如:

a. 以年龄和立地指数变量构建的林分生长函数,例如,以陈则生构建的 Chapman-Richards 方程为杉木的生长方程为:

$$Q(t) = 4.535 \times SI^{1.609} \times [1-e^{-0.096t}]^{3.720} \tag{6-4}$$

式中　t——林分年龄;
　　　SI——立地指数。

b. 仅以年龄为自变量构建的林分生长函数,以品种为'南林895'的杨树为例,其生长函数为:

$$Q(t) = 0.57/(1+e^{3.717-0.770t}) \tag{6-5}$$

c. 以年龄和种植密度为自变量构建的林分生长函数,以美国南部松树林为例:

$$Q(t) = e^{9.75 - \frac{3418.11}{SD \times t} - \frac{740.82}{80t} - \frac{34.01}{t^2} - \frac{1527.67}{80^2}} \tag{6-6}$$

式中　SD——种植密度。

二、永续木材收获最大化轮伐期

同龄林皆伐作业是森林经营的主要模式之一。同龄林经营中最关键的决策问题之一是选择轮伐期(rotation, rotation age, rotation period)或者林分的皆伐年龄。轮伐期代表一个林木生产经营周期,是指同一块林地上的林分两次相邻的皆伐之间的间隔期,或者表示林木经过正常的生长发育到可以采伐利用为止所需要的时间。比如，某一个林分今年采伐后造林更新，新造的林木 20 年后采伐，那么轮伐期就是 20 年。从森林经营者的角度看，轮伐期的重要性体现在 2 个方面。第一，它直接影响森林经营的经济效益和森林的生态环境效益。第二，最优轮伐期的确定是评价、选择其他经营措施的前提条件。表面上看轮伐期的选择取决于树种、造林方法、林分抚育、间伐等一系列造营林措施。但是，确定最优树种和相应的最佳营造林方案需要分别估计每个可以选择的树种和营造林方案所能产生的最大效益，这就也需要对每个可行的选择确定相应的最优轮伐期。

比如树种选择问题，假设某一块林地既适合种植杨树，也适合种植刺槐，选择杨树还是刺槐取决于那个树种的效益更大。我们知道，不论是种植杨树还是刺槐，其效益都会随轮伐期的改变而变化。要在这 2 个树种之间作一个合理的选择，首先必须找到杨树和刺槐的最优轮伐期，分别计算出种植杨树及刺槐的最大效益，然后才能确定种植哪个树种效益更大。另外，在森林资源的宏观管理方面，轮伐期决策模型是分析宏观调控措施的重要工具之一。因为轮伐期在同龄林经营中具有十分重要的地位，对最优轮伐期的分析研究一直是林业经济学的核心内容之一。

与轮伐期相关的一个很重要的概念是林分的皆伐年龄（final harvest age），又称为成熟龄（mature age），即林木皆伐时的最终年龄。在森林经营实践中，林分皆伐后往往不立即造林更新，造林时可能采用当年生或多年生的苗木，因此采伐时的林分年龄可能跟轮伐期不同。轮伐期以不同的森林成熟作为确定的主要基础。森林成熟有多个标准，如数量成熟、工艺成熟、自然成熟、防护成熟、更新成熟、经济成熟等。而针对不同的成熟标准，最佳木材轮伐期还需同时结合利率、更新成本、单一周期或永续利用等其他指标结合考量。笼统地说，最优轮伐期是使森林经营者（或所有者）所获得的利益达到最大的轮伐期。不同的最优轮伐期概念之间的本质差别在于是否考虑森林经营的经济效益、林地使用成本（即地租）以及利率对最优轮伐期的影响。在不考虑森林经营过程中所面临的随机因素的前提下，是否把幼龄林抚育、间伐等其他营林措施放入轮伐期决策模型中去，并不影响决策模型的定性分析结果。

最大永续木材收获量（maximum sustained yied, MSY）是指从长期来看木材生产和供应的最大数量。永续利用是现代林业发展初期林学家们倡导的森林经营目标。永续利用的实质是保证每年都可以采伐相同数量与质量的木材。这其实也就是平均年生长量 MAI 最大化的轮伐期。问题是，如何选择 T，使平均年生长量最大。$f(T)$ 表示林分年龄为 T 时的森林蓄积量。当单位面积年平均生长量 $f(T)/T$ 达到最大时，年采伐量 $f(T)$ 达到最大。因此，最大永续收获轮伐期等于年均木材生长量达到最大的轮伐期。实际上，只要经营者的目标是获取长期最大木材收获量，那么最大永续收获轮伐期就是其最佳选择。因为从长远来讲，只有年平均生长量达到最大，才能使总收获量达到最大，即目标函数为：

$$\max_{T} \frac{f(T)}{T} \tag{6-7}$$

对 T 进行微分，可以得到以下一阶条件：

$$f'(T) = \frac{f(T)}{T} \tag{6-8}$$

式(6-8)左边代表林分的连年生长量，右边代表平均年生长量，根据这一条件，当前连年增长量等于平均年生长量时，是木材长期生产（木材供应）最大化，应当进行采伐。从图 6-3 可以看出，这个时间点正是平均年增长量的顶点，即图中的 A 点。

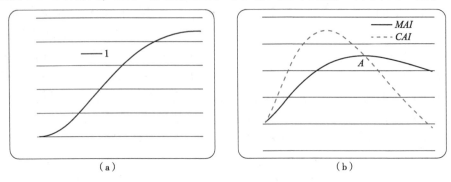

图 6-3　美国南方湿地松的生长曲线

这个采伐时间其实还是一个生物学意义上的模型，通常把它称为数量成熟。最大永续收获轮伐期完全由木材收获函数的特性确定，而不受经营成本、木材价格和利率等经济因素影响，这忽略了森林经营的成本与经济效益是最大永续收获轮伐期的主要缺陷。通过最大平均年生长量得出的采伐年龄通常会比最优轮伐期大，因为它没有考虑快速增长的森林的机会成本或者延迟砍伐带来的土地的机会成本。从社会的角度考虑，永续利用的目标忽略了经济发展对木材需求的时间变动，同时没有考虑劳动力、土地、资金等各种资源在林业与其他经济部门之间的合理配置问题。

从森林经营者的角度考虑，木材产量本身并不重要，重要的是经济效益，所以获取最大的木材收获量往往不符合经营者的利益。但是这一标准在美国和加拿大的公有林和其他一些国家的私有林的林业政策上有着很深的根基。它是施行木材生产最大化和永续利用目标的理论基础，有着广泛的影响。

三、立木价值增长量最大化的采伐期

另外一个选择采伐期的标准是立木价值的年平均增长量，在很长的时间里，森林经营者和林业经济学者以最大化立木现值来确定轮伐期。经营者在决定采伐之际，其投资可以获得一次更新的最大的净现值来计算。用数学式表示如下：

$$\max_{T} pf(T)e^{-rT} - C \qquad (6\text{-}9)$$

式中　T——轮伐期；

　　　p——立木价格；

　　　r——利率；

　　　C——更新成本；

　　　e^{-rT}——采伐所获取的收益从 T 年后折现到现在。

通过对 T 求一阶导数并令其为 0，可得到最大值所需要的条件，即：

$$\frac{f'(T)}{f(T)} = r \qquad (6\text{-}10)$$

这意味着当林分的瞬时增长率 $f'(T)/f(T)$ 等于实际市场利率时，就可以实现净现值最大化，此时林分应该被收获，即此时的 T 应为这一标准之下的最优轮伐期。这一公式只考虑树木的价值，所以通常称为林木价值（forest rent）的最大化。式(6-9)只包括

因没有收获而损失的投资收入的机会成本 $rf(T)$。由于忽略了资本和土地的机会成本，这一标准之下所得到的森林的净价值通常要低于森林实际的净价值。从式(6-10)可以看出，立木价值增长量最大化的轮伐期的决定与更新成本无关。

如果把林木看成资本，林木资本的时间价值就是它的增长率。即如果延迟一年采伐，林木的当年增长量就是林木资本当年所产生的价值。延迟一年采伐的机会成本是林木采伐并获得的收益再进行投资机会成本，可以用利率来表示。如果林木生长率大于利率，作为森林资本优于马上变现的投资资本，不采伐更合算，因为树木作为资本比采伐变现再作为其他投资的资本具有更高的回报率。如果林木生长率低于利率，作为森林资本不如马上变现的投资资本，应当立即采伐，所以最佳的采伐时间是在树木的生长率等于利率的时候，也就是树木作为资本与树木采伐变现后再做其他投资的资本等价。

第二节 最优轮伐期与弗斯曼模型

采伐年龄，即轮伐期，决定了资本从森林资源形态转化为货币资本形态的时间，也决定了为保持一定生产水平而必须维持的森林蓄积量。要解决这个问题，需要对森林生长过程的生物学和经济学的关系进行分析。林业工作者提出了各种确定森林采伐年龄的标准，其中某些没有考虑相关经济因素，例如，树木达到最适于制造某种产品时的年龄，林分蓄积量达到最大的年龄和蓄积增长率最大的年龄。这些技术标准所确定的采伐年龄，很可能与考虑经济成本和收益上的最优采伐年龄有所不同。

为从一块森林中获得最大收益，我们必须考查在不同年龄阶段可获得的价值和生产成本。因为一片森林的成本和收益发生在不同时间，所以两者都必须被贴现成现值以便能进行比较。采伐年龄是可以产生收益的现值和成本的现值之差最大的年龄，也就是说，可以产生最大净收益的采伐期才是最有效、最优或最经济的采伐期。早在1849年，德国的林学家弗斯曼(Faustmann)就研究了这个问题，根据其思想总结的公式现在称为弗斯曼公式。后来瑞典的经济学家奥林(Ohlin)研究了这个问题并进一步发展；这一问题真正变成林业经济的热点问题是在1976年之后，也就是加夫尼(Gaffney)和萨缪尔森(Samuelson)全面地阐释弗斯曼公式，并且指出利率、工资对轮伐期的影响。

弗斯曼公式的本质是土地期望价值的最大化，即地租(land rent)最大化，也就是在什么时候轮伐期会使单位面积的土地期望价值最大。这一轮伐期与林木价值最大化的轮伐期的差别在于，林木价值最大化忽略了树木的生长除了占用现有的立木资本外，还需要土地资本，也就是地租；事实上，推迟一年采伐的机会成本不仅包括树木变成其他资本的机会成本，还包括多占用一年土地的机会成本。如果一块林地一直被使用为生产林木，就不能像林木净现值模式，即仅考虑单一的轮伐期。因为林木留在林地上，林地就无法成为空地来重新造林；土地一直被持续的使用，会影响下一轮伐期的收益。弗斯曼的创新就是不从单一的轮伐期来求解，而是假定土地一直重复用来生产木材，把所有未来的收益都贴现到现在的价值，其总贴现的价值就相当于土地的价值。

一、最优轮伐期的离散型表述

1. 一些基本的简化

为使问题简单化，我们首先讨论森林经营者只关心森林的商用木材收益的情况，而将在特定环境中非常重要的游乐收益、野生动物、动物饲料和一系列其他非木材价值先暂时放在一边。

为了方便起见，我们假定当森林达到采伐年龄时，进行皆伐作业是一种合适的经营管理措施。这意味着我们考虑的是确定生长林轮伐期的问题。在这里，轮伐期指两次皆伐的间隔年限。在这一章的后面可以看到，这种分析方法对确定非同龄林或混交林的间伐期也同样适用。基础模型讨论最简单的情况：森林的建立没有成本，也没有被推迟；土地只能用来生产木材；在森林的生长过程中没有税收和管理成本产生；所有成本和价格在整个生长期内不变。

2. 经营者偏好和假设

任何经济模式的一个关键组成部分是决策者。在确定最优轮伐期和其他选择时，森林所有者的偏好与树木生长的生物学可能性同样重要。假设一个土地所有者决定管理一个特定土地单元上的森林。假设森林生长遵循上一节中概述的属性。土地所有者在决定收割时应该遵循什么标准？不管他的偏好和消费计划如何，土地所有者都被假定在无限的循环中最大化收获收益的净现值。定义这个净现值的一个简单方法来自轮伐期分析的几个可能的限制性假设。这些假设保证了土地所有者对轮伐期的选择与消费决策是分开的。这里的可分性是费雪分离定理的一种形式，它定义了生产决策不依赖于消费的条件。萨缪尔森(1976)为轮伐期分析确定了如下假设：

①经营者完全忽略森林经营的非木材效益；
②木材收获量与林分年龄之间的关系(木材收获函数)完全确定，且不随时间变化；
③木材价格与森林经营成本完全确定，且不随时间变化；
④资本市场完善，利率不随时间变化；
⑤森林与林地市场完善。

第二个假设条件实际上表示林地生产力是固定不变的——既不存在林地生产力退化问题，也没有通过树种改良或造林以及经营技术的改进而提高林木生长的可能性。确定性的含义显而易见，土地所有者能够准确地预测其收获行为对未来净收获收入的所有影响。利用当前的木材价格和经营成本作为将来的价格与成本的估计。这里所说的木材价格是指每个材种规格的木材按可比价计算的价格(real price)，比如纸浆材或者小头直径为20cm、长度为6m的锯材的价格。因为木材收获量与林分年龄之间的关系完全确定且不随时间变化，条件③意味着立木价(stumpage price)与林龄之间的关系是恒定的。换句话说，每立方米林木的采伐销售纯收入完全取决于采伐时的林龄。同样，经营成本不随时间变化是指扣除通货(紧缩)后，每一项经营措施的成本(real cost)都是固定不变的。完美的资本市场意味着土地所有者可以利用这些市场为消费融资，而不会扭曲森林管理计划。经营者随时都可以存储他的部分或全部收入，可以随时获得他将来有能力偿还的贷款，而且存贷款利率相等。在这种情况下，森林经营者可以提前消费多年以后才能获得的木材采伐收入,也可以在多年以后才消费当前的木材采伐收入,也就是说经营与消费决策可以分开考虑。一个完美的林地市场意味着他可以随时在土地市场上以资本化的价值出售林地。这一资本化价值被定义为在最优轮伐期建立和收获连续轮换的所有未来租金的净现值。这保证了土地所有者有动力遵循有效的长期林分管理。最后一个假设条件表示经营者随时可以在自由竞争的前提下买卖森林和林地。

上述假设条件意味着:①林地的价格与地租不随时间变化;②最优轮伐期不随时间变化;③经营目标是单位面积林地的效益净现值最大化。

3. 立木价值和林分年龄

林分中木材的价值称为立木价值或林价,是相互竞争的购买者准备购买立木木材的最高价格。相应地,立木价值,等于一个最有效的生产者期望从采伐木材并将它以最佳的市场价格销售所得的收益,减去其预期的采伐和运输成本后的数额:

$$S = R - C \tag{6-11}$$

式中 S——立木价值;
 R——收益;
 C——成本。

这里的成本必须包括资本和作业成本及正常的生产利润。因此,立木价值是一块林地的净价值,是一个林地所有者所期望实现的不管是由自身采伐,还是卖给其他原木承包商、经销商或者林产品生产企业所能获得的净价值。

活立木的立木价格通常用每千板英尺(立方英尺、立方米、吨)多少美元来表示。因此,如果是出售活立木,这块森林的价值就是单位立木的价格乘以立木的材积:

$$S(t) = P(t) Q(t) \tag{6-12}$$

式中 t——立木的年龄;
 $S(t)$——立木的价值;
 $P(t)$——立木价格;
 $Q(t)$——年龄 t 下活立木的材积。

在价格恒定的情况下,即假设 $P(t) = P$。1hm^2 的林分,其立木价值随着年龄的增长而增加,如图 6-4(a)所表示出的 $S(t)$ 曲线所示。即使假设立木价格恒定,立木价值随林分年龄增长至少有 3 个原因。

第一,商品木材蓄积量随树木生长而增加。森林蓄积量的增长可见图 6-4(a)的虚线曲线 $Q(t)$,它是一个西格姆(Sigmoid)曲线。其斜率增长到转折点后就逐渐下降。这是一个生物学中常见的生长过程。只要某一林分(逐渐减少的)年生长量超过由于病虫害和森林自然死亡逐渐增长的损失,则蓄积量将继续增长。

第二,随着树木增长,单株材积大的木材可以用来制造价值更高的产品。例如,锯材和高质量的单板需要使用大径级的原木才能制造出来。另外,大径级原木所占比例的提高也使林分的质量相应提高。这些质量上的差异常引起每立方米立木的价值随树龄的增大而上升。

第三,单株材积大的林木其单位采伐成本较低。这反映出原木的径级经济,每立方米大原木所耗工时少。因为大径级原木集材和装车的劳动生产率比小径级原木高。相应地,采伐成本就较低。当然也有例外,如原木的大小均匀性也常是影响作业成本的重要因素。

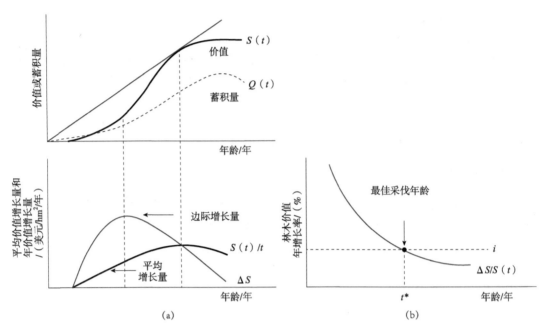

图 6-4 林分的价值和蓄积量的增长与年龄的关系

这些因素对森林价值的影响的结果，是立木价值的增长过程，通常和蓄积量的生长过程相似，但增长的速度较快且持续的时间也较长，如图 6-4(a) 所示。

有了各种年龄的森林立木价值的变化曲线 $S(t)$，计算某一年龄立木价值的平均增长率就很简单了。它等于这一年龄的森林的价值除以年龄本身 $S(t)/t$。从几何上来看，这个数值等于从原点划出的相切于图 6-4(a) 相应年龄总立木价值那一点的射线的斜率。相应于森林年龄的这一平均价值显示在 6-4(a) 下图部分。

年价值增长量 ΔS 是从某一年到下一年立木价值的增长额，即 $\Delta S = S(t+1) - S(t)$。它代表如果推迟一年采伐，森林价值的变化额。它随森林年龄变化而变化。随着年龄的增加，森林价值的变化量先增加后下降。这一年增长量曲线亦显示在图 6-4(a) 下图部分。

平均增长量曲线和年增长量曲线的关系与厂商生产理论中的平均成本曲线和边际成本曲线的关系一样。只要每年的价值增加量比这一年龄阶段的平均价值增长量高，平均曲线就必然继续上升。在平均曲线的最高点，平均价值增长量与年价值增长量相等。当年价值增长量小于平均价值增长量时，平均曲线开始下降。

4. 最优轮伐期

用立木价值增长的百分比 $\Delta S/S(t)$ 表示的森林价值的增长率的变化由图 6-4(b) 所示。它随森林年龄增长而下降，因为分母不断增大而价值增长量在较大范围内是下降的。

一个要选择最有利的采伐年龄的林主，必须考虑让森林再生产一年的边际收益和边际成本。更具体地说，他必须在任何年份中都把让森林继续生长一年所得的资本收益 $\Delta S/S(t)$，与这样做的成本相比较。如果暂时不考虑土地成本，林主不采伐森林的成本是他如果采伐森林、将资本从森林资本转化为货币资本，并按当时的利率进行投资所能获得的收入。所以，为使收入最大，他只有在森林生长的收益率超过利率时，或者说，只有在森林继续生长的边际效益超过其边际成本时，他才让森林继续生长。否则，他就应采伐森林。因此，当林分的收益率下降到与利率相等时的年龄，就是第一个最优采伐年龄的近似值，用图 6-4(b) 中的 t^* 表示。

换言之，依据这些最简单的假设，选择最优采伐年龄的规则是让森林继续生长一年的边际效益（即立木价值的增长率）等于资本的机会成本，即利率(i)：

$$\frac{\Delta S}{S(t)} = i \tag{6-13}$$

这意味着在森林收益的增长率降为资本的机会成本之前，都应让森林继续生长。最优轮伐期随着立木价值增长率的提高和持续时间的延长以及利率的降低而延长。利用公式 $V_0 = \frac{V_n}{(1+i)^n}$，贴现到森林生长开始时的净现值，即：

$$V_0 = \frac{S(t)}{(1+i)^t} \tag{6-14}$$

最优轮伐期是当这个价值最大时的年龄。这个最优年龄也是森林现值的年增长为零时的年龄。即：

$$\Delta V_0 = 0 \tag{6-15}$$

或

$$\frac{S(t+1)}{(1+i)^{t+1}} - \frac{S(t)}{(1+i)^t} = 0 \tag{6-16}$$

这个方程相当于：

$$S(t+1) = (1+i)S(t) \tag{6-17}$$

或

$$\Delta S = iS(t) \tag{6-18}$$

即式(6-13)所示规则。

5. 连续性森林的最优轮伐期

上述结论只考虑了一种成本，即森林资本的占用成本。但在林业上，常常需要至少 2 个生产要素：资本和土地，所以需要考虑 2 种成本。我们在分析最优经济生长周期时还必须考虑土地的成本。

暂时假定土地仅适用于木材生产或生产木材是这块土地最有效的利用方式，而且每一轮伐期的森林具有同等的价值和成本。一个以间隔期为 t 年立木价值为 $S(t)$ 的森林无限序列的净现值(V_0)，可以表示为一个几何级数：

$$V_0 = \frac{S(t)}{(1+i)^t} + \frac{S(t)}{(1+i)^{2t}} + \frac{S(t)}{(1+i)^{3t}} + \cdots + \frac{S(t)}{(1+i)^{\infty}} \tag{6-19}$$

这个公式右边每一项代表在每一个额外 t 年之后另一次森林生长的净现值。这个公式可被简化为：

$$V_0 = \frac{\frac{S(t)}{(1+i)^t}}{1 - \left(\frac{1}{1+i}\right)} \tag{6-20}$$

将式(6-20)再简化可以得出：

$$V_0 = \frac{S(t)}{(1+i)^t - 1} \tag{6-21}$$

这种扣除生产成本的无限级数的净现值，有时也称为"土地期望值""地租"或"无林地价值"。这里将使用地租(V_S)一词。如果培育这些森林无须任何成本，地租则表示为：

$$V_S = \frac{S(t)}{(1+i)^t - 1} \tag{6-22}$$

这一地租公式在一定的假设下适用。这些假设包括：①土地是以连续进行生产木材为目的的；②土地的价值评估是在生产周期开始时，土地处于无林地状态下进行的；③造林是没有成本的。造林存在成本时的采伐期将在下面讨论。

连续进行森林生产的最优经济轮伐期，是那个产生最大地租的年龄；或在林业生产者的净现值不能通过让森林继续生长另一年而增加时的年龄，即 $V_S'=0$，这表示为：

$$\frac{S(t)}{(1+i)^t - 1} = \frac{S(t+1)}{(1+i)^{t+1} - 1} \tag{6-23}$$

它可简化为：

$$\frac{\Delta S}{S(t)} = \frac{i}{1 - (1+i)^{-t}} \tag{6-24}$$

在最优轮伐期(t_F)，这个等式将得以满足。这个等式表明，用森林增长一年所带来的立木价值的增长率[式(6-24)左边]所表示的边际效益与包括维持土地的成本在内的边际成本[式(6-24)右边]相等。任何比 t_F 短的生长周期，因为价值增长超过了因推迟采伐所增加的成本，所以推迟采伐更有利。比 t_F 更大的生产周期，增加的成本超过了价值的成长，如图 6-5 所示。这个连续进行森林生长的最优经济轮伐期的公式称为弗斯曼公式。

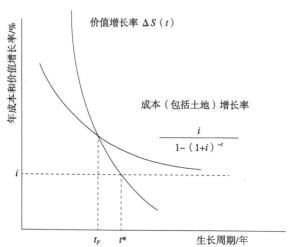

图 6-5　连续森林生长的最优经济周期

图 6-5 说明了式(6-24)两边的各项关系及当两者相等时最优轮伐期 t_F，表明当考虑连续培育森林时，最优轮伐期(t_F)比一次性森林生长的最佳生长周期年龄(t^*)短。从计算上来看，这是因为在连续培育森林时，成本的增长 $i/[1-(1+i)^{-t}]$ 比一次性培育森林的成本增长 i 大(因为前式中分母小于1)。从几何上看，这表示在连续培育森林的成本增长曲线较高，因而与价值增长量曲线相交于较早的年龄。如图 6-5 所示，增长的成

本 $i/[1-(1+i)^{-t}]$ 超过了利率(i)，并在年龄增大时变成利率的渐近线。

从逻辑上讲，连续生长森林的短周期，可用林业上的第二个生产因素，土地的成本来解释。土地的机会成本是现有的林木被新的林木取代所能产生的收益。土地的机会成本使让林木继续生长的加大，并使图 6-5 上的成本增长曲线与价值增长曲线在较早年龄 t_F 而不是 t^* 相交。这标志着由于森林被采伐后土地可被连续的用于生长森林并产生收益，使得采伐变得更加迫切了。

可是，用这种方式考虑下一次和所有未来的森林价值而使最优轮伐期缩短的程度可能很有限，因为贴现的力量降低了将来成本的价值，特别是在一个较长的生长周期和使用高利率的情况下。例如，一块 60 年后价值为 10000 元的森林，使用 5% 的贴现率按式(6-21)计算，其现在值仅为 535 元。其后，每 60 年采伐一次，每次具有 10000 元价值的无限森林系列，如果用同样的利率使用式(6-24)计算其现值只多 30 元。这就是第一次采伐后无限次采伐的收益现值。相应地，当考虑多次培育森林时，经济轮伐期的缩短是很有限的；但当利率降低，生产周期缩短时，这种效果将变大。对于南半球和北半球南部生产的、采伐期只有 5~10 年的速生桉树和辐射松而言，这种影响可能会更显著。

由于土地的年机会成本(A)和土地的年地租(iV_S)相等，式(6-24)也可以表示成：

$$\Delta S = iS(t) + A \tag{6-25}$$

这意味着，只要立木价值的增量超过持有立木和林地的成本，林主就会让林木继续生长；反之，则应进行采伐。

6. 更新成本

前面的例子假定在森林培育阶段是没有成本的。然而，造林(无林地造林)和(采伐后的)更新造林通常都是有成本的。如果更新造林的所发生的成本是不可避免的，那么不管这片森林在何时被采伐，也不管有没有产生绿化造林的成本，在计算这块林地的价值时，都要从采伐所得的立木价值[$S(t)$]中扣除更新成本(C)：

$$V_S = \frac{S(t) - C}{(1+i)^t - 1} \tag{6-26}$$

那么，图 6-5 中立木价值的增长率[$\Delta S/S(t)$]也要相应地修改成 $\Delta S/[S(t) - C]$。

还有一种可能就是在开始时林地是一块无林地，因此有造林成本。每次采伐后都还要发生更新成本。在这种情况下，林地的价值要做进一步调整：要从式(6-26)所表示的林地的价值中减去无林地造林的成本。如式(6-27)所示：

$$V_S = \frac{S(t) - C}{(1+i)^t - 1} - C = \frac{S(t) - C(1+i)^t}{(1+i)^t - 1} = \frac{S(t)(1+i)^{-t} - C}{1 - (1+i)^{-t}} \tag{6-27}$$

需要注意的是，为方便起见，假定无林地造林和再造林的成本是相等的，且恒定不变的。把更新成本考虑进去，可以帮助引入林业上一个非常重要的观点：即由 $S(t)$ 可以看出森林产生的价值不仅取决于时间，还取决于造林的投入。因此，森林的蓄积量是一个有关于时间和造林投入的连续性函数。

二、最优轮伐期的连续型表述

用连续贴现的方式可以更灵活地表达和应用上一节使用的公式。除了把森林的蓄积量明确地看成一个有关于时间和营林投入的函数，并应用导数的灵活性得出明确的结果之外，弗斯曼轮伐期的连续形式没有增加新的知识。它只是帮助大家更好地理解最优轮伐期的经济学含义。另外，浏览过这一节的读者可以了解到更多的，目前应用连续形式表达的弗斯曼（Faustmann）轮伐期的林业经济文献。注意，离散利率贴现因子 $[(1+i)^{-t}]$ 的连续贴现形式是 e^{-rt}，这里 t 是时间，r 代表连续贴现的利率。

1. 概念模型

假定一块 $1hm^2$ 的无林地，在每一个轮伐期末进行再次更新造林。那么该林地的生产函数是：

$$Q = Q(t) \tag{6-28}$$

这里 Q 是林木的蓄积量，它是时间（t）的函数。在没有更新成本的情况下，土地闲置直至自然再生；其生产水平 $Q=Q(t)$ 就只受时间影响。而当有造林投入时，造林投入会间接影响生物生产量水平，例如，缩短重新造林的滞后时间，或直接的改变立木的生长量。因此，更新成本既能影响生产水平又能影响生产速度。

造林投入，譬如整地、种植和施肥等是在造林初期发生的。其他的投入，例如，二次施肥、除草和有计划的火烧则在随后的几年要进行。为了简化分析，我们将这些所有的投入，用各自的单位成本作权重和林主的贴现率，贴现到起始时间，形成一个总的更新成本（也就是前面提到过的更新或者无林地更新成本）。

另一个重要的经济变量是立木价格。正如前面所提到的，林地所有者的总立木收入 $S(t)$ 等于立木价格乘以立木地蓄积量。由于立木只有在未来某一时期被卖时才能产生收入，我们得把它未来的价值贴现成现值。如果连续贴现率大于零，那么每公顷的总收入转化为无林地时的现值就是：

$$V_1' = PQ(t)e^{-rt} \tag{6-29}$$

这里 P 是立木的价格，并且假定其恒定不变；$PQ(t)$ 相当于前面提到的这块地的立木价值 $S(t)$。

如果一块土地不管是现在还是未来，其最高使用价值都是进行林木生产，则需要考虑同一块土地进行连续采伐，或者连续性、无期限地进行木材生产的情况。第一次轮伐期（V_1）时的净现值是：

$$V_1 = PQ(t)e^{-rt} - C \tag{6-30}$$

将土地净现值或者地租（V_S）最大化，意味着将这块土地在所有轮伐期（从 1 到无限期）的净现值（V_i）的总和取最大值。这将产生一个地租：

$$V_S = \sum_{i=1}^{\infty} V_i = [PQ(t)e^{-rt} - C](1 + e^{-rt} + e^{-2rt} + e^{-3rt} + \cdots)$$

$$= \frac{PQ(t)e^{-rt} - C}{1 - e^{-rt}} \tag{6-31}$$

这个公式和式（6-27）相等，对于土地所有者来说，如果营林投资并不能盈利，也就是说，不进行任何再造林、绿化等造林投入而让林地自然再生是最有利的，那么式（6-31）中的 C 项就消失了。

$$V_S = \frac{PQ(t)e^{-rt}}{1-e^{-rt}} = \frac{PQ(t)}{e^{rt}-1} \tag{6-32}$$

如果只存在更新成本而没有造林成本，等式变为：$V_S = \dfrac{[PQ(t)-C]e^{-rt}}{1-e^{-rt}} = \dfrac{PQ(t)-C}{e^{rt}-1}$。

如果一块林地已经有树木在此生长，那么式(6-31)还需要修改。如果这些树已经是商品林，那么当时的林木销售的净收益就要加到式(6-31)的右边。如果这些树还没有达到商品林的年龄，那么这些幼龄林的价值也要加到式(6-31)的右边。此外，式(6-31)的右边需要乘以一个因子 e^{-rx}。其中，x 是林地上的树木达到成材出售是所需要的年限。当有幼龄林在林地上生长时，地租值的计算公式是：

$$V = \frac{1}{e^{rx}} \left[PQ(t) + \frac{PQ(t)e^{-rt} - C}{1 - e^{-rt}} \right] \tag{6-33}$$

式(6-33)可以用来评估有中幼龄林的价值。

表 6-1 列举了离散型和连续型的弗斯曼公式的相似点和不同点。

表 6-1　弗斯曼公式的离散和连续形式

项目	离散形式	连续形式
无再造林和造林成本($C=0$)	$V_S = \frac{S(t)}{(1+i)^t - 1} = \frac{PQ(t)}{(1+i)^t - 1}$	$V_S = \frac{PQ(t)e^{-rt}}{1 - e^{-rt}} = \frac{PQ(t)}{1 - e^{-rt}}$
仅存在更新成本	$V_S = \frac{S(t)}{(1+i)^t - 1} = \frac{PQ(t)}{(1+i)^t - 1}$	$V_S = \frac{[PQ(t)e^{-rt} - C]e^{-rt}}{1 - e^{-rt}} = \frac{PQ(t)e^{-rt} - C}{e^{rt} - 1}$
同时存在更新成本和造林成本	$V_S = \frac{S(t)}{(1+i)^t - 1} - C = \frac{S(t) - C(1+i)^t}{(1+i)^t - 1}$ $= \frac{PQ(t)(1+i)^t - C}{1 - (1+i)^{-t}}$	$V_S = \frac{PQ(t)e^{-rt} - C}{1 - e^{-rt}}$

2. 弗斯曼(Faustmann)轮伐期

在前面的表达式中，t 是任意的轮伐期。式(6-31)对 t 取微分，并且设结果等式等于零，就会得到取得土地的最大期望值的必要条件：

$$V_t = [PQ_t(1-e^{-rt}) - rPQ + rc]e^{-rt}(1-e^{-rt})^{-2} = 0 \tag{6-34}$$

这里 V_t 和 Q_t 分别是地租(V_S)和林木的蓄积量(Q)对时间的导数。该等式还可以简化为：

$$\frac{Q_t}{Q - \frac{C}{P}} = \frac{r}{1 - e^{-rt}} \tag{6-35}$$

如果树木是天然再生，那么 $C=0$，式(6-35)可以改写成：

$$\frac{Q_t}{Q} = \frac{r}{1 - e^{-rt}} \tag{6-36}$$

当存在无林地造林和更新成本时，最优经济轮伐期满足式(6-35)；当不存在这一成本时，最优经济轮伐期满足式(6-36)。这就是前面提到的弗斯曼轮伐期(t_F)。

轮伐期的选择是同龄林经营管理中的一个核心问题。在林业发展过程中人们先后提出了多个不同的确定最优轮伐期的标准，主要包括年均木材收获量、年均纯收入、内部收益率、单轮伐期净现值、林地期望值等。在完善的市场经济体制下，林地期望值是正确的轮伐期决策标准，根据年均木材收获量、年均纯收入、内部收益率、单轮伐期净现值等确定的"最优轮伐期"只有在特定情况下才是最优的。

林地期望值是用于林业生产的土地在无限长的时间内提供的效益净现值。森林经营的效益可以分为木材效益与非木材效益2类，前者指木材采伐销售收入，后者包括木材收入以外的其他所有效益。传统的森林经营只考虑森林的木材效益，林地期望值等于从无林地开始连续投资经营无限多个轮伐期的木材效益净现值，使该林地期望值达到最大的轮伐期通常称为最优轮伐期，简称为弗斯曼轮伐期。因此，弗斯曼轮伐期适用于以木材生产为主的用材林经营。弗斯曼轮伐期随立地条件、树种以及林分经营强度的变化而改变，同时受更新成本、木材价格和利率等经济因素的影响。在立地条件、树种和经营强度不变的前提下，弗斯曼轮伐期随着更新成本的升高而增长，但随着木材价格或利率的提高而缩短。此外，弗斯曼轮伐期还受林业有关的经济政策影响，比如说，按木材采伐销售收入或采伐量征收的税费使最优轮伐期延长，如果政府对造林投资提供贴息贷款也将使最优轮伐期延长。

与最优轮伐期密切相关的一个问题是林地与林分的价值评估，弗斯曼轮伐期决策模型是林地与林分价值评估的基础。如果资本与林地市场完善，那么无林地的价格等于与弗斯曼轮伐期相应的林地期望值，有林地的价格等于林木和林地可以提供的最大效益净现值，即现有林分达到最优轮伐期时的木材采伐销售收益和无林地价格的现值与林分采伐前的经营成本现值之差。现有林分的最优轮伐期是使林分（包括林木和林地）效益净现值达到最大的年龄。经营合理、生长正常的林分的最优轮伐期与相应的弗斯曼轮伐期相等。

第三节　比较静态分析

前两节详细介绍了有关最优轮伐期的计算，本节主要介绍可能会影响到最优轮伐期的外生因素。最优森林轮伐期受到土地的生产力、所生产木材的价值和采伐成本、税收和其他管理成本、利率、非木材效益及其他条件的影响。这些条件在不同情况下变化很大。下面讨论这些因素对森林轮伐期的影响。本节利用比较静态分析的方法来依次介绍几种因素对最优轮伐期的影响，这些结果揭示了在保持其他所有参数不变的情况下，最优轮伐期如何依赖于外生参数。

一、利　率

林业生产者在考虑何时收获林木时需要衡量收获林木可获得的收益以及持有林木所需承担的成本，而利率决定了为持有森林资本而不断增加的机会成本，因此利率的重要性以及其对最优轮伐期的影响在此重点强调。

森林的未来的净现值可以表示为：

$$V=(1-e^{-rT})^{-1}[pf(T)e^{-rT}-C] \tag{6-37}$$

式中　$f(t)$——时间点 t 的森林体积，m^3；

p——林木的价值；

C——更新成本；

T——最优轮伐期；

$(1-e^{-rT})^{-1}$——折现因子，土地所有者的经济问题是选择 T 以最大化 V，外部参数是恒定的这一事实大大简化了分析。

对式(6-37)求关于轮伐期(T)的导数，产生了以下一阶条件：

$$V_T = pf'(T) - rpf(T) - rV = 0 \tag{6-38}$$

且需要满足二阶条件：

$$V_{TT} = pf''(T) - rpf'(T) < 0 \tag{6-39}$$

对式(6-38)变形得到：

$$pf'(T) = rpf(T) + rV \tag{6-40}$$

把式(6-40)做简单的变形可以得到：

$$\frac{f'(T)}{f(T)} = r + \frac{rV}{pf(T)} \tag{6-41}$$

式(6-41)也表示了和式(6-40)相同的关系，即选定的最优轮伐期能使瞬时增长率 $\frac{f'(T)}{f(T)}$，等于折现利率(r)和采伐时林地价值和林木价值之比 $\frac{rV}{pf(T)}$。

在这里，最优轮伐期由左侧给出的瞬时生长率、实际利率 r 以及收获时树木价值加权的地租 $\frac{rV}{pf(T)}$ 表示。式(6-39)表明在公式右边的机会成本增加值随利率 r 的增加而增加；式(6-40)表示利率的增加要求最优轮伐期的瞬时增长率也随着增加，而林木生长率随林龄增加而降低，故利率的增加会使最优轮伐期缩短。我们也可以从现实的经济角度来理解，利率的提高代表森林资本(立木生长)的机会成本增加，因此需要更早把它从森林资本变成其他资本，所以导致林地收益最大化的轮伐期缩短，因此，利率越高，最优轮伐期越短。从前面的章节介绍可知，利率从来不会等于零，但在极端情况下，即在没有贴现率的情况下，最优轮伐期就是使得 $f'(T) = 0$ 的 T 值，即 $f(T)$ 达到最大的 T 值，使得林分蓄积量最大的 T 值。

再用求偏导的方式考察利率对最优轮伐期的影响情况。首先，对式(6-37)全微分可以得到：

$$0 = [f'(T) - rf(T)e^{-rt}(1-e^{-rt})^{-1}]dp + r(1-e^{-rt})^{-1}dc - \left(V + \frac{dV}{dr}\right)$$
$$+ [pf''(T) - rpf'(T)]dT \tag{6-42}$$

用 t_F 表示最优轮伐期，利用隐函数求导定理，对最优轮伐期求关于利率的偏导数，得到：

$$\frac{dt_F}{dr} = \frac{-\left(pf(T) + V + \frac{dV}{dr}\right)}{[pf''(T) - rf'(T)]} \tag{6-43}$$

通过判断式(6-41)的正负情况，可以判断出利率是如何影响最优轮伐期的。通过微分，可以首先将式(6-41)的分子表示为 $-pf(T) - V - r(1-e^{-rT})^{-1}Tpf(T)e^{-rT} - T[pf(T)e^{-rT} - c]e^{-rT}$，其可以被简化为：$-[pf(T) + V]\left(1 - \frac{rT}{e^{-rT}-1}\right)$，应用洛必达法则，得到 $\left(1 - \frac{rT}{e^{-rT}-1}\right) > 0$，而 $-[pf(T) + V] < 0$，故相乘积是负的，即式(6-41)的分子为负，而 $pf''(T) - rf'(T) > 0$，所以最优轮伐期关于利率的导数为负数。

由此得出结论：利率对最优轮伐期有负面影响，即利率越高，最优轮伐期越短。究其原因为，较高的利率增加了延迟收获的机会成本，因此缩短了轮作年龄，即利率(r)的提高意味着森林资本(立木生长)的机会成本增加，因此需要更早把它从森林资本变成其他资本，所以导致最优轮伐期缩短。

二、更新成本和立木价格

森林更新需要支付一定的更新成本,从式(6-37)可以看出,更新成本导致森林价值降低了更新成本 C。其结果是将价值增长量曲线向右移动,延长最优轮伐期。

这一影响同样可以从式(6-40)中体现出来。更新成本的增加会减少等式左边,也就是持有森林资本的机会成本,相对地增加等式右边,也就是额外持有森林资本一年的边际收益的值。较高的更新成本降低了地租,从而降低了不收获的机会成本,这会导致土地所有者延长了轮伐期。同样,立木价格的一次性增加会减小式(6-41)右边的价值,即较高的立木价格增加了收获的边际收益,立木价值的提高也意味着劳动力价值的相对下降,即更新成本的相对减少,因此一次性的价格增加会减小最优轮伐期,从而导致土地所有者缩短轮作年限。因此得到初步结论:更新成本越高,最优轮伐期越长;林木价格越高,最佳采伐期越短。

关于更新成本还有一点需要说明,在需要造林,但没有其他成本发生的情况下,如果把采伐的价值贴现到造林更新的年份仍旧超过更新成本,那么连续地生长森林就是有利的。如果这一条件在第一个轮伐期成立,那么在贴现率不变,这一条件在后面的各个轮伐期都成立。也就是说,在这块土地上连续性地造林(和培育森林)是盈利的、可行的。与之相对应的,如果更新成本等于采伐收益的现值,即 $C=pf(T)\mathrm{e}^{-rT}$,以致培育新的森林的净现值为零时,由此计算出的最优轮伐期与一次性森林的最优轮伐期一样,这是因为土地在后面的森林培育中不再产生任何净现值。在这样的和更差的林地上,自然更新是唯一合理的选择。

同样可以用求偏导的方法来考察更新成本和立木价值对最优轮伐期的影响。与式(6-42)一样,求最优轮伐期对更新成本的偏导数可得:

$$\frac{\mathrm{d}T^F}{\mathrm{d}c}=-\frac{r(1-\mathrm{e}^{-rT})^{-1}}{pf''(T)-rpf'(T)}>0 \qquad (6-44)$$

同样的方法,求最优轮伐期对立木价格的偏导数可得:

$$\frac{\mathrm{d}T^F}{\mathrm{d}p}=-\frac{[f'(T)-rf(T)\mathrm{e}^{-rT}(1-\mathrm{e}^{-rT})^{-1}]}{pf''(T)-rpf'(T)}<0 \qquad (6-45)$$

已知分母是负的且等式前面有个负号,这个表达式的符号和分子的符号是一致的。对于分子的符号,重新表达一阶条件为:$f'(T)-rf(T)-rf(T)(1-\mathrm{e}^{-rT})^{-1}=-p^{-1}[rc(1-\mathrm{e}^{-rT})^{-1}]<0$,故林木价值与最优轮伐期也呈相反方向变动。

到此可以总结得出:最优轮伐期更新成本呈正相关,与立木价格和实际利率呈负相关。更新成本的增加意味着造林投资的增加,在别的情形不变的情况下,林地所有者希望减少单位时间内的造林次数,来使得收益最大化,也就会带来最优轮伐期的延长。较高的立木价格使得相较于不采伐的机会成本而言,更能增加收割的边际收益,从而促使土地所有者缩短轮伐期。

三、年度成本

林业常常发生一些连续性的管理、保护、行政和税收的支出。如果这些成本每年保持在一定数量水平(m)上,可以将这一成本引入上述公式中。一个无限的系列的现值是 m/r;从式(6-37)等号右边的部分扣除这一现值,土地期望价将降低同样的数量。然而，不变年成本不会影响最优轮伐期，因为使地价最大的年龄同样也是减去一个常量 m/r 的地价最大时的年龄。

这说明了一个普通法则：任何独立于森林经营方式的成本对最优轮伐期没有影响。当然，任何这种成本将降低林业生产者的净收益，但只要这个负担不能通过改变经营管理措施而被转移或减轻，它将不影响采伐年龄。

第四节 弗斯曼模型的扩展

一、非木材效益与生态价值

在上一节中，林业能获得的唯一回报是木材收获收入。众所周知，森林还为人们提供了稳定重要的经济设施。其中包括生态系统服务，如鱼类和野生动物栖息地、维系生物多样性、防洪、娱乐、钓鱼、狩猎、景观美学、碳汇等。一般来说，这些货物和服务可能并不会产生木材收入，而所有上述提到的那些都对森林娱乐使用者和非使用者以及土地所有者的福利具有潜在的重要意义。

森林的非木材效益与生态服务有2个共同的特点。首先，在大多数情况下，可以把它们看作没有市场定价的公共产品。其次，在森林生产技术中，非木材效益和生态服务是与木材共同生产的，这是因为在林龄期间，非木材收益生产的时间路径取决于现存木材的数量。因此，当一个林场被采伐，随着时间的推移，森林生态服务的流动甚至也会以相应的、可能是以更加复杂的方式发生变化。木材收入和森林生态服务联合生产的双重特征为人们提出了一个问题，在考虑这些类型的森林生态服务时，前面章节关于最优轮伐期的分析应如何修改。一种解决方案最初是由哈特曼（Hartman）提出的，他为了引入森林生态服务开发了弗斯曼模型的应用。哈特曼假设，生态服务只取决于森林年龄（因此间接取决于森林存量的大小）。他用一种"幸福函数"来表达对生态服务的估价，把生态服务的货币价值描述为一个林分年龄的函数。幸福函数的优点在于它附带了一个假设，即森林管理者可以通过简单地最大化木材收益和生态设施服务的现值来确定轮伐期（在经济上，这使得土地所有者的目标函数是准线性的）。随后的工作很大程度上采用了这些假设作为起点，在有便利条件的情况下更仔细地检查轮伐期的特性（哈特曼的直接后续研究）。

森林的非木材效益总结下来有以下几点：

①森林的游憩价值。人们重视森林的发展很大程度是因为森林所具有的审美价值。不同国家的休闲用品的性质有很大不同。虽然北欧国家以所谓的"人人有权"政策保障私人和公共森林的使用权，但美国许多地区拥有公共用户通常无法获得的私人森林。相反，只有在公有森林中才对用户开放使用权。私人土地所有者的采伐通常被认为涉及社会成本，因为它将森林的游憩价值水平降低到社会政策制定者所选择的水平以下，也就是说，采伐可能被认为是一种负外部性。在这种情况下，有必要采取政策干预，以改变土地所有者的行为，以在娱乐和木材生产之间实现社会最优平衡。

②鱼类和野生动物。森林的采伐会直接影响到的娱乐形式有打猎和钓鱼，这是因为森林收获改变了物种的饲料和遮蔽条件。捕捞也间接影响水质和许多鱼类种群的生长可能性。当这些类型的美化服务与木材生产相权衡时，野生动物的栖息地管理、收获的时

间安排和水道周围缓冲区的使用都是潜在的管理选项。

③生态保护林。为后代保存具有生态和文化重要性的森林地区是美化环境和木材生产的最极端情况，因为森林所有者必须停止采伐以维持森林地区的生态情况。虽然严格的保护是这些地区的规则，但有时会采取限制管理和模仿自然干扰的管理。因此，这里的设施生产支配着土地所有者的决策，但小规模的木材生产有时是可能的。

④水质和生物多样性。众所周知，森林在提供水质和防洪方面发挥着重要作用。保持上游地区的森林覆盖减少了下游的洪水和泥沙淤积。限制或禁止靠近水道的采伐需要在空间尺度上调整采伐计划。另外，自1992年《联合国生物多样性公约》以来，森林管理中最紧迫和最全面的问题已成为保护森林中的生物多样性。生物多样性通常分为3个方面：物种多样性、生境多样性和遗传多样性；显然，商业林业将影响所有这些方面。有趣的是，当生物多样性保护成为研究议程的一部分时，生态系统管理或景观生态管理的概念也变得重要。如今，森林经济学家和生物学家较少提及多用途林业的传统术语，他们认识到，永远无法指望单一的林分方法能够捕捉到政策分析所需的生物多样性的必要复杂性。

⑤碳汇。现在人们认为，森林吸收现存木材中碳的能力在减少全球变暖方面发挥着重要作用。解决作为碳汇的森林资源的采伐和保存的最佳组合是森林综合利用分析中的一个重要问题。

除了那些需要定价的服务（如狩猎租赁）外，需要应用经济估价技术来确定一个林分整个生命周期的非木材收获效益和生态服务价值。从理论的角度来看，人们对设施的绝对价值更感兴趣的是设施流量对时间和轮伐期的依赖。有些类型的生态服务价值可能在林分年轻时最高，而另一些则在林分较老时更高。这表明，仅用于促进一种类型的生态服务价值的收获决策或政策可能会削弱另一种类型的生态服务价值，特别当所讨论的2种设施需要生产不同年龄的森林时，这一点体现的就尤为明显。即使是当这2种生态价值服务在同一轮伐期都达到最高的时候，也可能需要权衡2种不同的生态服务的价值。例如，为了保护生物多样性栖息地，而推广有较多林下植被的成熟林分，而这种做法实际上可能会降低能见度，而能见度在某些类型的森林娱乐用途（如徒步旅行）中非常重要。

现在假设一位具有代表性的土地所有者同时重视森林的净收获收入和便利设施服务。根据哈特曼假设，假设土地所有者具有以下准线性目标函数：

$$W = V + E \tag{6-46}$$

其中 $V = (1-e^{-rT})^{-1}[pf(T)e^{-rT}-c]$，$E = (1-e^{-rT})^{-1}\int_0^T f(s)e^{-rt}ds$，且 V 是在轮伐期收获的木材净收益，与上一节公式中的含义相同；E 是在轮伐期内该土地上产生的生态效益；其他符号的含义与上一节的相同，p 为立木价格，$f(T)$ 为林分蓄积对轮伐期 T 的函数，c 为再生成本，r 为实际利率，s 为积分变量，林地所有者通过选择最优轮伐期来使得式(6-46)最大化：即

$$W_T = pf'(T) - rpf(T) - rV + F(T) - rE = 0 \tag{6-47}$$

$$W_{TT} = pf''(T) - rpf'(T) + F'(T) = 0 \tag{6-48}$$

式(6-47)中的左侧是延迟收获的边际收益，即边际木材收益和生态服务价值之和。右侧是在收获和设施生产方面延迟收获的机会成本。因此，式(6-47)提供了与弗斯曼模

型类似的解释：延迟收割一个单位的时间可以让土地所有者获得未来的生态服务价值收益和木材收获收益。第三节中讨论的 2 种机会成本在式(6-47)的右侧中也有明确说明。在这里，第一个术语代表因未采伐而失去的投资机会成本，而第二个术语代表因未提前开始下一个摊位而失去的收割和娱乐机会成本(E 反映"地租"的概念)。有了这些解释就有了以下命题：

哈特曼收获规则：当推迟一段时间收获的边际收益和生态服务收益之和等于推迟收获的机会成本时，土地所有者应该收获树木。其中机会成本定义为林分(木材加生态服务)价值的租金加上土地价值的租金。

引理：如果土地所有者的边际价值随轮伐期增加(或减少)，哈特曼轮转期(考虑生态服务价值)将比弗斯曼轮伐期(只考虑木材收益)长(或短)。而如果生态服务的边际估值在轮伐期上不变，哈特曼和弗斯曼的轮伐期是一致的。

这里以考虑森林的碳汇价值为例而具体讨论哈特曼模型，选用的是(Van Kooten)等(1995)的改进的弗斯曼模型进行分析，将木材收入和碳储收益纳入林地管理，并认为碳储收益是林木生物量的函数。木材采伐净现值和碳储收益现值总和为：

$$PV = \frac{P_C \alpha \left[f(T) e^{-rT} + r \int_0^T f(t) e^{-rt} dt \right] + [P_F - P_C \alpha (1-\beta)] f(T) e^{-rT}}{1 - e^{-rT}} \tag{6-49}$$

式中 T——轮伐期；

$f(t)$——t 时间点的树木材积生长函数；

P_C——碳价；

P_F——每立方米木材的净价格，考虑采伐后的碳排放；

β——采伐后长期储存于林产品中的碳比例；

α——每立方米木材的碳储量；

r——利率；

t——时间积分变量；

dt——时间变量 t 的微分，则 $P_C \alpha \left[f(T) e^{-rT} + r \int_0^T f(t) e^{-rt} dt \right]$ 表示碳汇的价值，

且 $[P_F - P_C \alpha (1-\beta)] f(T) e^{-rT}$ 表示木材收益减去碳排放的价值。

对式(6-49)中的 T 求导并令其等于 0，得到同时考虑木材收益和碳储收益的复合目标下最优轮伐期的一阶条件：

$$PV' = \left[\frac{f'(T)}{f(T)} (P_F + P_C \alpha \beta) + r P_C \alpha \right] - \frac{r}{1-e^{-rT}} \left[(P_F + P_C \alpha \beta) + \frac{r P_C \alpha}{f(T)} \int_0^T f(t) e^{-rt} dt \right] = 0 \tag{6-50}$$

式(6-50)说明，当考虑森林的碳储收益时，最优轮伐期是使得边际收益(木材收益和碳汇价值)与其边际成本相等。

二、林业税费

一些国家的政府对私有林课税，而公有林主和私有林主在自己的森林被他人使用时会对使用者收取林地、木材和其他林产品与服务方面的费用，这些费用形式包括使用费、租金、租赁费、立木财产税收和其他收费等，它们都影响着森林的管理和利用方式

以及它们所产生的收益的分配。本节讨论应用于森林资源的税收和其他收费,但不涉及其他对商业、个体、商品和服务的直接和间接税收。这些常见的财务手段对林业的作用和它们对其他经济活动的作用一样,公共财政方面的教材对此有详尽的讨论。这里所关心的是直接或间接应用于林地和木材的那些税费,所关注的问题是不同类型的森林税种如何影响采伐与生态服务的相对盈利能力。这个问题具有相当大的政策意义:如果土地所有者和社会对林分提供的生态服务的偏好存在任何分歧,政府就可以使用税收工具来调整土地所有者采纳的轮伐期,从而使木材和便利设施生产朝着社会最优结果的方向发展。

弗斯曼以及哈特曼框架下的税收问题主要从收获税(harvest taxes)、财产税(property taxes)2类林业税种出发,明确不同森林税收对林地期望值和立木价值的影响。收获税包括收益税(yield tax)和开采税(severance tax),采伐时,收益税是按已伐木材的价值一定比例征收,开采税是对采伐的单位木材量征收费用,因此,开采税也称单位税(unit tax)。财产税包括未修改的财产税(unmodified property tax)、场地价值税(site value tax)、场地生产力税(site productivity tax)和木材税(timber tax)。场地价值税是对土地价值征收的比例税;场地生产力税基于给定场地的产量潜力而不考虑实际采伐数量,每年支付一次;财产税也可以按一定比例对林木价值征收构成木材税。

依据经济学的知识,税收负担可以通过以下方式来承担:税收资本化为较低的土地价值;税收前转为较高的立木价格;税收后转到较低的要素成本,例如利率。若土地供应完全没有弹性,税收将全部资本化为较低的土地价值;若对木材产品的需求完全没有弹性,税收将完全转向更高的伐木价格;若资本供应完全缺乏弹性,税收将完全转向较低的回报率。Chang(1984)认为利用弗斯曼模型衡量税收中性、判断税收负担等问题有利于科学使用税收工具调整最优轮伐期,从而促进林地的合理使用。

1. 收获税

在弗斯曼模型中,针对收益税而言,当收益税完全资本化后,其征收会延长轮伐期;当税收前转为立木价值时,轮伐期会比前者短但长于不征税的轮伐期。针对开采税而言,若立木价格保持不变,开采税的影响与收益税相同;若立木价格随树龄增加而上升,其税率随着轮伐期延长而逐渐降低,其影响仍有效但有所缓和。

而在哈特曼模型中由于考虑生态价值服务,情况将变得的更加复杂。如果政府对收获征收收益税或单位税,则税后净收获收入相当于式(6-37)中的弗斯曼情况,而哈特曼目标函数中的 E 保持不变。然后则有:

$$\widehat{W}(\tau, u) = (1-e^{-rT})^{-1}[\hat{p}f(T)e^{-rT}-c] + (1-e^{-rT})^{-1}\int_0^T F(s)e^{-rs}ds \qquad (6\text{-}51)$$

其中 $\hat{p}=p(1-\tau)-u$ 表示假定存在产量和单位税的税后木材价格。正如第三节所述,收获税的作用与木材价格的下降的效应相似。回顾木材价格的比较静态效应,可以简单地将其重新表示为产量和单位税,如式(6-52)所示:

$$\frac{\partial T^H}{\partial \tau} = -\frac{p}{(1-\tau)}T_p^F, \quad \frac{\partial y}{\partial x} = -T_p^F \qquad (6\text{-}52)$$

所以可得到以下结果:

$$T_\tau^H, \ T_u^H \begin{cases} >0 \\ =0 \\ <0 \end{cases}$$

因为
$$rc(1-e^{-rT})^{-1}+F(T)-rE \begin{cases} >0 \\ =0 \\ <0 \end{cases} \tag{6-53}$$

收获税对哈特曼最优轮伐期的影响取决于生态价值服务的性质和再生成本的大小。由于收获税对目标函数的生态服务价值部分没有影响。因此，如果 $F'(T)>0$，那么相对于木材生产，收获税将提高生态价值服务生产的盈利能力，土地所有者会像在基本弗斯曼模型中一样将延长轮伐期。另一方面，如果 $F'(T)=0$，那么收获税将对轮伐期产生与弗斯曼模型相同的定性和定量影响。最后，在 $F'(T)<0$ 的情况下，收获税使木材生产相对于生态价值服务生利润更低（即哈特曼轮伐期比弗斯曼轮伐期短）。如果再生成本"足够小"，土地所有者就会通过缩短轮伐期来转向生态服务设施的生产。

2. 财产税

在基本的弗斯曼模型中，针对财产税而言，若不同树龄的林分被评估为相同价值，则每年都需支付固定税额。只要存在税收前转，征收未修改的财产税就会缩短最优轮伐期；若树木成熟后评估价值更高，并且在轮作结束时比轮作开始时缴纳更多的财产税时，无论是否存在税收前转，征收未修改的财产税总会缩短最优轮伐期，木材税的征收也适用以上结论。当场地价值税被资本化为较低的土地价值时，最优轮伐期不受场地价值税的影响，而当税收转移到较高的立木价格时，最优轮伐期将比税收资本化时短，通过降低场地价值税率来转移税收并不会影响最优轮伐期。

虽然采伐税和木材税仍会扭曲最优策略和福利分配结果，但当场地价值税从弗斯曼模型转移到哈特曼模型时，它也变得具有扭曲性。场地生产力税是唯一保持中立的税收；收获和场地价值税或延长或缩短轮伐期，这取决于景观价值随林分年龄的增加或减少，它们都降低了土地价值中的木材生产的价值，但它们不影响林分的生态服务价值，使生态环境的生产相对于生产木材收入更有利可图。这种向生态服务设施生产的转变意味着，如果生态服务价值随林分的年龄增加（或减少），则轮伐期将更长（或更短）。木材税明确地缩短了独立于生态服务价值的轮伐期。

上述基于经典弗斯曼公式的税收分析表明，通过税收前转为较高的立木价格、实现税收资本化，与降低税率对轮伐期的影响有所差异，例如对收获税来说，税收前转和降低税率影响一致，但对财产税的影响无法准确定性。收获税和立地价值税对哈特曼轮伐期的影响是模糊的，其影响取决于生态服务价值评估函数在林龄方面的表现。虽然场地生产力税对轮伐期没有影响，但木材税将缩短轮伐期。

从全球范围来看，随着林业建设方向转变，林业税费征收由问责制转向生态保护，政府对林业税费体制的控制权限弱化，林业税费过重的现象有所缓解，但依靠林业资金运行的林业部门陷入财政困境。前文的分析框架均建立在一个隐含假设之上，即在最佳采伐决策方面，林地中的不同林分是相互独立的，因此当现实存在林分种类不同时，需要同时考虑不同林分来确定最佳采伐决策，林业税收的影响也会随之变动。因此，弗斯曼框架下的税收问题大多集中在理性的林地所有者如何应对采伐决策中所选择的林业税收，研究结果尚不能为林业税收的政策决策提供足够的支持。

三、风险和不确定性

经济行为受到各种不确定性的影响，木材市场和其他经济部门一样存在各种不确定性。森林生产的长期性意味着森林土地所有者在作出管理决策时可能永远不知道未来参数的价值。相比较而言，未来的木材价格可能是最容易预见的不确定性类型，但土地所有者却很难知道未来的实际利率，在火灾等自然事件面前的森林生长模式也是不确定的，土地所有者在作出决策时也可能对几个参数不确定。为考察不确定性对最优轮伐期的影响，需要考虑不确定性应如何纳入土地所有者的目标函数，以及土地所有者对风险的态度将会怎样影响决策。

木材市场的不确定性会改变税收等森林政策工具，以使政策成为对土地所有者提供木材和生态服务的激励的方式。正如前文讨论过的，政府可以通过政策设计来影响这些激励。因此，还需要考查一个基本问题，即森林政策是否能够而且应该调整，以纠正私人土地所有者决策中可能存在的不确定性偏差。回答这个问题需要了解不确定性是如何纳入政府的职能目标的，以及在制定政策时，政府应该被视为风险规避者还是风险中性者。

本节拟运用风险承担行为的经济学理论。该理论可以追溯到20世纪60年代，尤其是肯尼思·阿罗（Kenneth Arrow）的工作。虽然他的预期效用理论在整个经济学中得到了广泛应用，但本节采取了与生命周期林业模型更相关的略微不同的路径。此处将使用非预期效用理论的分析讨论不确定性模型，这是一种在跨期模型中区分确定性消费偏好和风险消费偏好的结构（可参见 Kreps 和 Porteus，1978；Selden，1978；Epstein 和 Zin，1989）。

"森林经济学"中关于两阶段模型中木材价格不确定性的第一篇文章是由 Johnson 和 Löfgren（1985）、Koskela（1989）和 Ollikainen（1990）撰写的。Ollikainen（1991，1993）研究了利率不确定性和多种不确定性来源。由于 Koskela 和 Ollikainen（1997）以及 Koskela 和 Ollikainen（1998）对森林生长风险的考虑，在价格不确定的情况下，木材采伐和生态服务的联合生产得以延长。Uusivuori（2002）研究了非恒定风险态度下价格不确定性的影响，而 Gong 和 Löfgren（2003）研究了在未来木材价格不确定的情况下，当收获收入可以在无风险和风险资产之间分配时的木材供应。

本节引用的所有论文都采用了预期效用假设（期望效用假说）方法来获得结果，但讨论在森林管理决策中使用非预期效用度量（即递归偏好）的论文除外。本节对现有文献进行了修改和扩展，以使用 Kreps Porteus-Selden（K-P-S）非预期效用方法（林业示例见 Peltola 和 Knapp，2001；Koskela 和 Ollikainen，1999）提供2个周期模型中的不确定性综合。

自欧文·费雪（Irving Fisher）和弗兰克·奈特（Frank Knight）以来，区分"风险"和纯粹的"不确定性"已经变得很普遍。前者指的是已知概率分布的不确定事件。由于决策者对概率分布本身是不确定的，因此不能用任何措施来解决不确定性的问题。在接下来的内容中描述了林业中的许多经济风险，重点是它们的来源和关于它们的随机性质的传统假设。

1. 风险承担行为

对风险态度建模最常见的方法是使用预期效用假设。期望效用假说(expected utility hypothesis)假设人们可以定义一个与随机事件的每个可能实现相关联的概率。预期效用是通过将代理从每个实现中获得的效用乘以实现的(线性)概率，然后将这些与所有可能的实现相加而获得的。然后，代理的风险承担行为很容易由效用函数的曲率定义。凹型效用函数表示风险规避行为，而线性效用函数表示风险中性行为。

尽管期望效用假说是解决不确定性问题的一个有影响力的方法，但它不是唯一被提出的方法。有2个特征被认为是不可取的。首先，实际行为的实证研究提供了证据，证明所谓的独立公理(期望效用假说所必需的条件)通常被违反了。其次，对于生命周期模型来说很重要的一点是，在期望效用假说下，无法区分跨期替代偏好和风险偏好。在期望效用假说下，每一个都是另一个的倒数。因此，出现了几种不同版本的非预期效用理论，其中林业经济学中包括 Kreps 和 Porteus(1978)，Selden(1978)的理论。他们都将确定性消费偏好与风险消费偏好区分开来，从而克服了期望效用假说方法的主要解释问题。

2. 风险

在研究风险对弗斯曼模型的影响时，将风险分为5种：火灾风险、气候风险、风暴风险、价格和收益风险、联合风险，其中前3种可以概括为自然风险。

在火灾风险中，戈什(Ghosh)利用数学模型和数据分析，认为火灾平均发生率随林分年龄上升而上升，当火灾风险上升时，经济轮伐期缩短。此外，金德(Reed)引入了火灾风险以获得最大程度的经济轮伐期，并表明考虑风险相当于提高贴现率。在气候、价格和收益以及联合风险中，主要是戈什和古德温(Goodwin)等人对这些因素进行了探讨，认为当火灾风险和价格、收益风险同时存在时，它们对于林业生产的作用效果是相反的，即火灾风险缩短了经济轮伐期，降低了利润。关于风暴的风险，施密特(Schmidt)等人研究了风暴对林分的影响。霍莱西(Holecy)和哈尔温克尔(Hanewinkel)分析了保险模型。但很少有集中研究风暴风险对森林轮伐影响的文献：海特(Haight)等人研究了风暴对预期现值的影响。梅尔比(Meilby)在多林分析模型中重点分析了防风作用，但他考虑了一个非均匀的土地价值。在所有这些关于风暴风险的数值研究中，间伐的频率要么固定，要么没有被考虑在内，缺乏预测风暴引起的变化对最优轮伐期和主伐年龄的影响。

总体而言，自然风险的发生对于林业生产起到了副作用，降低了经营盈利水平。森林经营者对于这类风险的管控能力只能局限于提前采伐和进行疏伐以降低风险发生率，并没有绝对的方法来对此类风险进行控制。此外，火灾及风暴对森林管理和盈利能力的影响可能具有政策意义。以美国南部地区为例，灭火是州政府的职责，森林管理者进行的管理调控可能会导致政府资金的再分配。

3. 不确定性

(1)木材价格的不确定性

任何影响木材市场均衡的、未被观察到的因素都可能使土地所有者忽略木材价格的变动。最典型的因素是对木材的随机未来需求,而这又取决于一般的商业周期。对未来木材供应的意外冲击以及未来政府针对林业的政策也是可能的来源。随机木材价格由其分布决定未来可能的价格实现概率。用 $f(p)$ 表示 $\tilde{p}$ 的概率密度函数;如果木材价格是正态分布,那么它的分布可以仅用其均值和方差来表征。在接下来的内容中,用随机变量上方的横杆表示其均值,用带有变量符号下标的 σ 表示其方差。因此,未来木材价格的正态分布可用均值方差对 $\{\bar{p}, \sigma_p^2\}$ 来描述。

首先,将不确定性引入两周期木材生产模型的目标函数中。传统上假设任何不确定性发生在第二阶段,并且土地所有者是在完全了解第一阶段所有参数的情况下之后才作出有关第二阶段的决策(这通常是在更动态的模型中假设的)。第一阶段的消费是确定的,$c_1 = p_1^* x - s - T$,其中 x 是当前收获量,$p_1^* = (1-\tau)P_1$ 是当前的木材税后价格,τ 是收益税,s 是储蓄,T 是场地生产税。在随机未来木材价格条件下,从土地所有者的周期角度来看,未来消费是随机的。把第二阶段消费(随机)表示为 $\tilde{c}_2 = \tilde{p}_2^* z + Rs - T$,其中 z 表示未来的收获量,$\tilde{p}_2^* = (1-\tau)\tilde{P}_2$ 为未来木材的价格,$R = 1+r$ 表示贴现因子。第一阶段的消费是第二阶段消费的完美替代品。因此,随机消费可以表示为两阶段的简单消费之和 $\tilde{c} = c_1 + R^{-1}\tilde{c}_2 = p_1^* x + R^{-1}\tilde{p}_2^* z - (1+R^{-1})T$。注意,由于假设完全可替代性,储蓄从消费表达式的现值中消失了。

土地所有者的经济问题现在是选择当前的收获,以从消费中最大化他的预期效用。这要求土地所有者在一定的回报(当前的收获收入)和不确定的未来回报(未来的收获收入)之间分配他的森林财富。要解决这个问题,必须区分土地所有者的消费偏好和风险偏好。消费偏好通常由凹效用函数 $U = u(c)$ 来表示,遵循 K-P-S 方法,并使用 Weil(1993)的参数化,土地所有者的风险偏好随后由以下形式的指数效用函数描述:

$$W(\tilde{c}) = -\exp(-A\tilde{c}) \tag{6-54}$$

其中,$A = -W''(\tilde{c})/W'(\tilde{c})$ 是绝对风险规避的 Arrow-Pratt 度量。风险的迹象取决于土地所有者的风险偏好。随着消费的增加,恒定的绝对风险厌恶与 A 是恒定的、一致的,而在给定凹效用函数的情况下,绝对风险厌恶的降低与 A 是消费的递减函数是一致的。假设未来木材价格为正态分布,$\tilde{c}$ 也是正态分布,平均值为 $\bar{c}$,方差为 σ_c^2。使用均值和方差,可以定义一个确定性等价消费水平:

$$\hat{c} = \bar{c} - \frac{1}{2}A\sigma_c^2 \tag{6-55}$$

这里 $\hat{c}$ 是一个消费值,它使厌恶风险的土地所有者在接受它和随机消费之间无动于衷。换句话说,$\hat{c}$ 表示在不确定消费获得的效用方面相当于不确定消费 $\tilde{c}$ 的某种消费水平。对于厌恶风险的土地所有者,确定性当量小于消费的预期值,因为该代理人更愿意降低风险;因此,他将采取较低的特定消费以避免与接收随机消费相关的风险(少多少取决于效用函数的凹度)。对于一个风险中性的土地所有者,确定性等价物减少到随机消费的期望值 $E(\tilde{c}) = \bar{c}$,因为这个土地所有者对某些消费和"公平赌博"的期望值是无关紧要的。风险中性也意味着所有消费水平的风险态度都相同。

在这些假设下,最大化 $Eu(\tilde{c})$ 相当于最大化从确定性等效消费中获得的效用 $u(\hat{c})$,

其中 $\hat{c}=\bar{c}-\frac{1}{2}A\sigma_c^2=p_1^* x-(1+R^{-1})T+R^{-1}\tilde{p}_2^* z-\frac{1}{2}AR^{-2}(1-\tau)^2\sigma_{p2}z^2$。利用该目标函数，土地所有者的经济问题现在是根据森林生长技术选择当前采伐对象。通过选择当前收获 x，以及未来收获 z 来最大化决策问题。

$$V=u(c)=u\left[p_1^* x-(1+R^{-1})T+R^{-1}\tilde{p}_2^* z-\frac{1}{2}AR^{-2}(1-\tau)^2\sigma_p^2 z^2\right] \tag{6-56}$$

其中 $u'(c)>0$，$u''(c)<0$，$z=(Q-x)+g(Q-x)$。由此给出了未来木材价格不确定性下的采伐规则：

$$Rp_1-(1+g')[\bar{p}_2-AR^{-1}(1-\tau)\sigma_p^2 z]=0 \tag{6-57}$$

不确定性作为风险项出现在通常的机会成本项中。这个风险项是风险厌恶程度和未来价格方差的乘积；它通过降低未来木材价格来降低当期采伐的机会成本，促使土地所有者增加第一期采伐，直到最后一个采伐单位的边际收益等于其确定性等价的机会成本。值得注意的是，绝对风险规避越高，通过 A 项减少的机会成本就越大。因此有以下命题：

在规避风险的情况下，未来木材价格的不确定性增加了当前采伐和短期木材供应。这个命题的经济学解释是，当面临未来的不确定性时，规避风险的土地所有者通过在一段时期内特定价格下收获更多的木材来对冲价格风险。风险规避的作用可以通过比较式（6-57）中的采伐规则与风险中性采伐者的采伐规则来看出，后者将采伐的边际收益与未来森林生长的预期值相等。

（2）利率的不确定性

正如在之前的章节中提到的那样，实际利率通过改变不采伐的机会成本以及其他因素，严重影响了采伐活动的跨期分配。但是，可能影响到利率变化的来源不在木材市场。利率取决于金融市场的状况、各国在外汇市场的对外地位以及各种政策。这些因素对土地所有者的决策来说是外生的，因此，把利率不确定性看作集合性质是有意义的。

用 $\tilde{r}$ 来表示定义未来利率的随机变量，并假设其概率密度函数为 $f(r)$。随机变量的正态分布意味着利率的特征是均值方差对 $\{\bar{r}, \sigma_r^2\}$。

当利率是随机的，而木材价格是确定的，则消费方程为：$c_1=p_1^* x-s-T$ 和 $c_2=p_2^* z+\tilde{R}s-T$。一个随机的实际利率具有使消费流量的周期权重随机化的作用，因此消费的现值也是随机的。因此，可将两阶段的消费总和定义为 $\tilde{c}=c_1+\tilde{R}^{-1}c_2=p_1^* x+\tilde{R}^{-1}p_2^* z-(1+\tilde{R}^{-1})T$。

土地所有者对不确定的利率结果和消费的偏好可以用类似于前面案例的方式来定义。因此，如果随机实际利率是正态分布，则 $\tilde{c}$ 的分布也是正态分布，其均值 $\bar{c}$ 和方差均为 σ_c^2。根据式（6-55），随机消费的确定性等价值由下式给出：$\hat{c}=\bar{c}-(1/2)A\sigma_c^2$ 给出。对于利率因子，$\tilde{R}=1+\tilde{r}$，泰勒近似可用于找到其期望值 $E(\tilde{R}^{-1})=\bar{R}^{-1}(1+\delta_r^2)$，其中，$\delta_r^2$ 是变异系数，$\bar{R}$ 是 R 的平均值。2个阶段消费总和的均值和方差分别定义如下：

$$\bar{c}=p_1^* x-[1+R^{-1}(1+\delta_r^2)]T+R^{-1}(1+\delta_r^2)p_2^* z \tag{6-58}$$

$$\sigma_c^2=R^{-2}\delta_r^2(1-\delta_r^2)[T^2+(p_2^* z)^2] \tag{6-59}$$

土地所有者现在的经济问题是根据式（6-58）和式（6-59）以及森林生长技术选择当前的采伐。效用函数是：

$$V = u\left(\hat{c} - \frac{1}{2}A\,\sigma_c^2\right) \tag{6-60}$$

对式(6-60)做关于 x 的微分,产生以下定义最优轮伐期的一阶条件:

$$V_x = p_1^* - \overline{R}^{-1}(1+\delta_r^2)p_2^*(1+g') + A\,\overline{R}^{-2}\delta_r^2(1-\delta_r^2)p_2^{*2}(1+g') = 0 \tag{6-61}$$

二阶条件 $V_x < 0$ 成立,收获规则被重新写成式(6-62):

$$\frac{\overline{R}}{(1+\delta_r^2)}p_1 - (1+g')p_2\left[1 - A\,\overline{R}^{-1}\delta_r^2 p_2(1-\tau)\frac{(1-\delta_r^2)}{(1+\delta_r^2)}z\right] = 0 \tag{6-62}$$

这个收获规则明显不同于之前展示的规则,因为当期收获的边际收益和收获的机会成本都受变异系数的影响。因此,随机利率同时降低了边际回报和不收获的机会成本;相对于某些森林生长的价值而言,收获的回报减少了,但未来森林生长的现值也减少了。

净效应可以通过重新安排收获规则 $\overline{R}p_1 - (1+g')p_2 = (1+g')p_2\delta_r^2[1 - A\,\overline{R}^{-1}\delta_r^2 p_2^*(1-\sigma_r^2)z] > 0$ 来获得。考虑凹形的森林增长函数,利率风险的净效应是相对于一定利率的情况下,减少短期采伐和木材供应。

对于风险中性的土地所有者,式(6-62)简化为:

$$\frac{\overline{R}}{(1+\delta_r^2)}p_1 - p_2(1+g') = 0 \tag{6-63}$$

相对于确定性情况,随机利率的均值降低了当前收获的回报,但不影响机会成本项,这时土地所有者就会明确地减少短期收获。有趣的是,收益税现在从收获规则中消失了,因此在风险中性的情况下,它是中性税。

综上所述,相对于确定性情况,实际利率的不确定性降低了风险中性和风险厌恶的土地所有者的当前收获。这一结果并不完全是一般性的;通过关注消费的现值,其实隐含地忽略了土地所有者的消费储蓄决策,其受到不确定利率的影响。Ollikainen 证明,在这种情况下,短期收获的反应取决于土地所有者在资本市场中的地位。如果规避风险的土地所有者是净借款人,那么他将增加采伐。Gong 和 Löfgren 提供了关于这些发现的更多见解:他们修改了两阶段模型,允许土地所有者在未来木材价格不确定的情况下将其收获收入投资于无风险和风险资产。他们进一步假设木材价格和风险资产回报率是独立的正态分布,并发现当木材价格风险相对于土地所有者可以从风险资产中获得的回报率较高(或较低)时,或者当风险规避程度较高(较低)时,风险规避土地所有者的收获大于(或小于)风险中性土地所有者。

(3)森林生长的不确定性

在林业问题中有许多形式的生物不确定性。森林蓄积量的不确定性涉及任何时间点森林中的实际蓄积量,而森林生长的不确定性则涉及蓄积量随时间增长的速率。而这2种不确定性都可能是由于土地所有者对森林的了解不足。它们的出现通常是因为森林存量以不可预见的方式随着时间的推移而衰减;考虑昆虫、天气(冰、火)、动物,或诸如酸雨和人为气候变化等人为因素造成的破坏。

当森林生长是随机的,消费的周期性流动表示为 $c_1 = p_1^* x - s - T$,$\tilde{c}_2 = \tilde{p}_2^* z + Rs - T$。第二阶段的消费是不确定的,因为这2个阶段之间的森林生长不确定。每一阶段的跨期消费总额为 $\tilde{c} = c_1 + R^{-1}\tilde{c}_2 = p_1^* x + R^{-1}\tilde{p}_2^* z - (1+R^{-1})T$。随机变量 $\tilde{z}$ 的确切性质取决于有关增长不确定性性质的特定假设。可以定义乘积形式和加总形式的风险的森林储量为 $\tilde{\theta}g(Q-x)$ 和

$\tilde{\theta}+g(Q-x)$,分布分别为 $N(1, \sigma_\theta^2)$ 和 $N(0, \sigma_\theta^2)$。而确定性等式,$\hat{c}=\bar{c}-\frac{1}{2}A\sigma_c^2$,对于乘积和加总的情况,均值相同而方差项不同,即分别为:

$$\bar{c}=p_1^* x+R^{-1}\tilde{p}_2^*[(Q-x)+g(Q-x)]-(1+R^{-1})T$$
$$\sigma_c^2=R^{-2}p_2^{*2}\sigma_\theta^2 g^2$$
$$\sigma_c^2=R^{-2}p_2^{*2}\sigma_\theta^2$$

土地所有者现在选择 x 使消费效用最大化。在乘积形式风险的条件下,一阶条件是 $V_x=u'(c)\{p_1^*-R^{-1}p_2^*[1+g'(1-AR^{-1}p_2^*g\sigma_\theta^2)]\}=0$。并且对于加总形式风险则是 $V_x=u'(c)[Rp_1^*-p_2^*(1+g')]=0$(可以证明 2 种情况的二阶条件都成立)。最后一个条件表明,在加总风险下,当前的收获相对于确定性情况没有变化,因为收获对这种风险没有影响。因此,对于加总形式的增长风险,比较静态结果减少到确定性下获得的结果。在接下来的内容中,将只关注乘积形式的风险情况。

对于乘积形式的风险,可得到以下收获规则:

$$Rp_1-p_2 g'[1-AR^{-1}p_2(1-\tau)g\sigma_\theta^2]=0 \qquad (6-65)$$

根据式(6-58),风险调整后的增长率低于确定性增长率。因此,乘积形式的增长风险增加了当前的收获。

综上所述,乘积形式的随机森林生长率增加了当前采伐和短期的木材供应,而加总形式的随机生长率对采伐没有影响。该命题的解释与对木材价格不确定性的解释遵循相似的路线:土地所有者通过在一定的当前价格上收获更多的土地来对冲成倍增长的风险。加总形式的生长的不确定性,反过来不能通过改变收获来减少,因此它对经营决策没有影响。

(4)政策的不确定性

政策不确定性是指政府为弥补市场失灵、平衡资源配置而产生的社会成本和收益,是为纠正私人行为的外部性等分配目标而产生。政策不确定性的存在会降低土地期望值和投资回报率,林地所有者对林业生产的投资也将下降。当政策不确定性存在并且对林业经营效益造成不利影响时,木材生产商会缩短轮伐期,同时减少在植树造林方面的资金投入。当政策不确定性存在并对未来收益产生负面影响时,土地价值降低,木材生产商将缩短轮伐期,并减少在植树造林方面的资金投入,林分收获的更早。除此之外,张道卫还提出政策设立的重要条件之一是政策的设定必须独立于森林条件,无论是国有林场还是私人所有的林业产业用地,必须统一服从国家政策,只有这样才能最大程度上降低政策实施的不确定性。

具体而言,如 P 为每立方米木材的价格,c 为经营成本,$Q(t)$ 为变量为时间 t 的树木材积生长函数,$\delta(t)$ 为政策不确定性下随着时间变化可能失去木材的风险,α 为政策不确定性下可能失去的采伐林木的比重,r 为利率,则单位面积林分无限个轮作周期的土地期望值为:

$$LEV=\frac{[1-\alpha\delta(t)]PQ(t)e^{-rt}-C}{1-e^{-rt}} \qquad (6-66)$$

林主的目标为将式(6-66)最大化。因此,对式(6-66)中的 t 求导并令其等于 0,得到只考虑木材收益的最优轮伐期的一阶条件:

$$PV'(t)=[1-\alpha\delta(t)]PQ_t(1-e^{-rt})-[1-\alpha\delta(t)]rPQ-\alpha\delta_t PQ(1-e^{-rt})+C=0 \qquad (6-67)$$

林业具有多周期种植、生长、采伐的特性,在林产品生产的这一过程中存在价格、生长量及过程控制技术等因素的不确定性。其中价格波动的不确定性最为显著。管理者在不确定条件下,可以充分利用这些不确定性提供的机会趋利避害,选择合适的管理策略,这与期权概念相吻合,这个行为被称为管理期权。在树木种植、林业生长、林业采伐3个阶段,存在着大量的管理柔性,这些管理柔性会导致森林管理者采取放弃管护、放弃采伐、改变种植面积等不确定性手段,这些管理柔性能为林蒂带来价值。而弗斯曼模型忽视了这些管理柔性,因此低估了林地价值。

总之,弗斯曼模型当中存在的不确定性可依靠森林管理者进行控制,采取不同的战略,如开发新技术和木材产品、降低工业成本、优化运输和木材生产,或给予木材生产业商一定的补贴,以提高木材这一自然资源的价值。然而,全球气候变化可能导致风暴频率和严重程度的增加,进行决策时必须要考虑。

第七章
森林经营

森林经营的历史就是人类经营利用森林资源的历史，是以森林资源综合系统的全方位、科学、有层次地经营为基础，林业部门和全社会共同参与，旨在获得森林多种效益，并实现森林资源综合系统的良性循环的基本常态为目标的林业经营理念和经营模式。森林经营形式是在一定的所有制条件下，通过林业生产、再生产各环节，体现了劳动者与生产要素组合的方式、规模及责、权、利关系。既是所有制形式的具体化，又是生产力组织形式的具体化。

根据《中华人民共和国森林法(2019 年修订)》第十四条规定，森林资源属于国家所有，由法律规定属于集体所有的除外。根据第九次全国森林资源清查结果，中国林地面积 32368.55 万 hm^2，中国林地森林面积 21822.05 万 hm^2，其中集体林地森林面积 13385.44 万 hm^2，国有林地森林面积 8436.61 万 hm^2。

探讨中国的森林经营，需要划分集体林经营和国有林经营，中国集体林和国有林的森林经营呈现出显著差异的制度安排，探讨中国的森林经营，需要划分集体林经营和国有林经营。集体林，即土地权属归集体所有的森林，主要分布于中国南方集体林区，以家庭承包经营为主体，多种经营方式并存。国有林，即土地权属归国家所有的森林，包括主要成片分布于中国东北、内蒙古等重点国有林区和主要零星分布于南方各省份的国有林，经营主体包括国有森工企业和国有林场。

第一节　集体林经营

中国农村资源的产权一直以来不是以个体为边界，而是以村社和地缘为边界的。

根据第九次全国森林资源清查数据，无论是按林地面积还是有林地面积，集体林所占比例都超过了 60%。可见，集体林是中国森林重要的组成部分。新中国成立以来，集体林经营先后经历了显著的分—统—分 3 个大的阶段。第一阶段的"分"是通过土地改革的强制性制度变迁方式直接完成，第二阶段的"统"和第三阶段的"分"是在强制性制度变迁主导的情况下，通过诱致性制度变迁不断调整、深化的过程，可以进一步划分若干个小阶段。

1984 年颁布的《中华人民共和国森林法》第三条规定："森林资源属于全民所有，由法律规定属于集体所有的除外。全民所有和集体所有的森林、林木和林地，个人所有的林木和使用的林地，由县级以上地方人民政府登记造册，核发证书，确认所有权或者使用权。森林、林木、林地的所有者和使用者的合法权益,受法律保护,任何单位和个人不得侵犯。"1998年通过的《中华人民共和国森林法(1998年修正)》第三条规定:"森林资源属于国家所有,由法律规定属于集体所有的除外。国家所有的和集体所有的森林、林木和林地,个人所有的林木和使用的林地,由县级以上地方人民政府登记造册,发放证书,确认所有权或者使用权。国务院可以授权国务院林业主管部门,对国务院确定的国家所有的重点林区的森林、林木和林地登记造册,发放证书,并通知有关地方人民政府。森林、林木、林地的所有者和使用者的合法权益,受法律保护,任何单位和个人不得侵犯。"2019年通过的《中华人民共和国森林法(2019年修订)》第十四条规定:"森林资源属于国家所有,由法律规定属于集体所有的除外。国家所有的森林资源所有权由国务院代表国家行使。国务院可以授权国务院自然资源主管部门统一履行国有森林资源所有者职责。"第十五条规定:"林地和林地上的森林、林木的所有权、使用权,由不动产登记机构统一登记造册,核发证书。国务院确定的国家重点林区(以下简称重点林区)的森林、林木和林地,由国务院自然资源主管部门负责登记。森林、林木、林地的所有者和使用者的合法权益受法律保护,任何组织和个人不得侵犯。森林、林木、林地的所有者和使用者应当依法保护和合理利用森林、林木、林地,不得非法改变林地用途和毁坏森林、林木、林地。"第十七条规定:"集体所有和国家所有依法由农民集体使用的林地(以下简称集体林地)实行承包经营的,承包方享有林地承包经营权和承包林地上的林木所有权,合同另有约定的从其约定。承包方可以依法采取出租(转包)、入股、转让等方式流转林地经营权、林木所有权和使用权。"第十八条规定:"未实行承包经营的集体林地以及林地上的林木,由农村集体经济组织统一经营。经本集体经济组织成员的村民会议三分之二以上成员或者三分之二以上村民代表同意并公示,可以通过招标、拍卖、公开协商等方式依法流转林地经营权、林木所有权和使用权。"

一、集体林的形成与发展

1. 土地改革与集体林边界的雏形

1950年,中国政府开始在全国范围内实施私有化的土地改革,将林地与农村的房屋、农地、草地、池塘等一道划分给农民。1950年出台的《中华人民共和国土地改革法》(以下简称《土地改革法》)第二条规定:"没收地主的土地、耕畜、农具、多余的粮食及其在农村中多余的房屋,但地主的其他财产不予没收。"第十一条规定:"分配土地,以乡或等于乡的行政村为单位,在原耕基础上,按土地数量、质量及其位置远近,用帛补调整方法按人口统一分配之。但区或县农民协会得在各乡或等于乡的各行政村之间,做某些必要的调剂。在地广人稀的地区,为便于耕种,亦得以乡以下的较小单位分配土地。乡与乡之间的交错土地,原属何乡农民耕种者,即划归该乡分配。"因此,土地改革虽然彻底打破了封建土地所有制,没收了地主的土地,但其进行的再分配仍是以原始乡村作为一个整体所拥有土地为基础,基本没有打破不同乡村村民所持有土地的范围和界限;虽然《土地改革法》也要求不同的乡村和同一个乡村内依据均等占有原则进行适当的调整,但这种调整主要是基于生存伦理的考量,因此种植粮食的农地在不同乡村或同一乡村内部不同的行政村或自然村之间的调整是比较普遍的,林地由于其对生存的作用较小,因而围绕其发生的调整较少。相比农地,村庄作为一个整体基本上继承了原来的林地。

土地改革是经济改革，更是政治改革。其中一项重要的事件就是认定地主成分。《土地改革法》规定划定地主成分实行自报公议的方法，由于村民都害怕划分为地主成分，因此在自报土地面积时都尽量少报，但是四至界线则尽量填写得跟实际所有一致，这尤其表现在林地的申报上。同时，《土地改革法》规定要照顾自耕农和佃农，许多自耕农和佃农对租用的地主土地也进行了申报。土地改革完成后，由人民政府发放土地所有证，并承认一切土地所有者自由经营、买卖及出租其土地的权利。土地改革所颁发的土地证产生了法律效力，之后的改革几乎都将其作为原始凭证。

土地改革虽然赋予了土地完全的产权，但由于国家实行土地私有化只是过渡时期的一种方式，最终是要将村民引导到合作化、集体化的道路上来，在全国的土地改革基本完成时，国家便开始鼓励农民走合作化道路。因此，在土地改革时期发生的山权买卖特别是跨村的山林买卖是非常少的，在我国实行土地私有化的较短时间里，乡村作为一个整体所拥有的林地范围和界限基本没有发生变化。

整体上看，1950—1952 年的土地改革废除地主阶级封建剥削的土地所有制，实行农民的土地所有制，农村的房屋、农地、林地等所有可分土地均划分给农民。土地改革确立了农民"耕者有其田""耕者有其山"的意识。

2. 集体化与集体林的形成

(1) 合作化与集体林的初步形成

尽管中国通过土地改革完成了土地私有化的过程，但以农民私有为基础的单一产权结构并不是当时中国农村土地产权结构演进的目标模式，通过土地改革实现的私人所有制是为了建设新民主主义社会，但新民主主义社会只是一个过渡阶段，中国共产党最终是要建立社会主义社会，公有制才是中国土地所有制的最终选择。因此，农村土地在短暂的私有化后很快就开始了合作化、集体化的道路。

合作化道路经历了互助组、初级合作社、高级合作社 3 个阶段。1951 年，中共中央召开了全国第一次互助合作会议，中共中央通过了《关于农业生产互助合作的决议（草案）》，要求要引导农民走合作化的道路，并指出："这种劳动互助是建立在个体经济基础上（农民私有财产的基础上）的集体劳动，其发展前途就是农业集体化或社会主义化。"1953 年，中共中央通过的《关于发展农业生产合作社的决议》指出："为了进一步提高农业生产力，党在农村工作的最根本的任务，就是要逐步实行农业的社会主义改造，使农业能够由落后的小规模生产的个体经济变为先进的大规模生产的合作经济。"1955 年，中共七届六中全会通过的《关于农业合作化问题的决议》提出："要重点试办农业生产合作社；在有些已经基本实现半社会主义合作化的地方，根据生产需要、群众觉悟和经济条件，从个别试办，由少到多，分期分批地由初级社变为高级社。"

林地的合作化道路主要经历了初级合作社、高级合作社 2 个阶段。初级合作社山林折价入社，经营权归合作社，所有权归林农，农民从合作社获取租金，所有权和经营权分离，初步实现了林地的规模经营。初级合作社是私有林权向集体林权的过渡阶段，该时期村民对林地依然拥有所有权，退社自由。高级合作社则直接废除了土地私有制，山林的所有权全部归合并后的高级合作社所有，土地由合作社统一组织经营，全体社会集体参加。至此，集体林权开始形成，村民对山权不再拥有所有权，而是归高级合作社所有，生产经营由高级合作社统一安排。

(2)集体化与集体林的调整、巩固

1958年,中共中央政治局成都扩大会议讨论并通过的《关于把小型的农业合作社适当地合并为大社的意见》提出:"为了适应农业生产和文化革命的需要,在有条件的地方,把小型的农业合作社有计划地适当地合并为大型的合作社是有必要的。"同年,中共中央政治局在北戴河举行扩大会议,会议经过讨论通过了《关于在农村建立人民公社问题的决议》。此后,各地争先恐后,纷纷并社组建人民公社,人民公社化运动很快在全国农村范围内广泛展开。

人民公社[①]的建立进一步扩大了集体林权的范围,将原来由多个高级合作社所有的山林直接并入到人民公社,归人民公社所有,公社对林地实行统一分配、统一生产、统一管理,分配上实行平均主义,"一平二调"的"共产风"大刮。随着1959—1961年三年自然灾害的发生,中央开始对"一平二调"之风进行整顿,于1960年出台了《关于农村人民公社当前政策问题的紧急指示信》,明确"三级所有,队为基础"的制度是人民公社的基本制度,明确生产(大)队是基本核算单位,要求立即停止和纠正"一平二调"之风,将土地、牲畜、劳动力和土地固定给生产小队[②]使用。1961年初出台《农村人民公社工作条例(草案)》再次明确将"土地、牲畜、劳动力、农具"[③]固定到生产(大)队使用;同年6月,中共中央专门出台了针对林业的"林业十八条",中共中央《关于确定林权、保护山林和发展林业的若干政策规定》要求高级合作社时期划归合作社、生产队集体所有的山林和社员个人所有的山林,应该仍然归生产大队、生产队集体所有和社员个人所有;公社和生产大队所有的山林,凡是适宜由生产队经营的,都应该固定包给生产队经营,少数确实不便由生产队经营的,可以由公社、生产大队组织林场或者专业队经营。"林业十八条"再次将集体林权确定为高级合作社时期的集体,即将集体林权确定为行政村[④]所有,集体林权范围又回到了高级社时期的范围。1962年中央又出台了《农村人民公社工作条例(修正草案)》,再一次要求以生产队为基本核算单位的"三级所有,队为基础"的制度是人民公社的基本制度,同时明确要将土地、牲畜、劳动力、农具固定给生产队使用,集体所有的山林、水面和草原,凡是归生产队所有比较有利的,都归生产队所有。该草案则进一步鼓励将由生产大队所有的林地划分到自然村,一些地区的集体林权被进一步缩小。至此,人民公社制度开始稳定下来,"三级所有、队为基础"成了人民公社的基本制度,人民公社原则上不再对集体山林具有所有权,生产大队(也有地区是生产队)成了山林所有权的持有者(不同的地区存在差异,也有地区直接归生产队所有),生产队成了基本核算单位,山林则被固定到生产队(不同的地区存在差异,有的地区仍由生产大队使用,福建整体上就是如此)使用,集体林权也开始正式稳定在生产大队或生产队,以此为基础持续了近20年。

从集体林权所有者和范围的变化看,集体林权整体上经历了由自然村—行政村—人民公社—行政村—自然村的过程,尽管这个过程在不断变化,但最终行政村或自然村集体所有的山林整体上依然是土地改革时分给自然村和行政村村民的山林总和,集体化的

---

① 人民公社在成立初期规模较大,甚至是几个乡合并的,1960年中央下发文件规范了人民公社的大小,后来的人民公社大小一般相当于原来的乡。
② 生产小队一般指合作化初期的互助组,即现在的村民小组。
③ 简称"四固定"。
④ 若高级合作社时期林权为生产队所有,则确定到生产队,不同区域政策执行存在差异性。

过程并没有改变集体作为一个整体拥有的山林范围和界限，土地改革时期全体村民持有的山林范围在人民公社稳定下来过后依然归其所有。

3. 林权改革与集体林的发展

1978年，党的第十一届三中全会首次确立了对内改革、对外开放的政策。同年，中国农村土地改革的实施正式拉开了中国改革开放的序幕。农业土地家庭联产承包制的取得的巨大成功，使得其很快顺延到了林业，快速拉开了集体林权制度改革的序幕。因此，集体林权制度改革的具体起始时间是20世纪70年代末80年代初，初始改革内容是对原来的以"集体所有、集体集中统一经营"为特征的人民公社林权制度的改革。区别于农业土地制度改革，集体林权制度改革并没有在初次改革时彻底实现集体所有权和经营权的分离，而是经历了数次改革，才最终确立集体林家庭承包经营的地位、实现集体林地所有权、承包权和经营权的分离。

(1) 林业"三定"与集体林经营制度的确立

1978年后，随着农业改革的开展，林业也开始了"稳定山权林权、划定自留山、确定林业生产责任制"的改革，即林业"三定"。稳定山权林权使得集体化后所形成的集体林权被具有法律效力的林权证所固定下来，从法律权源上明确了集体对山林的所有权。自留山的划定则遵循的是一种平均主义的成员权意识，明确了集体成员对自留山的长期使用权和自留山种植林木的所有权。然而，由于集体化时期的政策多变等因素使得农民对于林业生产责任制能够稳定下来缺乏信心，再加上林业生产长周期性的特征，导致最后试图效仿农地实行的承包制在林业上演变成了对树木的争夺，许多地区在划定承包林地时依据的是林木的数量和地理区位的好坏，林地面积则成了一个次要甚至是被忽略的因素，承包制实行后农民便开始对林木进行砍伐，导致最后国家紧急出台了中共中央、国务院《关于制止乱砍滥伐森林的紧急指示》，要求集体所有集中成片的用材林，凡没有分到户的不得再分，已经分到户的，要以乡或村为单位组织专人统一护林。该文件的出台标志着林业"三定"政策在国家层面的终止。

林业"三定"使全国大约69%的集体林地实现了承包经营。由于林业"三定"对确定林业生产责任制的要求是鼓励承包经营，但也强调要因地制宜，因此在南方集体林区如福建省三明市整体上都没有实施承包经营，而是组建村级林业股份公司经营。林业"三定"进行了确权发证，一方面向村集体颁发了登记其所辖山权、林权的林权证，另一方面则向村集体的林地承包者颁发了林权证。不同于土地改革时期的土地房产证，林权证不仅登记林地，且增加了班号和地形图。

林业"三定"改革完成后，20世纪80年代主要是号召消灭荒山，提倡种植用材林；20世纪90年代号召一人一亩经济林，由于早期农民对林地的投资积极性不高，林权仅划分为山权（林地所有权）和林权（林木所有权），经济意义上的林地使用权并没有从林权中细分出来，林地使用权在经营实践中并没有进行有效界定，因此国家提倡的"谁造谁有"的政策被村民所普遍认可。随着20世纪90年代中期在南方集体林区荒山拍卖政策的实行，也就意味着林地使用权开始成了经济意义上的产权。

随着我国市场经济体制的逐步确立，林业也开始了市场化实践。1992年，党的十四大把建立社会主义市场经济体制作为改革目标；1993年，党的十四届三中全会通过了《中共中央关于建立社会主义市场经济体制若干问题的决定》，决定要深化农村经济体制改革。1995年,国家体制改革委员会和林业部联合下发了《林业经济体制改革总体纲要》,允许以多种方式有偿流转宜林"四荒地使用权",开辟人工活立木市场,允许通过招标、拍卖、租赁、抵押、委托经营等多种形式,使森林资产变现。1998年,修正的《中华人民共和国森林法》发布,允许林木所有权和林地使用权有偿流转,允许通过招标、拍卖、租赁、抵押、委托经营等形式,使森林资源资产变现,实现林木商品化经营,鼓励以森林资源资产为资本控股、参股,与其他资本联合组建股份制企业,实行以林为主,多元化经营。在市场化改革的大浪潮推动下,20世纪90年代中后期,南方集体林区先后经历了"四荒地"拍卖、"活立木转让"和"林地使用权转让"的过程,其中,尤以中幼林、近熟林的转让最为普遍。

(2)新一轮集体林权制度改革与集体林经营制度的发展(表7-1)

2002年,福建省武平县拉开了全国新一轮集体林权制度改革(以下简称新一轮林改)的序幕。2003年,福建省政府出台了《福建省人民政府关于推进集体林权制度改革的意见》,新一轮林改开始在福建全省推行。2004年,辽宁、江西等省份开始加入新一轮林改。2008年,中共中央、国务院出台了《关于全面推进集体林权制度改革的意见》,新一轮林改开始在全国全面推行。2016年,国务院办公厅出台了《关于完善集体林权制度的意见》,围绕新一轮林改过程中存在的产权保护不严格、生产经营自主权落实不到位、规模经营支持政策不完善、管理服务体系不健全等问题,进一步提出了系列完善集体林权制度改革的意见。

区别于20世纪80年代以林业"三定"为核心的集体林权制度改革,新一轮林改是综合性改革,划分为主体改革和配套改革2部分。主体改革以确权发证为主要任务,要求在集体保留山场面积不超过10%的基础上,用5年左右的时间,基本完成明晰产权、承包到户的改革任务。配套改革包括完善林木采伐管理机制,规范林地、林木流转,建立支持集体林业发展的公共财政制度,推进林业投融资改革,加强林业社会化服务等。先后建立了林权流转交易平台、林木采伐审批公示制度、政策性森林保险制度、林权抵押贷款制度等,并推动了林下经济的发展、新型林业经营主体的培育与壮大、林业社会化服务组织的分工深化等。根据2018年度中国林业和草原发展报告,全国明晰产权、承包到户的基础改革任务基本完成,已确权集体林地面积1.80亿hm^2,占纳入集体林权制度改革面积的98.97%,发放林权证1.01亿本,发证面积1.76亿hm^2,占已确权林地面积的97.65%,1亿多农户受益。各类新型林业经营主体达25.78万个,经营林地面积0.4亿hm^2。林权流转规范稳步推进,林权抵押贷款工作有序开展,林权抵押贷款余额达1270亿元。

新一轮林改以"明晰产权,承包到户"为核心,将林地的承包期限进一步延长到了70年,并伴随实施了一系列的配套政策,进一步明晰了产权,落实了经营权,放活了处置权,保障了收益权,极大地激发了我国林业发展的活力,极大促进了集体林地所有权、承包权和经营权的三权分置,推动了现代林业产权制度的建设和现代林业的发展。

表7-1 林权演变路径

时期	森林权属细分	
林业"三定"	山权	林权
新一轮林改	林地所有权、林地使用权	林木所有权、林木使用权
三权分置时期	林地所有权、林地承包权、林地经营权	林木所有权、林木使用权

二、集体林经营方式

随着林业"三定"和新一轮林改的实施，以家庭承包经营为基础的集体林基本经营制度得到确立和巩固。与此同时，随着集体林权制度改革的不断推进，以林业专业大户、家庭林场、农民林业专业合作社、林业股份合作社、林业龙头企业、专业化服务组织为重点，集约化、专业化、组织化、社会化相结合的新型林业经营体系也开始不断涌现。

集体林业产权初始配置的 3 种模式为国有经营模式、集体经营模式和分户经营模式；林业产权模式的再配置过程出现模式为家庭经营模式、大户经营模式、合作经营模式、企业经营模式，其中合作经营模式有联户经营、合作社经营、股份合作经营、企业合作经营，其中联户经营又可进一步分为农民之间、企业与农户、大户与农民合作经营。

1. 传统经营主体

(1) 村集体经营

村集体经营，即未实行承包经营的集体林地以及林地上的林木，由农村集体经济组织统一经营。自高级合作社时期开始，一直到人民公社瓦解，集体林长期由农村集体经济组织统一经营。林业"三定"政策的实施使得集体林地经营权通过划定自留山和落实林业生产责任制的方式下放，后因为出现了严重的乱砍滥伐而被叫停，下放并不彻底，不同地区完成情况差别较大，仍有很多村集体保留有集体林，并归村集体统一经营。新一轮林改以来，林业家庭承包得到进一步落实，保留在村集体经营的集体林比例大幅下降。

(2) 家庭承包经营

家庭经营又称单户经营，是指林地由单个农户家庭经营管理。集体林权制度改革以后，林农自主经营，获得了林木的所有权和林地的使用权等资源权属，在林地的生产与投入过程中具有较高的自主性。这种经营方式有助于将资本、劳动和林地的收益结合起来，极大地调动农民林业生产经营的积极性和主动性，能够满足决策者和生产者的同一性，不存在内部不同要素主体权益的对立，有着其他林业经营方式无法比拟的优越性。家庭作为最紧密的利益共同体，不会从纯经济的角度计较个人的劳动付出和收益，不需要外界监督和管理，能够使得家庭劳动力可以不计工时，同时借用辅助劳动力来提高"生产效率"。

(3) 联户承包经营

联户经营可以说是适应林业经营特点而产生的新的经营管理模式，主要是指在明晰产权到户的基础上，按照自愿、协商的原则，农户间自愿组合或由村集体组织的对森林资源实行的资源共管模式，包括家族联户、小组联户和自发联户等。其规模可大可小，合作经营的农户间通过协商，达成一致的林业经营管理办法和利益分配机制。这种经营方式既有效规避了分林到户过程中山林划分的困难，又有助于实现集约化、规模化经营，体现了农民在自主选择林权制度安排过程中的灵活性和创造性，提高和解放了林业生产力。同时，该种经营方式也存在明显的缺陷：联户经营的产权属性为共有产权，既由全体联户成员共同所有，任何经营决策都需要全体权利主体一致同意，任何一个权利主体的反对都会导致决策的失灵，决策成本高。也因此，新一轮林改初期为了节约确权成本和提高确权率而采取的联户承包经营，成了深化林改和林改回头看过程中一个重要的改革任务。

(4) 押金管护承包

押金管护承包产生于20世纪90年代，主要流行于位于南方重点集体林区的福建省三明市。1997年，福建省尤溪县落实林业生产责任制，重点推行"押金管护承包，利润比例分成"的经营方式。对每片用材林的林木进行林分状况调查，核定山场地点、面积、树种、林龄、林地条件、林木生长状况、交通情况等，然后划分管护经营片，在此基础上确定主伐时单位面积最低出材量以及村集体和承包者的利润分成比例，以单位面积确定承包押金，然后张榜公布，公开招标，并以最高出材量或村集体分成最高者中标。中标者在规定期限内交清承包押金，签订林木管护经营合同后，将林木拨交其管护经营。林木主伐时，以中标时核定的出材量为基数，对木材销售纯利润按比例分成。为强化抚育，对在合同签订三年内，有抚育者出材量超基数的，利润归承包者所有。若实际出材量少于核定基数的，差额部分应该以该片木材的获利标准按100%赔给村委会。林木间伐按林业部门的规定进行，收益归承包者。合同期满后，能履行和约的，原承包押金如数退回。

押金管护承包方式是在村集体保留有大量集体林且经营不善的情况下产生的，随着新一轮林改的推进，保留在村集体的森林通过"均山""均股""均利"的方式进行了分权，仍保留由村集体经营的森林比例大幅度降低，且随着村庄治理能力的提升、林业市场化改革的推进和新型林业生产经营主体的普遍形成，押金管护承包方式在押金管护承包合同陆续到期后将会退出历史舞台。

2. 新型林业经营主体

新型林业经营主体是2012年底中央农村工作会议正式提出新型农业经营主体概念后衍生出来的，是相对于传统小规模农户经营提出的，是传统林业经营方式的发展与创新。新型林业经营主体作为直接从事第一产业生产经营活动的林业经济组织，主要通过土地流转形成，它不仅适应了市场经济和林业生产力的发展要求，同时也是林业生产分工不断深化的产物。从实践来看，新型林业经营主体具有以市场化为导向、以专业化为手段、以规模化为基础、以集约化为标志的基本特征，其基本构成包括林业专业大户、家庭林场、农民林业专业合作社、林业股份合作社、林业龙头企业等。

尽管直至2012年底，中央才将新型林业经营主体作为一个整体概念正式提出，但新型林业经营主体的基本构成类型早于2012年以前就已经形成，如第一个家庭林场最早可以追溯到1979年，农民林业专业合作社在2007年《中华人民共和国农民专业合作社法》出台后就得到了大力发展。政府层面之所以在各类主体已经有所发展的情况下坚持提出新型林业经营主体的整体概念，是希望可以系统化、多元化推动新型林业经营主体的发育与壮大，推进集体林现代经营体系的建设与发展。

(1) 家庭林场

家庭林场是以单户或几户的家庭成员为主要劳动力，在经营自家承包的林地上，从事林业生产经营，并以林业收入为家庭主要收入来源的经营主体。农业农村部对家庭农场的定义为：家庭成员为主要劳动力，从事农业规模化、集约化、商品化生产经营，并以农业收入为家庭主要收入来源的新型农业经营主体。家庭林场具有2个方面的优势：一是以亲情为连接的家族式合作经营，力量聚合，矛盾少，比一家一户有力量。二是以家庭承包地为边界，土地清晰完整，与专业大户靠林地流转相比，其自主经营权更强，不容易引起矛盾，更便于生产管理。家庭林场经营者多为老一辈人员，子女往往凭借其父辈经营家庭林场的收益脱离了农村和农业生产，家庭林场经营面临后继无人的困境。

中国第一个家庭林场诞生于1979年，由福建省仙游县农民李金耀通过与村集体签订1200亩包山造林合同而创建。随后实施的林业"三定"政策进一步催生了更多的家庭林场。林业"三定"政策尽管要求落实林业生产责任制，但对具体落实方式没有给出统一要求，部分地区采用了能人承包的方式，产生了一批家庭林场。同时，存在一些人口数量少、占有的山林资源面积大的村庄采用均山方式时，人口数量较多的农户家庭分到的森林面积较大，成了家庭林场。与此同时，20世纪80年代中后期及20世纪90年代初期，国家为了消灭荒山，采取了广泛的"谁造谁有"政策，村民通过荒山造林获取了大片林地的经营权和林木所有权，形成了一批家庭林场。进入21世纪，随着林木价值的快速攀升，早期家庭林场获得了丰厚的回报，在新一轮林改实施初期普遍扩大了林业经营规模，经营方式也开始由自主投入劳动为主转向雇佣为主。家庭林场经营的林地具有一定的规模，家庭林场主多是当地的营林能人，因而家庭林场经营管理整体较好。整体看，由于中国的人口多，森林资源少，林业"三定"和新一轮林改普遍采取了均分的方式，家庭林场数量较为有限。

（2）林业专业大户

林业专业大户是指依赖于信息优势、资金优势或社会资本优势，为了获取利润或分散风险，通过流转获得大规模林地，并通过市场开展林业生产行为的主体。林业专业大户的主要特点：一是能人效应；二是专业化程度高，在满足市场需求的同时能够降低经营风险；三是集约化程度高，加大了生产要素的合理配置和集约投入，促进了规模化、集约化经营。

林业专业大户主要是20世纪90年代我国实行市场化改革后开始出现的，在新一轮林改初期得到了进一步发展。20世纪80年代末90年代初实施了四荒地拍卖政策，村集体持有的宜林荒山经营权被拍卖，产生了一批林业专业大户；20世纪90年代后期，国家森林流转政策的放开、村集体公益事业建设和偿还世界银行造林贷款的需要，使得大量由村集体统一经营的集体林被协商转出，产生了一批专业大户。2002年开启新一轮林改后，少数村庄林权改革采取了公开拍卖的均利方式，也产生了一批专业大户。新一轮林改前形成的林业专业大户主要是流转有林地，基本不参与营造林。基于早期的投资获益认知、营造林投资回报预期的增加和新一轮林改时期林权流转的规范化和透明度的提升，大量的林业专业大户在首轮流转林权到期后开始转向林地使用权的流转，进而从事营造林生产。整体看，林业专业大户多是20世纪80年代末90年代初从事木材及其关联产品贸易的人员向生产端的延伸，具备一定的信息优势、资金优势和社会资本优势，经营的林地受血缘、地缘的限制较弱，资本化程度较高，经营规模相比家庭林场整体要大，林业生产依赖于市场分工组织、个体、自身基本不参与林业生产经动，经营趋向于完全市场化。

（3）林业专业合作社

林业专业合作社是指在农村家庭承包经营基础上，林业生产经营者自愿联合、民主管理的互助性经济组织，是由社员共同出资建立的联合实体。林业专业合作社是独立的市场经济主体，具有合法法人地位，登记注册、贷款受到法律保护，是林农享受优惠政策的载体。林业专业合作社的社员可以是农户，也可以是家庭林场、林业专业大户等其他林业经营主体，社员遵循"入社自愿、退社自由、平等互利"的原则。林业专业合作社不以营利为目的，其核心功能是为社员提供产前、产中、产后服务。林业专业合作社的社员在生产环节上仍以单个经营主体为单位；在销售环节上统一商标、统一品牌、统一销售，同时还为社员提供委托经营、运输和储藏、生产资料采购以及技术支撑、信息共享等服务；在管理上实行"一人一票"制的社员民主决策；在分配上提留合作社公共积累，再按照社员与合作社的交易额或出资进行利润返还。

从实践情况看，林业专业合作社由于内部治理普遍不完善，很多林业专业合作社在政策的推动下匆忙成立，又很快被市场淘汰，尽管注册的数量在增加，但有效运行的并不多。此外，林业专业合作社普遍存在异化现象，具体表现为能人股份合作型或合作经营型、公司经营型或主导型、政府事业单位经营型或行政干部经营型、伪合作型4个基本类型。

(4) 股份合作制

股份合作制经营有2种基本模式：一是按照"分股不分山、分利不分林"的思路，将集体的森林资源折价作股，以股票形式分给应得利益的享有者；而作为林木资产存在的实物形态，仍保持其生存环境的完整性不做具体划分，采取承包办法实现规模经营。二是以林业的多种生产经营要素折股联营。

第一种模式起源于20世纪80年代中后期福建省三明地区林业股东会模式的探索。林业股东会模式坚持集体山林"分股不分山，分利不分林"的原则，实行折股经营，联产承包，集体山林统一经营，通过联产承包把生产责任制落实到劳动者个人，把林农个人利益与集体利益结合起来，较好地解决了集体林区在造林管护和收益分配上吃大锅饭的问题。一般做法是将集体林作价折股，按人口平均分股，以股票形式落实到每个农民手里；每年收益，实行按股分红；每个村通过民主选举产生林业股东会管理机构，制定章程和管理制度，统筹全村林业生产，建立林业收支财务制度，做好分红兑现；在造林、育林、护林、木材生产和加工、多种经营中实行承包责任制。林业股东会是股份制与承包制相结合的林业经济实体。

林业股东会作为一种现代化的治理方式，在20世纪80年代时期并不具备其生存和发展环境，使得这种外生的制度安排在当时必定会走向失败。新一轮林改时期，由于农村治理水平的改善、林业市场化程度的提升、村民主人翁意识和对现代管理知识接纳的增强、农民对林业收入依赖程度和农村税费负担的下降等，决定了村庄继承发展的林业股份合作制在新一轮林改时期会趋向成功，适宜大力推广。福建省三明市的沙县、尤溪县在新一轮林改中较好地推行了以林业股东会模式为制度构成基础的股份合作制，同时在股份的继承、转让等方面进行了探索，具体经营主体的表现形式主要包括集体林场、林业股份合作社、村林业有限公司等。

第二种模式形成于新一轮林改时期，其中又以浙江省最为典型。新一轮林改浙江省将林业股份合作作为林业经营体制改革的主攻方向，在实践中成功创建并大力推广了3种模式：一是安吉县的毛竹股份合作社模式。将现有毛竹的数量和质量折算成股份，组建由村统一经营或承包给大户经营的股份合作社，经营利润按股分红；二是浦江县的林地股份合作制模式。将林地面积折算成股份，通过公开招投标，与工商资本签订股份经营合作协议，合作社成员采用"保底+分红递增"的模式按股(实物)分红；三是龙泉市等地的家庭股份制林场模式。即几家农户的林地委托给一个家庭经营，内部协商确定收益分配方式。这些区域的实践证明3种模式适应林情和社会经济发展水平，有效提高了农民和林业经营主体的收入水平。

(5)林业龙头企业

林业龙头企业是指以森林资源为经营对象，以林产品生产、经营、加工、流通服务等为主业，产业关联度大、科技创新能力强、规模处于行业前列，发挥示范带动作用，并经国家林业和草原局选定的企业。

林业龙头企业具有3个方面的优势：一是带动作用明显。在推进地区林业结构调整、培育主导产业、带动农民增收方面发挥了积极的作用。二是品牌效应明显。一些林业龙头企业大力发展标准化生产，走品牌化发展之路，打造了一批在国内外市场具有较强影响力的优势品牌。三是创新效应明显。有的龙头企业组建了自己的科研和技术开发机构。面临的问题：一是龙头企业与农民承包经营权不能很好地结合，在林地利用上，往往与农民产生矛盾，容易引起群体性事件。二是一些龙头企业大量低价占用林地，没有经营林业，而是圈地融资，或搞房地产，带来多方面风险。

第二节　国有林经营

根据第九次全国森林资源清查数据，无论是按林地面积还是有林地面积，国有林所占比例都近40%。可见，国有林也是中国森林重要的组成部分。

1984年通过的《中华人民共和国森林法》第三条、1998年通过的《中华人民共和国森林法(1998年修正)》第三条、2019年通过的《中华人民共和国森林法(2019年修订)》第十四条均对森林资源属于国有的情况进行了明确(详见本章第一节)。同时，《中华人民共和国森林法(2019年修订)》第十六条规定："国家所有的林地和林地上的森林、林木可以依法确定给林业经营者使用。林业经营者依法取得的国有林地和林地上的森林、林木的使用权，经批准可以转让、出租、作价出资等。具体办法由国务院制定。林业经营者应当履行保护、培育森林资源的义务，保证国有森林资源稳定增长，提高森林生态功能。"

一、国有林区的建设、发展与改革

根据第九次全国森林资源清查数据，中国国有林地面积12416万 hm^2。国有林分为国有林区和国有林场。国有林区林地主要由国有森工企业经营管理；国有林场林地由省、市、县分级管理。

1. 国有林区的形成与发展

国有林区是指全部为国有林或国有林占统治地位的林区。国有林区的形成与发展与我国经济社会发展密切相关。新中国成立初期，根据《中国土地法大纲》和1950年6月30日颁布的《中华人民共和国土地改革法》，将集中连片的东北、西南等天然林划归国家所有。

新中国成立初期，为满足国民经济建木材等森林资源的需求，国家陆续对国有林区进行了大规模的开发，在内蒙古、吉林、黑龙江、陕西、甘肃、新疆、青海、四川、云南9个省（自治区）建立了135个专门从事木材采伐加工的森工企业，以这些森工企业为主体形成了国有林区。其中，分布在黑龙江、吉林、内蒙古3个省（自治区）的87个国有森工企业组成了重点国有林区。这87个森工企业分别隶属于内蒙古森工集团（内蒙古大兴安岭重点国有林管理局）、吉林森工集团、长白山森工集团、龙江森工集团（黑龙江省森林工业总局）、大兴安岭林业集团（大兴安岭林业管理局）、伊春森工集团等6家森工集团管理。由于"先有林区、后有社会"，国有林区逐渐形成了相对独立封闭，对内全包全管、对外自成体系的特殊社会区域，政企、政事、事企、管办不分，森林资源过度开发，基础设施欠账很多，民生问题比较突出，严重制约了生态安全保障能力。

新中国成立初期，国有林区森林资源开发采取的是照搬苏联西伯利亚林区开发的方式，即以木材生产为中心。当时国家确定的林区开发主要任务，是通过开发国有林区森林资源向国家提供经济发展和人民生活急需的木材及其制品。在以木材生产为中心思想的影响下，国有林区森林经营一直放到从属地位，直到20世纪60年代后期周恩来总理提出森林经营要坚持"青山常在，永续利用"的原则后，才开始逐步认识到森林经营的重要性，特别是进入20世纪80年代，林区开始出现可采森林资源危机、经济危困（简称林业"两危"），有了切肤之痛，才真正认识到国有林区开发建设中忽视森林经营的沉痛教训。回顾国有林区的开发史，森林资源经营大致经历了3个阶段。

（1）国有林区开发初期的森林经营（20世纪50年代初至70年代中期）

这一时期，国有林区可采的成过熟林资源丰富，加上国家经济社会对木材及其产品需求的急剧增加，林区处于一种一切工作都是为了木材生产，一切工作都是为了服务木材生产的特殊时期，干部职工以能超额完成国家木材生产计划而自豪，国家虽然下达了木材生产计划，但林业工作的重点是为超计划生产而奋斗，这一时期仅东北内蒙古重点国有林区年木材生产计划曾完成近4000万 m^3，占国家木材生产总任务的70%以上。

由于林业一切工作都是围绕木材生产展开，因此，森林经营基本上处于从属地位，具体表现在：森林采伐方式上学习苏联森林采伐模式，实行的是森林大面积皆伐或间隔带状皆伐方式；在森林经营措施上采取了天然更新为主的做法。这一时期，国有林区基本没有人工造林，更没有安排天然中幼龄林的森林抚育，森林经营没有摆上林区的工作议程。

（2）国有林区开发中期的森林经营（20世纪70年代中期至90年代中期）

进入20世纪70年代，重点国有林区木材生产数量下降，林业企业发展受制，林区职工收入减少，林业"两危"问题已初露端倪。进入20世纪80年代后期，重点国有林区林业"两危"问题加剧，乃至危及林区社会稳定。为了解决重点国有林区林业"两危"问题，总结重点国有林区开发建设经验教训、寻找林区新的路，促进林区经济社会发展，国家林业行政主管部门先后在黑龙江省桃山林业局和吉林省三岔子林业局，召开了解决重点国有林区林业"两危"问题专题会议。会议认为重点国有林区出现林业"两危"的根本原因在于林经济发展滞后，具体表现为：以木材销售为主，原木深加工滞后；林区经济发展结构单一，多种经营发展滞后；林区社会负担重，政企不分、政事不分。会议虽然也提到了森林经营问题，并作为林区出现林业"两危"问题的原因之一，但没有作为重点国有林区出现林业"两危"的根本性原因,也没有提出强化森林经营的办法和措施。

进入20世纪90年代,通过对重点国有林区开发建设的反思,逐渐认识到重点国有林区出现的问题和长期忽视森林经营有着密切关系,重点国有林区森林经营逐步得到一定程度的重视,具体表现为:转变森林采伐方式,由大面积皆伐和间隔带状皆伐改为择伐;采取多种形式促进采伐迹地更新;开展大面积人工造林;重视苗木培育和采种工作;重视天然中幼龄林抚育。

(3) 重点国有林区开发后期的森林经营(20世纪90年代中期至今)

这一时期,是我国森林经营从认识到实践发生重要转折的时期,影响这一转折的主要因素有3个方面:一是联合国可持续发展理论的提出。可持续发展理论对林业发展的影响表现在森林经营的指导思想上,主要是森林经营既要满足当代人的需求,又不危及后代人的利益;人与森林由对立关系转为和谐共生关系;森林既要满足经济需求,也要满足社会需求和生态需求。二是现代林业理论的提出。1992年原林业部部长雍文涛同志提出林业分工论,对现代林业提出了初步构想;20世纪90年代中期,国家林业行政主管部门提出现代林业的框架,要求按现代林业思想推动林业发展,20世纪90年代末,国家林业行政主管部门对现代林业理论的基本内容、坚持的原则、考核的指标以及推动现代林业发展的政策进行深入具体研究,并提出今后中国森林经营之路必须坚持走以森林多功能满足人类多需求的分类经营之路,很多从事林业研究的学者、专家也发表了很多很有见解的论文、专著,对推动现代林业发展发挥了重要作用。三是生态文明建设的提出。2003年,国家提出了加强我国生态文明建设,这是推进我国经济社会可持续发展,实现人与自然和谐共处的基础。党的十八大以来,生态文明建设更是被放在了前所未有的高度,国家林区森林经营的目标彻底转向了以生态功能核心,主体任务转变成了森林保护与恢复,天然林被全面禁止商业性采伐。

2. 国有林区改革

2014年,国家林业局印发《关于切实做好全面停止商业性采伐试点工作的通知》,决定从2014年4月1日起,龙江森工集团和大兴安岭林业集团全面停止天然林商业性采伐。同时,就采伐管理提出了严格伐区设计审批管理、严格伐区采伐作业监管、严格木材运输销售监管、严格森林抚育经营管理、严格违法违规采伐责任追究的"五严格"管理规定。

2015年,针对国有林区仍然存在的管理体制不完善、森林资源过度开发、民生问题较为突出、生态安全保障能力受制约的突出问题,中共中央、国务院出台了《国有林区改革指导意见》,新一轮国有林区改革全面启动。

《国有林区改革指导意见》指出,国有林区改革的主要指导思想包括:全面贯彻落实党的十八大和十八届三中、四中全会精神,深入实施以生态建设为主的林业发展战略,以发挥国有林区生态功能和建设国家木材战略储备基地为导向,以厘清中央与地方、政府与企业各方面关系为主线,积极推进政事企分开,健全森林资源监管体制,创新资源管护方式,完善支持政策体系,建立有利于保护和发展森林资源、有利于改善生态和民生、有利于增强林业发展活力的国有林区新体制,加快林区经济转型,促进林区森林资源逐步恢复和稳定增长,推动林业发展模式由木材生产为主转变为生态修复和建设为主、由利用森林获取经济利益为主转变为保护森林提供生态服务为主，为建设生态文明和美丽中国、实现中华民族永续发展提供生态保障。

《国有林区改革指导意见》提出到2020年，国有林区改革要达到三大总体目标。一是基本理顺中央与地方、政府与企业的关系，实现政企、政事、事企、管办分开，林区政府社会管理和公共服务职能得到进一步强化，森林资源管护和监管体系更加完善，林区经济社会发展基本融入地方，生产生活条件得到明显改善，职工基本生活得到有效保障。二是区分不同情况有序停止天然林商业性采伐。三是重点国有林区森林面积增加550万亩左右，森林蓄积量增长4亿 m^3 以上，森林碳汇和应对气候变化能力有效增强，森林资源质量和生态保障能力全面提升。

国有林区改革的主要任务包括7大方面：区分不同情况，有序停止重点国有林区天然林商业性采伐，确保森林资源稳步恢复和增长；因地制宜，逐步推进国有林区政企分开；逐步形成精简高效的国有森林资源管理机构；创新森林资源管护机制；创新森林资源监管体制；强化地方政府保护森林、改善民生的责任；妥善安置国有林区富余职工，确保职工基本生活有保障。

为了实现国有林区改革目标，提出了五大建立健全国有林区改革发展的政策支持体系。一是加强对国有林区的财政支持。国有林区停止天然林商业性采伐后，中央财政通过适当增加天保工程财政资金。结合当地人均收入水平，适当调整天保工程森林管护费和社会保险补助费的财政补助标准，加大中央财政的森林保险支持力度，加大对林区基本公共服务的政策支持力度，促进林区与周边地区基本公共服务均等化。二是加强对国有林区的金融支持。根据债务形成原因和种类，分类化解森工企业金融机构债务。开发适合国有林区特点的信贷产品，拓宽林业融资渠道，加大林业信贷投放，大力发展对国有林区职工的小额贷款。完善林业信贷担保方式，完善林业贷款中央财政贴息政策。三是加强国有林区基础设施建设。各级政府要将国有林区电网、饮水安全、管护站点用房等基础设施建设纳入同级政府建设规划统筹安排，将国有林区道路按属性纳入相关公路网规划，加快国有林区棚户区改造和电网改造升级，加强森林防火和有害生物防治。四是加快深山远山林区职工搬迁。将林区城镇建设纳入地方城镇建设规划，结合林区改革和林场撤并整合，积极推进深山远山职工搬迁。继续结合林区棚户区改造，同时在安排保障性安居工程配套基础设施建设投资时给予倾斜。林场撤并搬迁安置区配套基础设施和公共服务设施建设等参照执行独立工矿区改造搬迁政策。切实落实省级政府对本地棚户区改造工作负总责的要求，相关省级政府及森工企业也要相应加大补助力度。对符合条件的困难职工，当地政府要积极研究结合公共租赁住房等政策，解决其住房困难问题。拓宽深山远山林区职工搬迁筹资渠道，加大金融信贷、企业债券等融资力度。切实落实棚户区改造住房税费减免优惠政策。五是积极推进国有林区产业转型。推进大小兴安岭、长白山林区生态保护与经济转型，积极发展绿色富民产业。进一步收缩木材采运业，严格限制矿业开采。鼓励培育速生丰产用材林特别是珍贵树种和大径级用材林，大力发展木材深加工、特色经济林、森林旅游、野生动植物驯养繁育等绿色低碳产业，增加就业岗位，提高林区职工群众收入。利用地缘优势发展林产品加工基地和对外贸易，建设以口岸进口原料为依托、以精深加工为重点、以国内和国际市场为导向的林产品加工集群。支持国有优强企业参与国有林区企业的改革重组，推进国有林区资源优化配置和产业转型。选择条件成熟的地区开展经济转型试点，支持试点地区发展接续替代产业。

2020年8月，国家林业和草原局会同国家发展和改革委员会，联合中央编办、财政部、民政部等14个部门组成改革工作小组，对内蒙古、吉林、黑龙江3个省（自治区）改革任务完成情况进行国家验收。验收结果表明，国有林场改革7项任务全部完成，5项支持政策基本到位，改革目标全部实现。理顺了中央和地方关系、地方政府和森工企业的关系；全面落实停伐政策，减少森林蓄积消耗3100余万 m^3，森林资源持续恢复和稳定增长；妥善安置22.74万名职工，林区职工人均年收入较改革前增加1.5万元，增长50%。

二、国有林场的建设、发展与改革

国有林场，是指国家建立的专门从事植树造林、森林培育、保护和利用的具有独立法人资格的林业事业单位。国有林场是我国林业建设的重要组成部分，是我国生态修复和建设的重要力量，是维护国家生态安全最重要的基础设施，为社会提供了最优质的生态产品和公共服务。

国有林场是我国林区的基本组织，同时它还承担林区教育、卫生、治安和社会管理的任务，有的代管乡村。国有林场的特点是和农村交叉，一般是跨乡、跨县，也有的大型林场跨市，管理难度大。国有林场的称呼有多种，有的叫林业局、有的叫森林经营所、有的叫治沙站等。国有林场按经营对象分为用材林林场、防护林林场、经济林林场、风景林场等。按预算体制划分为生态公益型林场和商品经营型林场。按管理体制分为省属林场（占10%）、地（市）属林场（占15%）、县属林场（占75%）。

1. 国有林场的形成与发展

国有林场是新中国成立初期，为优化生态开发空间格局，加大自然生态系统保护力度，由国家投资在国有宜林荒山荒地建立起来的专门从事营造林和森林管护的林业事业单位。国有林场以造林、育林、护林，培育和保护森林资源，改善生态环境为主要任务，主要分布在重点生态区域和生态脆弱区，大多地处江河两岸、水库周边、风沙前线、黄土丘陵、硬质山区等区域。

新中国成立以来，国有林场管理体制几经变革，国有林场发展大体上经历了以下5个阶段：

1949—1965年，国家在国有宜林荒山面积较大的无林少林地区以国家投资的形式陆续试办了一批以造林为主的国有林场。20世纪50年代后期开始，国家大力投资支持，国有林场快速发展。到1965年底，全国国有林场达到3564个。国有林场是按照全额拨款事业单位管理。每年由中央财政下拨的事业费1亿多元，基本建设资金1亿多元。同时，切实加强了国有林场管理机构建设，1963年，原林业部专门成立国有林场管理总局，各省（自治区、直辖市）也普遍建立了国有林场管理机构。为了摸索国有林场高层级管理的经验，各地将一批大型、重点国有林场收归省（自治区、直辖市）直接领导，林业部也将37处国有林场改为实验林场，其中32处由部、省双重领导，5处机械造林林场由林业部直接管辖。

1966—1976年，国家对国有林场重视程度弱化，管理机构不稳，管理层级下调。林业部国有林场管理总局被撤销，除山西省外，其他各省（自治区、直辖市）的国有林场管理机构均被撤并，大多数国有林场被下放到县、乡。各地随意侵占国有林地、偷砍滥伐国有林木之风盛行，致使国有林场经营面积缩小，有林地面积和森林蓄积量锐减。

1977—1998年，随着我国改革开放政策的实施，国有林场逐步恢复，进入了稳定发展的新时期。各级林业部门普遍加强了对国有林场的领导，重新组建了管理机构，明确了国有林场应由县以上林业部门管理，形成了省、地、县三级管理的格局。同时，各个领域的改革逐步展开，经济体制改革先行起步。1981年，财政体制改革实行"分灶"吃饭，原由中央财政直接管理的国有林场事业费逐级下放，由于种种原因事业费难以全部落实，国有林场成为差额拨款事业单位。进入20世纪90年代，一些地方政府为了发展经济、甩包袱，进一步中断了应当给予国有林场的投入和扶持政策，将国有林场作为生产性事业单位进行管理，经费实行自收自支。国有林场既不像事业也不像企业，得不到事业单位正常发展应享受的扶持政策，也得不到企业应享有的自主权和灵活、完善的经济政策，严重制约了国有林场的更大发展。

1996—2003年，因生态转型，国有林场陷入发展困境。国有林场连续多年出现了全行业亏损局面，资产负债率不断提高，有20多万职工基本处于待业状态。特别是2000年以来，随着以生态建设为主的林业发展战略的实施，我国采取了禁伐限伐政策，国有林场木材产量大幅调减，木材加工等项目受到明显挤压，收入明显减少，职工生活日益困难，国有林场陷入"资源枯竭、经济危困"的境地。

2003年至今，逐步探索国有林场改革。2003年，中共中央、国务院《关于加快林业发展的决定》明确提出实施国有林场改革。国家林业局会同国家发展和改革委员会、财政部等部门，开展了大量的调查研究，形成了国有林场改革的基本思路。经国务院批准，河北、浙江、安徽、江西、山东、湖南、甘肃7个省开展了国有林场改革试点。各地结合本地实际，在国有林场改革方面做了积极的探索，积累了宝贵的经验。国有林场的生态公益功能定位正在得到广泛的认同，国有林场生态公益改革思路已经达成充分共识。同时，在国家有关部门的大力支持下，开展了国有林场扶贫工作，实施了国有林场危旧房改造工程，道路、供水、供电等基础设施建设也取得重大进展，为国有林场改革创造了良好条件。

2. 国有林场改革

2011年，国有林场改革试点开始。2011年10月，国家林业局、国家发展和改革委员会联合发出通知，在河北、浙江、安徽、江西、山东、湖南、甘肃7个省开展全国国有林场改革试点。试点工作原则上在2年内完成。

2015年，由于国有林场仍然存在功能定位不清、管理体制不顺、经营机制不活、支持政策不健全等突出问题，林场可持续发展面临严峻挑战，中共中央、国务院印发《国有林场改革方案》，新一轮的国有林场改革全面启动。

《国有林场改革方案》规定到2020年，要实现国有林场改革的三大总体目标。一是生态功能显著提升。森林面积增加1亿亩以上，森林蓄积量增长6亿m^3以上，商业性采伐减少20%左右，森林碳汇和应对气候变化能力有效增强，森林质量显著提升。二是国有林场生产和林场职工生活条件明显改善。通过创新国有林场管理体制、多渠道加大对林场基础设施的投入，切实改善职工的生产生活条件。拓宽职工就业渠道，完善社会保障机制，使职工就业有着落、基本生活有保障。三是管理体制全面创新。基本形成功能定位明确、人员精简高效、森林管护购买服务、资源监管分级实施的林场管理新体制，确保政府投入可持续、资源监管高效率、林场发展有后劲。

具体的国有林场改革措施主要包括6个方面：明确界定国有林场生态责任和保护方式；推进国有林场政事分开和事企分开；完善以购买服务为主的公益林管护机制；健全责任明确、分级管理的森林资源监管体制；健全职工转移就业机制和社会保障体制等。

为了实现国有林场改革目标，提出了五大建立健全国有林场改革发展的政策支持体系。一是加强国有林场基础设施建设和对国有林场改革的财政、金融方面支持。二是加强国有林场人才队伍建设。要采取引进人才、专业技术职务评聘条件设置、提高技能岗位结构比例，改善人员结构，林场职工培训等方面加大力度，提高国有林场人员综合素质和业务能力。三是促进改革落实各项任务的组织管理。加强总体指导，国家发展和改革委员会、国家林业和草原局以及其他各有关部门要加强沟通，密切配合，按照职能分工抓紧制定和完善社会保障、化解债务、职工住房等一系列支持政策。四是做好统筹协调工作，根据不同区域国有林场实际，切实做好分类指导和服务，加强跟踪分析和督促检查，适时评估方案实施情况。五是加强国有林场管理机构建设，维护国有林场合法权益，保持森林资源权属稳定，严禁破坏国有森林资源和乱砍滥伐、滥占林地等情况的发生，同时也要做好风险预警，及时化解矛盾，确保社会稳定。

2021年3月11日，全国绿化委员会办公室发布的《2020年中国国土绿化状况公报》显示，2020年中国国有林场数量整合为4297个，95.5%的国有林场被定为公益性事业单位。国有林区改革基本实现政企分开、管办分离，改革任务基本完成。

第三节　国外森林经营

一、私有林经营

1. 日本

日本的森林所有制包括国有林(31%)和民有林(69%)。其中，民有林由公有林(县有林和市町村有林，11%)和私有林(58%)构成，其林业经营主体主要有林家、森林组合和民间公司等，其中森林组合是日本林业最大和最具特色的职能组织。森林组合制度是日本民有林政策的主要构成要素之一，对以民有林为中心的林业经营，同时也对日本林业发展起到了极其重要的作用。

森林组合的特征可以概括为三点：一是森林所有者的近一半加入了森林组合。这是因为日本林业与农业不同，没有实行土地改革，存在着一部分能够自主经营的大、中规模森林所有者。另外，由于日本农村实行农林复合经营，森林组合员的80%加入了农协。因此，森林组合成员大多具有双重身份。二是森林组合多以基层行政区域(市町村)为单位设立，与农户的林业经营和生活密切相关的各种业务，都由森林组合统一实施。三是在县一级区域设立森林组合联合会，并进一步设立全国森林组合联合会。作为森林组合的整体，就是由上述按照国家行政区划而组建的三级组织体系所构成。这些可以称为是日本式合作社的特征，在世界上是独一无二的。

2. 法国

法国是一个以私有林为主的国家，私有林面积约占森林总面积的74%。法国私有林的经营除林主个人经营外，主要采取4种合作经营方式：家庭合作经营、专业协会经营、合作社经营、林业事务所经营。林业事务所类似于中国的律师事务所，一般由几名拥有森林师资格证书的合伙人向工商部门申请成立。它的主要业务是受私有林主委托，提供法律、技术咨询与服务，包括林木种苗培育、营造林、森林资源评估、采伐(含采伐树木标记)、林道建设、通过招标的方式销售林主的木材等。加强合作经营立法，法国政府先后颁布实施了一系列相关法律界定农(林)业合作社的法律地位，规范、引导和促进农(林)业合作社的健康发展。法国对促进林业规模经营的财政扶持主要通过3种方式进行：直接补助、税收减免和贷款扶持。

3. 美国

美国森林所有权比较分散，总体来说可分为公有林和私有林，其中私有林面积约占60%。美国私有林的经营管理：一是法律充分保护私有财产的所有权。保证私有林主对私有林的占有、使用、收益和处分等权利，私有林主对林地、林木具有高度的经营自主权，林主完全可以根据其土地情况、木材生产周期、市场需求、价格等因素自行决定森林的经营管理。同时，私有林主也成立林主协会之类的行业机构以维护自身权益。二是制定优惠政策促进私有林发展。如减免税费支持私有林的发展，在所得税、遗产税、销售税等方面对私有林给予优惠，制定优惠资助补贴政策扶持私有林主造林和森林保护、森林防火等。

二、国有林经营

1. 日本

日本国土面积3778万hm^2，森林约为67%。国有林面积761万hm^2，约占国土面积的20%，相当于森林总面积的30%。日本的国有林是在战后形成的，主要由内地国有林、北海道国有林、皇室林组成，由农林省林野局管理，后又改革，整合管理机构，农林水产省林野厅的国有林管理部和业务部合并为国有林野部，形成现有的国有林管理基本形态。

战后，日本的国有林依照森林功能类型进行经营管理，通过民有林、国有林建立以森林流域管理为基本体系的运营体制，同时采取按森林功能类型经营管理的基本方针。具体是把国有林分成国土保护林、自然维护林、森林空间利用林和木材生产林4大类型，同时所有森林都应具有水源涵养功能，为发挥和提高各种功能，积极进行与此相适应的经营管理。

在1998年国有林体制改革以后，对国有林进行重新定位。将国有林定位为"全体国民共同的财产"，明确了国有林作为国家公共事业的基本性质。将之前的四类国有林整合为3类：水土保全林、人与自然共生林、资源循环利用林。经过7年的逐步调整，生态公益林由1997年的50%增加到2005年的91%，用材林由50%减少到9%。

在管理体制上，实行管理主体与经营主体的分离。国有林管理单位只负责森林的保护、经营计划的制定、经营监督以及部分治山工程，造林、采伐、林道建设等国有林经营的全部业务都通过招标制，委托给民间企业实施；同时积极推行"分成造林""分成育林""土地借出"制度，鼓励企业、团体和个人承包经营国有林，收益分成。

2. 印度

印度全国森林面积为7516万hm^2，人均森林面积为$0.08hm^2$，木材储量为42亿m^3，年产木材2500万m^3，其中900多万m^3为工业用材，其余作为薪材。森林覆盖率平均为22%。

印度的森林基本上为国家所有，国有林占95.8%，公有林(为森林发展公司及其他社会团体所有)占2.6%，只有很少一部分林地归私人所有，私有林仅占1.6%。

由于印度的森林绝大部分归国家所有，因此最高林业管理机构主要负责国有林的工作。独立后的印度加强了林业的管理工作，于1984年成立了中央林业局，隶属于农业部，林业局局长由农业部部长担任(农业部长为内阁大臣)，农业部不直接管理林业行政事务。林业总监作为中央政府的首席林业事务顾问，负责全国的林业工作。中央林业局只负责制定林业政策和全国的林业发展战略，以及科研、教育和协调地方的林业工作。

1985年，印度政府为了适应林业发展的新形势，进行了一系列的改革。首先，对国家机构进行了调整，以加强对林业的指导。政府把林业从农业部中独立出来，成立了环境与林业部，扩大了其管理权限，并使之组织机构更加完善和合理。拉·甘地总理亲自兼任了一段时间的部长职务。为了加强对野生动物的保护，政府还将野生动物纳入了环境与林业部的管辖。根据拉·甘地广播讲话的精神，于1985年5月成立了国家荒地开发局，隶属于环境与林业部，部下还设有环境司、林业与野生动物司，以及8个直属机构和其他机构。

各邦和中央直辖区都设立了林业局，各邦林业局由森林总监领导，但一般不管具体事务。各邦有一些专门的林业机构，如林业施业案研究、森林利用、土壤环境保护部门。

3. 加拿大

加拿大森林以公有林为主，森林面积中93%为公有林，其中77%为各省或地方政府所有，16%为联邦所有。加拿大联邦政府设有自然资源部林务局，联邦政府下属的10个省和3个地区分别设林业部或自然资源林务局(图7-1)。国有林的经营管理机制：一是分级所有，各负其责。联邦政府、省政府和地区政府在管护和控制公有林事务中有各自特定的权限和责任。二是公有私营，有偿使用。对于省有林，通常采取承包商制度，即各省林业管理部门通常采用招标方式与中标的私营林产品公司签订租地合同(林地特许协议)，将公有林租赁给公司企业进行经营和采伐。还有部分省有林下放社区管理，由社区组织经营。三是限额采伐，保证更新。尽管加拿大具有丰富的森林资源，但为了保证森林的可持续经营，加拿大公有林实行严格的采伐和迹地更新管理制度。森林采伐实行总量刚性、年间弹性的限额采伐制度。四是采取分类管理，可持续经营。各省根据森林的区位分布、主体功能、环境及生物多样性保护等不同目标的需要，按不同的经营目的，将森林划分为商用林和非商用林等类型。加拿大各级政府还对林业发展采取资金扶持、税收扶持的政策等。

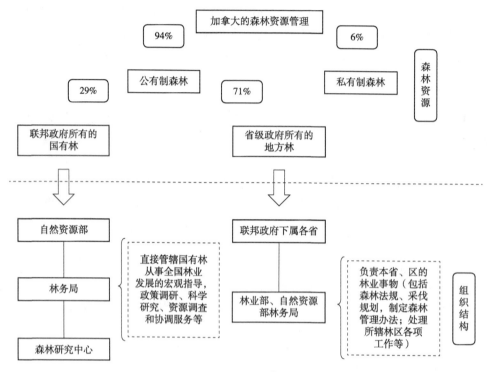

图 7-1 加拿大森林资源管理示意图

4. 德国

德国的森林资源中，公有林和国有林大约占 53%，国有林约占 30%，主要由各州所有。管理职能也主要在州一级。由于各州情况不同，形成了不同的管理体制，一是"政企分开"的垂直管理模式。州设有林业管理局、林业管理局垂直管理分区域设置的森林管理局，森林管理局垂直管理分区域设置的森林管理站。林业管理局、森林管理局、森林管理站属行政管理机构，负责国有林监督管理，不直接经营国有林，成立森林企业直接经营国有林，具有法人资格，国有经营企业实行收支两条线。二是"政企合一"的垂直管理体制。州以下实行垂直管理的"政企合一"国有林管理体制，林业机构既承担行政管理职能，又从事国有林经营，经营上也实行收支两条线。从经营方向上看，德国经营目标以生态社会效益为主，以按自然要求经营林业。从 20 世纪 70 年代起，各级政府将国有林的经营目标由以生产木材为主转到以生态社会效益为主上来，把生态保护放在首位，提出按自然生态要求经营山林的原则。同时，国家对发挥生态功能为主的国有林实行全额投资，对林业采取了积极的财税政策。

5. 澳大利亚

澳大利亚森林资源中，国有林面积大约占 72%，因此，国有林在澳大利亚林业中占据主体地位。

澳大利亚的林业管理机构由联邦林业管理机构、州林业管理机构和基层林业管理机构构成。森林资源管理的主体是各州或地区政府。对天然林的保护和利用是澳大利亚公有林管理的重点，联邦政府从保护生态环境和森林永续利用的长期发展战略出发，制定了一系列约束力较强的政策、法规，开展天然林保护与利用管理。加快发展人工林是澳大利亚林业发展的重要策略，人工林实行分类经营，通过发展集约人工林，满足国内木材需求，并实现对天然林的有效保护。澳大利亚的国有林经营主要采取多目标经营方式，明确声明国家森林经营的目标就是培育多功能的森林。国有林的经营方式主要有：政府直接经营、承租经营、合作经营等。政府直接经营是有政府林业管理部分或国有林业公司从事造林、管护、森林采伐等生产、经营管理活动。承租经营是私人或私人公司租用国有林地从事生产经营活动。合作经营是各私人专业公司与林业管理部门或国有林业企业合作从事国有林的生产经营活动。

国外发达国家国有林经营管理大多坚持生态优先的原则，将政府的职能定位于资源管理上，坚持市场化的改革取向，森林资源的所有权与经营权相分离，国家拥有森林资源的所有权，将森林资源交由具有独立法人的资格的企业经营，明确经营者的收益权，用利益机制来提高其生产的积极性。

第八章
市场失灵与政府调控

第一节 林业资源配置市场失灵与政府调控

一、林业中的市场失灵

市场经济条件下，市场成为资源高效率配置的最佳方式，市场机制在经济资源配置中起到了基础性作用，其广泛性和有效性是毋庸置疑的。当然，这需要建立在完全理性、完全信息、完全竞争、不存在外部性、不存在公共物品等严格的假设条件之上。然而，市场并非完美无缺，市场机制本身也存在自发性、盲目性及功能的局限性，市场的不完全竞争、不对称信息、外部性、无力提供公共产品、不能有效调节收入分配等，都会导致市场失灵。可见，市场失灵在于市场的不完善，在每个行业包括林业中都有所表现。

林业经济活动中存在普遍的外部性，既有正外部性也有负外部性，无论哪种类型的外部性都会造成林产品市场均衡偏离社会最优产量，相应的社会福利产生无谓损失。由此，在市场机制不能使资源配置达到最佳状态的某些领域，往往要求政府调控。

1. 林业的外部效应

外部效应包括正效应和负效应。外部正效应的存在意味着经济主体在市场上不支付费用而得到收益。外部正效应在林业中是最普遍的现象。例如，森林的营造、管护，当森林发挥保持水土、涵养水源、防风固沙、调节气候、净化空气、美化环境等多种效能时，社会上许多团体、个人都从中得益，而无须为此付出相应费用；当各种林产品以不合理的较低价格水平提供给消费者时，部分林产品的真实效益便自动地"外溢"到其他消费者或企业。随着社会经济的进一步发展，人类对环境质量要求的进一步增强，林业外部正效应具有进一步增大的态势。

林业外部正效应的存在，意味着林产品和服务提供者的边际收益小于社会边际收益，如果没有一定的手段弥补这种差异，外部正效应的生产者就没有足够的积极性去使产品和服务达到社会最优水平，从而出现所谓的"生产过少"现象，其市场供给往往不足。这也正是世界各国政府对林业实行特殊扶持政策的依据之一。

与外部正效应相对应，外部负效应的存在意味着某经济主体不支付代价而提高另一经济主体的支出。外部负效应对林业的影响是严重的，一方面，负效应的生产者由于不支付必要的代价，从而导致过多的资源被用于某项特定生产活动，比如，过多地营造纯林造成土壤板结；过多的皆伐活动造成水土流失，过伐森林资源造成对资源体系和环境的破坏；小型纸厂、小型木材加工厂因无力采用先进的科学技术和设备，造成环境的日益恶化；等等。这些负效应都不包括在生产者的成本里，对这些不利活动也不付出任何代价，因而这些对其他经济主体有害的活动也自然地不能自动降温。另一方面，整个经济社会中的各种对环境的干扰活动也会溢出大量负效应到林业，不断地增加森林资源的负荷，增加林业保护环境的责任、压力和相应的林业生产成本。如温室效应、酸雨等对森林的影响等。

可见，外部正效应和负效应均会破坏社会资源的最佳配置。在市场经济条件下，林业的外部效应问题的存在会使生产要素大量退出林业领域，产生难以估计的后果。因此，要认真研究林业经济活动中外部效应的各种类型及其本质，运用政府调控的手段，制定法律规则并作出不同的制度安排来减轻林业外部效应问题带来的影响。

2. 林业产出的公共物品特征

市场机制依靠价格变动来调节资源在不同部门间的流动，以实现资源的最佳配置，但对公共物品的供给调节却往往无能为力，或调节作用甚微。究其根源，在于公共物品的非竞争性和非排他性。由于公共物品的这2个特征，往往导致"公地的悲剧"，即每个个体追求自身利益最大化的结果导致集体行动的低效甚至无效。而且，在公共物品消费中，价格反映偏好的机制失灵。每个人都有"搭便车"的动机，即让他人承担生产公共物品的成本而自己免费或低成本享受该物品。

显然，林业复合性和多样性的产出，其中不少具有公共物品或公共资源的属性，如森林景观、固碳供氧、森林防护、净化大气、改善生态、生物多样性保护和不收费条件下休闲游憩等功能服务。林业的这些产出对于缓解全球气候变化，保护生物多样性，乃至于实现社会经济可持续发展都具有重要作用。与此同时，作为国民经济重要的基础产业和公益事业，林业自身的持续健康发展也需要政府提供必要的公共服务，如森林防火体系、病虫害防治体系、林业科学基础研究、大范围资源调查，这些对林业整个行业的发展都是至关重要的内容，森林资源单个经营者因为投入产出比较和出于对其他经营者"搭便车"的顾虑，往往不愿也无力提供相关方面的服务。由此，改善林业产出中公共物品的供给和公共资源的管理，促进林业自身的可持续发展都需要政府更多的直接和间接介入。

3. 林业信息不对称或不完备

在完全竞争的市场里，供求双方都掌握所有信息，资源的最佳配置是以信息公开、信息的对称性为条件的。但实际中交易的一方往往拥有另一方不拥有的信息，这种现象被称为信息不对称。现实市场中，经常存在生产者不确切知道自己产品的需求曲线或成本曲线，而使生产量达不到最佳水平。许多消费者并不掌握各个企业提供的产品和服务的价格、质量、特性、效能等方面的充分知识，因而很难达到消费者效益最大化的目的。此外，有时信息偏在交易主体的一方，从而确保对自己有利的契约，而把交易主体的另一方置于不确定的环境之中。在信息不对称的情况下，市场机制很难发挥作用，经济活动当事人无法准确发现相对价格,既会给自身利益带来风险,也会造成资源配置行为偏离社会最优结果,市场出现非均衡状态。

存在于林业中的信息不完备主要有:

①林业生产经营者地处交通不便,信息闭塞之地,加之企业缺乏有关人才,对产品的市场价格、供求数量及趋势,产品质量等情况掌握不全。

②对森林多种功能的作用、社会需求状况、社会成本利得及水平等研究比较肤浅。

③对森林生产力、森林灾害发生规律认识不足。

④林业生产的长期性,使个别生产者无法把握长期的价格趋势及其供求变化态势。

显然,生产者总是需要在一定的预测下决定自己的投入开发方向(如种子园建设,集约栽培模式,林业工业项目等),企业由于无法掌握这些活动的全部信息,这就意味着投资伴随着较大的风险,而个人或企业资金能力及抗风险能力有限,往往会取消长期性的、风险大的投资。同样,信息的不对称使林业经营者(特别是地处偏远山区的经营主体)在竞争中处于不利地位。信息的不确定性使林业投资不容易达到社会所需要的水平,最终使生产、交换和消费循环无法顺利进行。因此,林业经营必然大受影响,为解决这些问题,政府的调控是有积极意义的。

4. 林业市场不完全

我们说市场是完全的,意味着交易者之间有着明确的产权体系,市场是存在且完整的;另一方面市场又是充分竞争的。而现实中,很多资源的市场还根本没发育起来,或根本不存在。这些资源的价格为零,没有建立起相应的产权制度或产权不够清晰,被任意免费取用,存在着过度使用。有些资源市场虽然存在,但价格偏低,因而被大量浪费。

当市场竞争不足,就表现为垄断。不完全竞争或垄断主要源于成本条件和对竞争的限制,如政策法律的限制(专利、进入特许权、生产限额等),由此造成市场主体在进入市场方面的障碍,无法获取应有的收益。在林区,法律政策方面的限制是使中国林业市场不完全的重要因素,这些限制造成了林主进入市场的障碍,突出表现在采伐限额制度上,这样的制度安排不但影响了林主的资源利用方式,更影响了其合理收益的获取,无法刺激他们的资源培育和林业生产行为,无法保证增加资源的有效供给,从而整体上降低了林业产业的比较优势,投资者望而却步或退出,林业的可持续发展目标难以实现。此外,大量的森林生态产品和服务没有价格,被任意免费使用,这一切均不符合最佳资源配置的要求。

二、政府对林业调控的目标与主要领域

由于市场功能存在不可避免的缺陷,因而仅仅让市场机制单独对林业经济活动实施调节,对资源进行配置是无法达到较好结果的。由此决定了需要有非市场的力量来校正弥补市场的不足。从市场经济的发展过程看,最初主动弥补市场缺陷的是市场主体。生产者组织行业协会,就涉及各个生产者共同利益的有关问题(如价格、市场销售条件等)进行自觉协调,消费者成立消费者保护协会等各种自我保护组织,共同抵御市场上不法行为对自己的侵害。但这些行动由于各种自身的局限性而不能持久下去,于是作为社会共同利益的代表——政府被历史地选作为弥补市场缺陷、维护市场正常运行秩序的

调节者和组织者。

市场失灵为政府实施林业调控(或者称为政府干预)提供了机会和理由。在市场失灵的情况下，需要政府干预，包括不完全市场、外部效应、公共物品、不对称信息等涉及的领域。理论上，政府干预的目的在于通过税收、管制、建立经济激励机制和制度改革来纠正市场失灵。对照前述的林业中的市场失灵问题，政府调控的目标与主要领域体现在以下方面：

1. 增加林产品有效供给，保证公共物品的供应

即政府通过税收开支，实现公共物品的有效供给。这种强制性政策行为，一定程度上规避了个体隐瞒自己真实需求的动机，使免费搭车现象无利可图。

从林业领域来看，森林有效供给与日益增长的社会需求的矛盾依然突出，表现为：①我国木材对外依存度较高，全球许多国家和地区限制或禁止珍稀和大径级原木出口，珍稀树种和大径级原木进口断供风险加大；②天然林全面禁伐，每年木材供给减少，木材供给缺口进一步加大；③随着城镇化建设的推进，木材缺口加大，木材安全形势严峻；④现有用材林中可利用资源少，大径材林木和珍贵用材树种更少，木材供需的结构性矛盾十分突出；⑤森林生态系统功能脆弱的状况尚未得到根本改变，生态产品短缺的问题依然是制约我国可持续发展的突出问题。

因此，林业产出的公共物品特征及其长周期性和对投资吸引力的缺乏都需要政府调控并借助于有效的政策激励和各种可能的手段来增加林产品的有效供给，从而满足国民经济和社会发展及人民生活对林产品的基本需要。

2. 增强林业生态服务功能

这是基于保障国民经济和社会健康发展而提出的又一重要目标。中国不仅森林资源贫乏，而且生态环境恶化，生态环境整体功能下降，生态系统抵御自然灾害能力减弱，水土流失、土地旱化、旱涝、赤潮、沙尘暴、次生地质灾害频繁发生，危害程度大。森林作为环境的重要因子，在促进碳氧循环、促进土壤发育、降低风速、控制水土流失、涵养水源、抵御洪涝和干旱灾害方面有着特殊、重要的功能。因此，建设林业生态体系，严守林业生态红线，增强林业的生态服务功能应成为政府调控的主要追求，林业项目中的国土保安林、自然保护区、大型防护林工程、森林灾害防御工程等，都应该由政府来提供。从这个意义上讲，增强林业生态服务功能，至少要维护环境状况不继续恶化，这是林业提供公共物品的最低水平；在此基础上，随着社会经济发展和人们物质、文化生活水平的提高，公共物品的供给水平也要相应地有所提高。从另一角度讲，政府用于林业公共物品的资金增长速度应当不低于通货膨胀水平，与实际经济水平上升同步增长。当然，政府直接提供公益林的资金来源应出自中央以及各级政府的财政收入，应从立法角度保证财政收入中有一定比例用于政府的公益林项目，而不是依靠临时性的、随意性的摊派。

3. 鼓励和保护具有正外部效应的行为，减轻或内化外部负效应的影响

对于具有正外部效应的行为，如植树造林、生态保护等，政府通过各种奖励性政策形成激励机制。在市场经济条件下，应使林业的外部正效应得到有效的补偿，使林业中

的必要投入能够回收，生产者能获得正常利润，以鼓励林业生产水平尽早达到社会所需水平，因此，有必要对林业生产者给予合理补助。补助方式主要包括直接补助和间接补助。直接补助就是对从事森林营造业的生产者继续提供长期、低息贷款；对个人和企业向林业进行的投资实行减税政策；对林业企业实行特别财务及会计制度，保证营林投资的及时摊提；对营林收益实行特别税收条款，鼓励超长期投资活动；向林农、林业企业提供种苗、肥料、技术援助。间接补助就是政府对林业研究、林业教育进行资助，由政府提供免费信息服务，提供免费教育以提高林业劳动力素质；政府提供道路、森林灾害防御系统、林木改良等。但需要注意的是，应当研究确定恰当的补助水平及范围，对那些能通过改善市场结构，形成合理价格的产品，就不应继续长期给予补助。林业补助的结果是保证达到经济上合理的资源更新水平。

对于具有负外部效应的行为，除少数可以让市场去调节外，大部分需要政府借助行政、财政、税收等手段来处理。在这个问题上，可以通过使外部效应的生产者和受益者（及受害者）相互融合在同一企业组织内部来解决。比如，通过产业的纵向联合、横向联合，使成本或价格负担的不均匀问题内部化（例如，营林业与林业工业的联合，使林价偏低的问题内部化）。当然，内部化解决问题的方式要求具有各方能达成意见的保证。

4. 维护产权

对于林业来说，产权是某个人、某些人或某个经济实体所拥有的森林、林木的所有权及其林地使用权的一系列权利。林业产权的复杂性体现在林地权属和林地上生长的森林、林木权属之间组合的多样性。新中国成立后，为了突破不合理的制度约束，从而为社区经济和农民生活开辟新的发展空间，南方集体林区各地展开了一系列林权制度改革。但这些"走马灯"式的改革，使得原本界定不清的森林资源产权一直处于动荡的状态，而改革中政策与法律对传统林权的忽视以及地方行政权力的随意干预，包括政策执行中对农民权利的轻视与剥夺更加深了农民对森林资源产权安全性的失望程度。就实际效果而言，产权的不安全与不稳定带来了极大的负面影响，其中最直接的影响就是林农合理收益无法得以体现，导致林农的短期利益行为，以致森林资源受到严重破坏且不可持续经营，造成农民对林业生产的漠然。当然，随着新一轮林权制度的改革，上述问题得到了一定程度的改善，但森林资源的特殊属性形成的森林资源产权问题，要求政府必须额外提供更多的干预以确保森林资源配置的社会效率。

①森林资源对土地的依赖性以及由此形成的自然分布和开放状态导致森林资源产权确权和维权成本较高。确定森林资源资产的边界四至、资产数量和质量需要进行大量现场踏查、测量制图、分析评价等专业性较强的工作，形成大量人力、物力、财力支出；森林资源暴露广布于自然界中也使得权利人难以有效及时排除他人对森林资源资产的侵犯。现实中不少森林资源因为边界模糊、相关权利所有人不断争执致使被长期搁置无法利用，要么就是被争议各方同时进行掠夺式滥用。一方面，谈判、争吵本身就是社会成本的消耗；另一方面对森林资源的不当利用进一步降低了应有的社会收益。

②林木自然生长周期较长，森林资源资产安全具有较高的不确定性。在动则长达数十年甚至几十年的经营周期中，森林资产既面临着未来需求与价格波动的风险，还面临来自火灾、病虫害、各种气象和地质灾害的威胁，这些因素都会影响权利所有人对森林

资源经营的投入水平，进而影响森林资源的社会利用效率。

③森林资源利用中某些传统权力造成事实开放性资源属性。在森林资源产权结构中，目前经常存在习惯性利用森林资源的某些传统权利，如居住森林当地和周边社区的非资源产权人，传统上一直利用该区域森林从事狩猎、放牧、采集非木材林产品、薪材等多种经济活动，这些经济活动在有些地区甚至是当地居民主要的收入和生活来源，这些传统权利的存在强化了森林资源的开放性，加之市场化的发展，使得上述传统权利日趋商业化，导致森林资源的过度利用和破坏。开放性资源产权在很多国家和地区是导致森林资源破坏的重要原因之一，尤其是人口压力、发展压力大的国家和地区。

综上，明确和维护产权是市场经济有效运作的前提，保护财产权是现代国家宪法的一项基本内容。产权的明晰和保护，使资源所有者、使用者的收益明确、稳定，才有利于激发生产者对林业投资的积极性。产权的明晰和维护，还可以使利用森林资源的代价，内部化为企业生产成本，使资源配置更有效率。

5. 促进竞争

市场结构的缺陷和不完全市场会给社会带来巨大的效率损失，因此，制定促进竞争，限制垄断的政策，是政府引导林业发展的重点之一。在林业中，凡能够通过市场提供的产品或服务都尽量通过市场提供，允许竞争是市场经济体制的客观要求。但是，政府促进竞争的具体目标不是要使林业生产处于完全自由竞争状态。完全自由竞争模式只是一种理想状态，是不现实的，政府要做的是在维护适当的竞争秩序方面发挥作用，限制各种非正当行为，维护公平竞争的林业市场秩序，引导林业发展；此外，还需预先防范可能出现的市场不稳定因素，阻止市场无序。

6. 减少信息不对称，提供林业公共服务

经济活动中的信息不对称会引起逆向选择、道德风险，前者使市场中劣质产品驱逐优质产品，最后保留下来的全是低质产品；后者则可能造成市场中假冒伪劣产品横行或消费需求过度，最终都会导致资源配置效率的下降。

林业经济活动普遍存在信息不对称的情况，有关信息的及时披露产生的社会效益大于私人收益，因而公开的信息就具有正外部性，甚至某种程度上具有公共物品属性，需要政府积极干预。即在有利于信息披露等方面的政策制定上，政府应该发挥强有力的作用。针对不同的市场类型，采用不同的参与方法。同时，政府应提供林业公共服务，通过完善社会化服务体系，对林业提供包括技术推广、信息咨询、林产品检验、林产品营销促销、病虫害控制等在内的公共服务。

7. 调节林业收入分配，调控宏观经济运行

可考虑调整林业生产要素相对价格，转换收入的功能分配，消除生产要素价格扭曲；合理化税制、税种与税率，进一步"多予、少取、放活"；对林产品价格实行保护政策；科学化林业扶持政策体系，调节林业经营收入。

市场主体由于各自利益的限制，在经济行为中不可避免地表现出短视行为和功利行为，所以市场会产生宏观性失灵。政府主要通过经济手段、法律手段和必要的行政手段来调控经济总量，以实现资源优化配置。在微观领域，以市场机制来完成资源配置，但

政府仍可通过间接调控手段，利用信息优势，制定经济发展规划、产业政策以及相关的税收政策，来引导资源流向，促进产业结构优化和升级，以配合经济总量的控制。

三、政府对林业调控的主要手段

政府对林业调控的目标是消除林业经济活动中的市场失效，完善林业资源配置市场机制，改善森林资源利用效率和公平，保持林业经济活动的稳定，增进林业经济活动的社会福利水平。为矫正市场失灵，有许多可供选择的手段与途径，而且它们之间是相互影响的。采用什么样的手段和方法，取决于市场失灵的严重程度、影响范围、矫正手段落实的难易程度及其成本。

林业市场主体多元化（企业、林农），林业利益主体多元化（政府、投资者、经营者、消费者），林业决策主体多元化，林业产业类型和经营目标多元化，这些决定了林业政策调控的手段不是单一的，而是经济、法律、行政多种手段的综合，即政府对林业的调控是多形式、多层次，不同调节手段共同的、复合重叠的调节。在不同时期，确定重点的调控手段，并加强各手段间的衔接，寻求不同手段组配的综合效应，形成一致的调节合力，为实现活而不乱的林业经济新秩序服务。

1. 行政手段

行政手段是政府机构运用行政权力对市场、企业和有关经济活动所进行的超经济行政强制，行政手段的工具主要包括行政命令、指示、指标、行政规章和条例等。行政手段的特点：一是约束力强，在规定的时间内，任何单位和个人都必须坚决执行，否则，将受到行政的或经济的处罚。由于它是用行政处罚作为保证，因此能够克服各种阻力，林业经济出现的一些问题也因而得到解决。二是准确性高，因为行政手段是通过命令等形式直接调节经济活动，无须中间环节，因而比较明确，准确度也较高。三是速度快，由于行政约束力强，准确度高，又是对经济活动进行直接的调节，因而比其他手段发挥的作用更快，往往会达到令行禁止的效果，并有利于妥善解决突如其来的爆发性问题，以便迅速扭转局面。四是灵活性大，在林业宏观管理中，各级林业主管部门在自己的权限范围内，可根据具体情况适当地运用行政手段，因而较为灵活，能够因地制宜，从而更快地适应情况的变化。正是因为具有上述约束力强、准确度高、直接、迅速和强制性等特点，行政手段主要适用紧急情况下或者可能损害社会公共利益时对经济活动的干预，其效果比其他干预手段要好。如突发性森林火灾、爆发性大范围病虫害，短时间内就会造成森林资源的巨大损失，此时通过行政指令强制动员社会资源扑火救灾、灭虫防病对保护森林资源有决定性的重要意义。

20世纪90年代末以后，由于长期为支持国民经济发展积累和林业部门内部管理体制的缺陷，我国森林工业长期超限额采伐且对营林投入不足，造成森林资源危机和林业行业普遍经济危困集中爆发，社会经济连年快速发展交织的生态危机也同时凸显，为使我国森林资源获得休养生息机会、避免行业经济危机引发的社会问题，加快生态治理步伐，使我国林业和社会经济整体实现可持续发展，国家实施了天然林资源保护工程和退耕还林工程。依据中共中央、国务院《关于灾后重建、整治江湖、兴修水利的若干意见》中关于"全面停止长江黄河流域上中游的天然林采伐，森工企业转向营林管护"的精神，国家林业局编制了《长江上游、黄河上中游地区天然林资源保护工程实施方案》和

《东北、内蒙古等重点国有林区天然林资源保护工程实施方案》。国务院先后召开 2 次总理办公会对上述方案进行审议，2000 年 10 月批准了实施方案，天然林资源保护工程正式启动。

2017 年，为进一步加强我国天然林资源保护，构筑森林生态屏障，中央财政深入贯彻落实习近平总书记"把所有天然林都保护起来"的指示精神，主动研究政策，积极安排资金，健全完善天然林资源保护和森林生态效益补偿制度。一是对未纳入原政策保护范围的，实施天然林保护政策全覆盖，主要采取新的停伐补助和奖励政策。对非天保工程区国有商品林实行全面停伐，中央财政安排森林管护费补助和全面停伐补助；对非天保工程区集体和个人所有商品林实行停伐奖励，凡自愿选择停伐的农民，中央财政安排奖励资金。对天保工程区内仍在进行商业性采伐的内蒙古、吉林重点国有林区，全面停伐后比照黑龙江重点国有林区安排停伐补助。二是对已纳入政策保护范围的，适当提高补助标准。中央财政连续提高天保工程区国有林管护补助标准和国有国家级公益林生态效益补偿标准。国有天然林商业性采伐全面停止，使森林资源管护切实得到加强，天然林保护基本实现全覆盖。2019 年，中共中央办公厅、国务院印发了《天然林保护修复制度方案》，要求通过确定天然林保护重点区域、建立天然林休养生息制度、全面停止天然林商业性采伐、建立退化天然林修复制度、完善天然林保护修复监管体制、完善天然林保护修复财政支持等政策，建立全面保护、系统恢复、用途管控、权责明确的天然林保护修复制度体系，以维护天然林生态系统的原真性、完整性。

这些行政手段的使用，对于全面保护天然林、建设生态文明和美丽中国、实现中华民族永续发展具有重大意义。当然，行政干预毕竟是政府调控的一种特殊方式，随着林业市场化改革的深入，除了在紧急情况下和国有林业经济领域必须保留的必要行政干预，行政手段不应该成为政府调控的首要选择，更不能用于干预微观经营主体的具体经营活动，行政手段应当减少到最低限度，并且要充分考虑各方面的利益关系，在法律范围内进行。另外，政府对林业调控过程中要保证行政手段的严肃性，必须进行有效的行政监督和行政奖惩。

2. 法律手段

法律手段是国家通过制定和运用经济法规对经济活动进行调节，主要包括专门的经济立法、经济执法、法律监督等。通过法律手段对林业实施调控是为实现森林资源和主要林产品供求关系的特殊要求而专门制定的经济法规，并对林业产权安排、森林经营、林产品加工、贸易等经济活动进行调节。法律手段主要用于规范林业生产经营者的行为，维护林业市场经济秩序，调节国家、企业和个人之间的经济利益关系，维护林业经济活动参加者的合法权益，最终使林业经济活动中私人边际收益水平趋近于社会边际收益水平，达到林业资源的优化配置与总量平衡。

法律手段具有以下几方面的特征：一是普遍的约束力和严格的强制性，如果微观经济主体不依照有关法律要求从事经济活动，就会受到相应处罚，这与经济手段或一般政策工具注重引导和鼓励的效力机制有本质区别。二是调节具有基础性和相对的稳定性，首先，以立法形式确定的经济政策是其他干预手段运用的前提和基础；其次宏观经济决策一旦转化为法律的形式将长期生效，其修订、废止都有严格的程序，不会朝令夕改，对市场经济秩序和经营者行为的影响将是长期稳定的。三是具有明确性和直接性，法律手段通常以直接对市场主体的权利义务作出法律上设定的方式实现政府调控的政策目标，微观经济主体可以做什么、怎么做、不能做什么规定得具体而明确。

森林法是政府调控林业经济活动的基本法，国家根据不同时期社会经济发展对林业需求的变化，并基于林业形势对森林法的修订体现了政府干预的基本思路。党的十八大以来，以习近平同志为核心的党中央把生态文明建设作为统筹推进"五位一体"总体布局和协调推进"四个全面"战略布局的重要内容，高度重视林业建设，强调森林是陆地生态系统的主体和重要资源，是人类生存发展的重要生态屏障；林业建设是事关经济社会可持续发展的根本性问题，林业要为建设生态文明和美丽中国创造更好的生态条件。林业面临的形势、任务和功能定位已发生根本性变化，迫切需要对已有森林法做出相应的修改完善，为林业改革发展提供法治保障。2019 年，为全面贯彻落实党的十九大和十九届二中、三中全会精神，认真贯彻落实习近平生态文明思想，践行绿水青山就是金山银山的理念，在坚持生态优先，生态效益、经济效益和社会效益相统一，坚持保护优先，实现森林资源可持续利用和发展，坚持发挥市场配置资源的决定性作用与政府必要的宏观调控相结合，实行森林分类经营管理，坚持尊重自然规律和经济规律，保护好各类林业经营主体的合法权益的指导思想下，重点对有关森林权属、森林分类经营、林木采伐、林地保护和林业发展质量提高及相应的监督检查等内容进行了修订。

①关于森林权属。明确森林权属、加强森林权属保护，是本次法律修改的重点。一是明确国务院代表国家行使国有森林资源所有权。国家所有的森林、林木和林地可以依法确定给多种所有制的林业经营主体使用；林业经营主体依法取得的国有森林、林木和林地的使用权，经批准可以转让、出租、作价出资等。二是明确集体所有和国家所有由农民集体使用的林地依法实行承包经营，承包方享有林地承包经营权和承包林地上的林木所有权，合同另有约定的从其约定，承包方可以自主决定依法采取出租(转包)、入股、抵押、转让等方式流转林地经营权、林木所有权和使用权。未承包的集体林地以及林地上的林木，由农村集体经济组织统一经营；集体经济组织统一经营的林地、林木，经民主程序可以依法流转林地经营权、林木所有权和使用权。三是国家鼓励、支持和引导多种所有制的林业经营主体在依法取得的国有或者集体林地上发展多种形式的林业产业，保护非公有制林业经营主体享有的林地经营权和林木所有权等合法权益。

②关于森林分类经营。分类经营是本次法律修改的关注点。公益林实行严格保护，只能进行抚育和更新性质的采伐。公益林经营可以合理利用林地资源和森林景观资源，但是应当符合生态区位保护要求，不得破坏公益林生态功能。国家建立森林生态效益补偿制度，中央和地方分别安排资金，主要用于公益林的经济补偿、管护支出和非国有公益林的租赁、赎买、置换，实行专款专用，不得截留挪用。国家鼓励发展商品林，商品林由林业经营主体依法自主经营，在不破坏生态的前提下，可以采取集约化经营措施，充分发挥林地生产经营潜力，实现商品林经营的最优价值。商品林也要兼顾生态效益，采伐商品林应当依法办理采伐许可证，符合技术规程，控制皆伐面积，伐育同步规划实施。

③关于林木采伐。林木采伐是放活还是管死，是 2019 年法律修改的焦点。原《中华人民共和国森林法》确立了以森林采伐限额、采伐许可证和木材运输证制度为主体的林木采伐管理制度，对保护和发展森林资源起到了重要作用。本次修订保留了森林采伐限额和采伐许可证制度，同时按照"放管服"改革精神进行了完善；删除了木材生产计划、

木材调拨等带有计划经济色彩的内容；取消了木材运输许可制度。具体修改内容主要有5个方面：第一，下放采伐限额审批权。将原来有关采伐限额由省级人民政府审核后，报国务院批准的规定，修改为采伐限额经征求国务院林业主管部门意见，报省级人民政府批准后公布实施，并报国务院备案。将审批权下放后，有利于地方结合本地实际科学编制采伐限额，压实地方责任。国家林业和草原局可以在前期指导的基础上，通过森林资源保护发展目标责任制和考核评价机制加强对地方监管，确保森林资源稳定增长。省级人民政府将编制的采伐限额报国务院备案，也有利于国家准确掌握森林资源消耗情况，提高监管效率。第二，调整采伐许可证核发范围。原《中华人民共和国森林法》规定，采伐林木必须申请采伐许可证。本次修订规定采伐林地上的林木应当申请采伐许可证，自然保护区以外的竹林不需要申请。非林地上的农田防护林、防风固沙林、护路林、护岸护堤林和城镇林木的采伐，由有关主管部门按照有关规定管理。需要注意的是，相关修改并不意味着削弱非林地上林木的保护管理，如护路林、护堤护岸林、城镇林木等的采伐还应当按照《中华人民共和国公路法》《中华人民共和国防洪法》《城市绿化条例》等规定进行管理。第三，完善采伐许可证审批程序。针对实践中林木采伐申请"办证繁、办证慢、办证难""来回跑、不方便"等问题，新修订的内容完善了采伐许可证的核发程序，明确要求县级以上人民政府林业主管部门应当采取措施，方便申请人办理采伐许可证。一是删除了采伐目的、林况等采伐申请材料要求。二是不再"一刀切"地要求申请人必须提交伐区调查设计材料，而是由省级以上人民政府林业主管部门规定一定的面积或者蓄积量基准。超过基准量的，申请者才应提交伐区调查设计材料，没有超过的，则无须提交。三是规定符合林木采伐技术规程的，应当及时核发采伐许可证，明确了不得核发采伐许可证的情形，从正反两方面严格林木采伐管理机制，减小具体执行中的自由裁量空间，切实提高林木采伐办证效率。四是增加有关采挖移植林木的管理和特殊情况采伐的例外规定。这些修订为解决公益林、自然保护区内林木，因林业有害生物防治、森林防火、遭受自然灾害等需要采伐的问题，有针对性地进行了特殊规定。五是强化森林经营方案的地位和作用。修订后的《中华人民共和国森林法》，一是明确国有林业企业事业单位必须编制森林经营方案，并新增了未编制森林经营方案或者未按照批准的森林经营方案开展经营活动的法律责任。二是规定国家通过林业项目等措施支持、引导其他林业经营者编制森林经营方案。明确森林经营方案可以作为编制采伐限额和发放采伐许可证的依据，为今后改革采伐制度创造了条件。

3. 经济手段

政府对林业调控的经济手段是指国家通过对林业经济活动中利益关系的调整，影响经营主体经济活动成本和收益的变化以调节林业经济活动措施的总称。经济手段的调节侧重从成本—收益角度引导微观主体的经济行为选择，核心内容是刺激以及提高资源的配置效率。

经济手段是政府干预林业的最主要手段，经济手段调节与市场机制有内在的一致性。经营主体从事林业经济活动的目标是追求经济回报的最大化，通过运用各类经济手段影响林业经济主体不同经营选择的成本和收益水平，使国家林业经济宏观目标所要求的微观经营选择成为在特定时间林业经济主体相对最大的收益函数，引导其按国家林业宏观发展要求开展经营活动。运用经济手段干预具有实施难度小，受干预对象容易接受、干预成本费用效率高、实施灵活等优点，可根据不同时期国家林业发展的宏观目标随时调整。

也正是由于上述机制使得经济手段发挥作用具有指导性和间接性的特点，国家不能强制要求当事人接受，对政策影响的判断不同，当事人的行为选择也存在差异，同样的政策，有的当事人认为会增加自己的收益，从而按照国家的调控方向调整经营行为，有的当事人则可能认为对自己的成本收益没有影响而不为所动；甚至有的人会作出相反的判断而作出与国家目标背道而驰的选择。但只要经济手段的政策工具选择得当，政策目标设计合理，即使部分经济主体因某些约束条件限制没有作出与国家目标一致的选择，市场也存在纠错机制，即通过不同选择的实际收益水平的比较，作出错误选择的个体会及时调整自己的行为。因此，长期中，所有个体都能够通过信息交换作出正确的选择，自动实现国家的宏观干预目标。运用经济手段进行干预，政府并不直接要求经济主体怎样行为，而是通过各种政策工具传达给经济主体有关信息和信号，即如果按政策规定行事会有怎样的成本和收益，不按政策行事又会有怎样的结果，最终如何选择，则完全由经济主体自己决定，体现出调控的间接性特点。

经济手段成为政府调控的主要手段，也是市场经济原则的内在要求。从市场的构成主体来看，国家与林业经营者具有完全平等的市场地位，市场经济交易的基本原则是等价交换，国家对经济的宏观干预可以看作政府这个市场主体与各类微观经济主体就弥补市场缺陷，改善社会整体福利进行的交易，这种交易可以实现社会福利的帕累托改进，即调整部分经济主体间的分配所增进的社会福利大于一部分主体减少的福利。但如果初始的分配是市场自动均衡资源配置的结果，国家强制无偿进行分配的调整就会挑战市场的基本原则（等价交换），而采用经济手段就可以避免这个结果，对外部正效应的经济活动进行补偿，对外部负效应的活动进行收费，补偿或收费的基本原则是收益或损害的边际水平，并且提供了有关主体自由选择接受或拒绝政策的权力，从而实现了政府与其他类型市场主体平等等价交换的原则。

需要注意的是，经济手段符合市场经济原则，市场经济实质又是"法制经济"，包括经济手段在内的其他手段，都必须以法律为依托，在法律范围内行使和运用。所以，在实际运用中，要以经济和法律手段为主，配合使用其他手段。

第二节 林业经济政策

如前所述，政府对林业调控的经济手段是通过调节林业经济变量来影响林业微观经济行为的政策措施，涉及林业财政、林业金融、林业税收、林业保险、森林生态服务补偿等手段，这些手段包含的内容丰富，在实践中逐步形成了较为完整的林业政策体系，成为政府对林业实施调控的重要政策工具，并在一定程度上缓解了林业市场失灵导致的资源配置偏离最优的影响。

一、林业投融资政策

林业投融资是指林业投融资主体为实现一定的林业生产经营目标，在林业生产经营过程中的投资活动和融资活动的总称。从本质上讲，林业投融资政策就是政府为支持林业的发展，采取优惠的财政手段和积极的金融手段来抑制或消除一些不利于林业发展壮大的因素，对林业产业的持续发展起重要资金保障作用的政策。

1. 林业投融资体系

林业投融资体系主要包括以下 4 个方面：①林业财政投资体系，主要包括森林抚育、造林、林木良种、森林保险补贴，森林生态效益补偿，贷款贴息等各类林业财政补贴、林业税费制度、林业国债投资等。②政策性融资体系，主要包括国际金融机构优惠贷款、外国政府政策性贷款、我国政策性银行(主要是农业发展银行)优惠贷款等。③商业性融资体系，主要包括林权抵押贷款、林业小额信贷、林业联保贷款等林业信贷，林业企业上市股票及债券融资、林业信托融资、商业性森林保险等。④合作性融资体系，如农村信用社针对林农发放林权抵押贷款、信用贷款等。

市场经济下，林业投融资体系涉及林业投融资主体、政府、银行与证券等金融机构、中介机构。林业投融资主体是林业投融资体系中的核心，其职能是进行林业生产经营的投融资决策，获得相应的收益，同时对其行为和结果承担相应的风险，林业投融资主体包括政府、国有林业企业、集体林业企业、民营林业企业、外国投资者、林农等。

政府的职能主要是为林业生产经营活动提供良好的社会环境，包括制度环境、法律环境、社会保障体系、公共基础设施以及恰当的政策等。概括起来就是为林业生产经营活动提供良好的服务，做好林业宏观调控。

银行与证券等金融机构的职能主要是为林业投融资主体提供融资服务，中央银行制定货币政策，政策性银行发放政策性林业贷款、商业银行发放商业性林业贷款；证监会、证交所、证券公司、基金管理公司等为发行林业企业股票、林业基金等提供金融服务。此外，还有保险公司和信托公司等金融机构。

2. 林业投融资来源渠道

目前，我国林业投资以政府投资、社会公益性投资为主，市场引导的产业投资为辅。信贷资金、外资、自筹等多种方式筹集资金有增加的趋势。林业投融资来源渠道通常有以下 5 种：①国家和各级政府的无偿投入，包括财政拨款、专项拨款、基建拨款、专项资金提取、征收和拨入等。②林业贷款财政贴息及国债资金，包括林业贴息贷款、治沙贴息贷款、山区综合开发贴息贷款、国家开发银行发放的基本建设项目贷款等。③林业基金，主要包括育林基金、造林建设基金、绿化基金等。④证券融资，如永安林业(福建)、吉林森工(吉林)、景谷林业(云南)等林业上市公司以发行证券来融资。⑤外资投入，主要包括对外借款、外商直接投资和外商其他投资。

二、林业税费政策

林业税费是对木材、林产品及其他衍生品征收税费，由林业税收和林业收费 2 部分组成。其中，林业税收是国家为了满足一般的社会共同需要，凭借政治权力，以法规形式加以规定并强制进行课征。林业收费包括各种狭义的收费、基金和附加。一般而言，狭义的收费指的是政府机关或事业单位按国家规定提供准公共物品和特定的服务而收取的费用；基金指的是政府性基金，是国家为了筹集资金而明文规定收取的费用；附加是指按政府文件规定附加在价格或税收上收取或随税随价征收的费用。林业税费是国家和地方收入的来源，也是促进林业经济发展和保证社会可持续发展的重要手段。

林业税费政策是特定经济背景下的产物，不同阶段的政策设计都是基于当时的财税管理体制、林业投资体制、林业发展指导思想、林业经营管理体制和国家的宏观经济发展环境等，尤其是各时期财政体制的变化具有关键性的影响，因此，不同阶段林业税费体系的形成有其合理性和必然性。

1. 我国林业税费体系的形成

新中国成立后，我国基本上推行的是"统收统支"的财政管理体制，主要税种为农业税和工商税；改革开放后，林业税费体系发生了一系列变化，大体可分为以下阶段：

①第一阶段（1983—1987年）。国家对林业开征农林特产税、所得税、产品税。以商品和劳务流转额全值为征税对象，不必进行费用扣除，稽征容易，手续便利，管理简单，征收费用低，而且可以通过产品或行业差别税率来实现国家产业政策目标，符合当时国家调节经济和税收管理以及财政型治税的要求。但随着市场经济的发展，流转税重复征税与经济主体独立经济利益的矛盾日益显现，表现出这一税制结构在效率方面的根本性缺陷和公平方面的欠佳。

②第二阶段（1987—1994年）。国家对企业普遍实行财务包干办法，森林工业企业退出利改税，转为上交包干利润，同时对木材加工产品开始按加工增值额的14%开征增值税；将原木的农林特产税率统一为8%。

③第三阶段（1994—2016年）。1994年国家对税收制度进行了重大改革，实行了分税制财税管理体制，实现了产品税体系向增值税体系的转变，建立了以增值税为主体的流转税体系。将原来的原木产品税、农林特产税合并为农业特产税，林业生产单位除按8%的税率缴纳生产环节的原木农业特产税外，还要代扣代缴收购环节8%的农业特产税，使木材生产单位实际税率达到16%，有些地方还加上10%的地方税附加，实际征收税率为2个8.8%，即17.6%；此外，重新开征所得税。

林业收费主要包括财政部、原林业部批准收取的育林基金、维简费以及各部门各地区的规费。从新中国成立初期至1964年，全国逐步统一了育林基金管理办法，并在1964年单独制定了集体林区育林基金管理办法。维简费的前身是木材生产中计提的更新改造基金，后随南方集体林区因木材市场开放等原因导致的森林工业体系变化逐步改为维简费，也相应经历了从按销售数量的固定额征收到按销售价格的固定比例征收的变化。林业规费征收的起源是由于新中国成立初期国家从林业部门转移走大量资金，而长期以来，我国森林补偿机制不健全，国家对森林恢复和发展投入不足，由此，征收育林基金等来筹集林业建设资金并用于扶持林业生产。这些建立在计划经济体制下，起初主要用于支持国有林生产和采伐的资金制度，在20世纪80年代中期，南方集体林区的造林、抚育、森林资源管理、荒山荒地造林以及森林生态保护方面起到了重要的资金支持作用。但伴随着木材市场的关闭，林业部门机构和人员不断膨胀，尤其是分税制改革后，林业部门"以林养林"的资金循环模式被打破，育林基金的征收水平不断提高，并逐渐出现了使用扭曲，从"养林"的生产资金性质变为"养人"的资金性质，政策的实行走了样。同时，林业规费在林业部门的开征很不规范，各个地区不但征收项目、征收标准、征收比率很不统一，收入在各级林业机构之间的分配比率也不尽相同。在林区，地方政府挪用林业基金，以平衡财政预算的现象非常普遍。出于部门利益的需要，各地不断开征新的规费项目，提高征收比例，林业不规范收费之风因此愈演愈烈，林业税费不断增加。

1994年的分税制财政体制改革决定了林业税费体系的基本格局，即对木材征收农业特产税；征收林业规费弥补林业生产和林业事业经费的不足；收取各种费用维持地方政府及基层乡镇的公共管理活动开支。不可否认，1994年的分税制改革对于推进我国市场经济的发展具有非常重要的意义，但是客观上也把林业又一次推向了税费进一步加重的境地。这一时期，南方集体林区税费状况比较复杂，林业税费项目激增，涉及中央、省、市、县、乡五级财政，以及国税、地税、林业、工商等部门；在林业生产经营中，国家法定税收和部门收费已经很高，再加上各级地方政府以及各级林业部门的层层收费，分权以前不合理的林业利益格局得以延续。据国家税务总局的调查，1994年新税制实施后工业企业实际流转税水平有所下降，原实际税赋负担率为6.6%，新税制下实际负担是5.38%，下降了1.25%；1994年，6种粮食平均税收负担率为2.27%；1998年建筑业的实际税赋负担为3%左右，而林业的木材仅在生产环节就有8.8%的法定税赋。因此，从横向部门比较来看，林业属于高税赋行业。

可喜的是，在始于2000年的农村税费改革进程中，各省相继取消了农业特产税，同时，降低育林基金和维简费的计费基价，加大两金返还比例，取消不合理收费。2003年，全面清理整顿涉及木材生产经营的收费项目，取消省（自治区、直辖市）以下各级政府及有关部门自行设立的涉及木材生产经营的各种行政事业性收费项目（如木材生产经营行业管理费、乡镇管理费、联营管理费、林区道路养路费等）；取消不合理的收费项目（如林业保护建设费、森林资源补偿费、自然保护区管理费、护林防火费、森工企业管理费等）；落实国家已公布取消的林政管理费等收费项目。2004年，财政部、国家税务总局下发《关于取消除烟叶外的农业特产税有关问题的通知》，标志着面向林业征收的农业特产税正式废止。

2008年以后，中共中央、国务院《关于全面推进集体林权制度改革的意见》将减免税费作为重要指导思想。2009年，财政部、国家林业局发布《育林基金征收使用管理办法》通知，将育林基金计税率统一下调至10%（原集体林区为12%），具体征收标准由各省（自治区、直辖市）考虑林业生产经营单位和个人的经济承受能力核定。具备条件的地区可以将育林基金征收标准确定为零。经过上述一系列政策调整，我国林业税费负担大幅度降低。

④第四阶段（2016年至今）。2016年国务院批准实施增值税改营业税。自1994年分税制改革推行，直至2016年国务院批准实施增值税改营业税，我国分税制体制虽有调整但并未做较大变更，但我国林业税费体制产生了较大变革，林业税费过重的现象得到了很大改善。

2. 几种主要的林业税费变革

现行林业税包括增值税、所得税、城建税、教育费附加、社会事业发展费等；林业费包括森林植被恢复费、育林基金（含维简费）、陆生野生动物资源管理费、林木种子生产许可证工本费、林木种子经营许可证工本费、林权证工本费、木材经营加工许可证工本费、森林植物检疫费、植物新品种权费等。以下重点介绍几种我国主要林业税费的变革状况。

(1)增值税

根据国家税务总局《关于林木销售和管护征收流转税问题的通知》规定："纳税人销

售林木以及销售林木的同时提供林木管护劳务的行为，属于增值税征收范围，应征收增值税。"

《中华人民共和国增值税暂行条例》第十五条规定，下列项目免征增值税：农业生产者销售的自产农产品。《中华人民共和国增值税暂行条例实施细则》第三十五条规定，条例第十五条规定的部分免税项目的范围，限定如下：第一款第（一）项所称农业，是指种植业、养殖业、林业、牧业、水产业。

此外，对流通环节销售原木、原竹按13%征收销项税，进项税按10%抵扣；对以木材、竹材为原料的加工产品按17%征收销项税，并对国有森工企业以"三剩物"（采伐、造材及加工剩余物）和次小薪材为原料的综合利用产品执行增值税即征即退政策。对批发和零售的种子、种苗免征增值税。

2018年5月1日起，林业产品的增值税税率是10%。《关于简并增值税税率有关政策的通知》第一条规定：纳税人销售或者进口下列货物，税率为11%；农产品（含粮食）、自来水、暖气、石油液化气、天然气、食用植物油、冷气、热水、煤气、居民用煤炭制品、食用盐、农机、饲料、农药、农膜、化肥、沼气、二甲醚、图书、报纸、杂志、音像制品、电子出版物。

《关于调整增值税税率的通知》第二条规定：纳税人购进农产品，原适用11%扣除率的，扣除率调整为10%。

（2）企业所得税

企业所得税是按照企业所得（包括经营性收入所得和非经营性收入所得）和规定的税率征收的一种直接税。

财政部、国家税务总局《关于国有农口企事业单位征收企业所得税问题的通知》规定，对边境贫困的国有林场取得的生产经营所得和其他所得暂免征收企业所得税。

财政部、国家税务总局《关于林业税收问题的通知》规定，自2001年1月1日起，对包括国有企事业单位在内的所有企事业单位种植林木、林木种子和苗木作物以及从事林木产品初加工取得的所得暂免征收企业所得税。

根据《关于发布享受企业所得税优惠政策的农产品初级加工范围（试行）的通知》规定，林木产品初加工，如通过将伐倒的乔木、竹（含活立木、竹）去枝、去皮、去梢、去叶、锯段等简单加工处理，制成原木、原竹、锯材的享受企业所得税优惠。2008年新的《中华人民共和国所得税法》规定，内外资一般企业所得税的税率为25%。根据2018年12月修正颁布的《中华人民共和国企业所得税法》，企业从事农、林、牧、渔业项目的所得可以免征、减征企业所得税。

（3）育林基金

育林基金是为了保证森林采伐迹地及时更新，实行以林养林，并有计划地发展营林事业，不断扩大森林资源而建立的。育林基金作为林业规费中的最主要部分，是本着"以林养林"的原则而建立的林业生产性专项资金。它最早出现在国有林区，当时国有林业企业统购统销，统收统支，实现的利润全部上交，征收育林基金相当于把部分应上缴财政的钱返回到林业，作为投资用于造林、营林等事业。同样是计划经济时期的产物，南方集体林区建立育林基金制度也是为了解决营林更新资金不足的问题，并以营林生产成本的性质出现。一直以来，育林基金作为预算外收入，执行专户管理，由林业部门自提自用，财政部门监督；从使用范围看，不同阶段育林基金的政策设计都是为恢复、培育和保护森林资源等林业生产；从征收标准看，最初按培育林木前三年营林费用的平均数为准，符合其营林成本的性质。只是随着木材价格的提高，从按数量征收变为按木材销售收入征收，形式由定租变为分成租；从负担物看，都是以每立方米木材为征收对象；从负担者看，基本上以木材生产者为负担者。

对于育林基金的提取、征收和使用，2009年财政部和国家林业局联合下发了《关于印发〈育林基金征收使用管理办法〉的通知》，作出以下明确规定：

①育林基金按照最高不超过林木产品销售收入的10%计征，具体征收标准由各省、自治区、直辖市考虑林业生产经营单位和个人的经济承受能力核定。具备条件的地区可以将育林基金征收标准确定为零。农村居民采伐自留地和房前屋后个人所有的零星林木，免收育林基金。

②育林基金专项用于森林资源的培育、保护和管理。使用范围包括：种苗培育、造林、森林抚育、森林病虫害预防和救治、森林防火和扑救、森林资源监测、林业技术推广、林区道路维护以及相关基础设施建设和设备购置等。任何单位和个人不得截留或挪作他用。

③林业部门行政事业经费，由同级财政部门通过部门预算予以核拨，不得从育林基金中列支。

④黑龙江、吉林、内蒙古国有森工企业仍按现行规定自提自用育林基金，免予向林业主管部门缴纳。大兴安岭林业集团公司的育林基金管理政策另行制定。煤矿企业自营坑木林基地的育林基金提取和使用管理，仍按照原煤炭部、财政部《关于颁发〈煤矿企业造林费用和育林基金管理办法〉的通知》的规定执行。

2016年1月29日，根据财政部《关于取消、停征和整合部分政府性基金项目等有关问题的通知》精神，育林基金征收标准降为零。该基金征收标准降为零后，通过增加中央财政均衡性转移支付、中央财政林业补助资金、地方财政加大预算保障力度等，确保地方森林资源培育、保护和管理工作正常开展。

3. 林业行政事业性收费

行政事业性收费（以下简称收费）是指国家机关、事业单位、代行政府职能的社会团体及其他组织根据法律、行政法规、地方性法规等有关规定，依照国务院规定程序批准，在向公民、法人提供特定服务的过程中，按照成本补偿和非营利原则向特定服务对象收取的费用。收费项目实行中央和省两级审批制度。国务院和省、自治区、直辖市人民政府及其财政、价格主管部门按照国家规定权限审批管理收费项目。

根据财政部、国家发展和改革委员会《关于发布2004年全国性及中央部门和单位行政事业性收费项目目录的通知》，涉及林业的收费项目包括：野生动植物进出口管理费，缴入中央国库；森林植物检疫费，缴入地方国库；绿化费，缴入地方国库；陆生野生动物资源保护管理费，缴入中央和地方国库；林权勘测费，缴入中央和地方国库；植物新品种保护权收费，缴入中央国库。林木种子生产许可证的证书工本费缴入地方国库。林木种子经营许可证的证书工本费，分别缴入中央和地方国库。林权证的证书工本费分别缴入中央和地方国库。

为进一步加强涉企收费管理，推进普遍性降费，激发市场活力，支持实体经济发展，经国务院批准，财政部、国家发展和改革委员会、工业和信息化部联合下发了《关于开展涉企收费专项清理规范工作的通知》，国家林业和草原局全面部署在全国范围开展涉企收费专项清理规范工作，清理规范后保留的涉企行政事业性收费、政府性基金和实行政府定价的经营服务性收费，由中央和省两级编制目录清单，明确项目名称、设立依据、收费标准等，并实行收费目录清单管理，公布收费目录清单。

三、森林保险政策

1. 森林保险的概念

森林保险可以界定为森林经营主体作为投保人，根据与保险公司的合同约定，向保险公司支付保险费，保险公司对于合同约定的可能发生的火灾、病虫害、风灾、雪灾、洪水等灾害以及造成的财产损失承担赔偿保险金责任，向投保人支付保险赔偿的商业保险行为。虽然投保方向保险人支付的保险费得到了政府给予的财政投入补贴，体现了经济政策对于发展森林保险给予的扶持，但"商业保险"仍是森林保险的根本属性。

森林保险起源于森林资源丰富的北欧国家，最早由芬兰在1914年首次开通森林保险业务。森林保险的模式也各具特色。一般来说，私有林比例较高的国家，森林保险的覆盖率也较高；大部分国家实行自愿性森林保险，法国和德国实行强制性保险。在承包主体上，美国、澳大利亚等国家的森林保险主要由私人保险公司承办，芬兰、瑞典等国家由联营保险公司承办，日本则由国家直接承办。

2. 森林保险的内容

（1）保险标的

凡是防护林、用材林、经济林等林木及砍伐后尚未集中存放的原木和竹材等符合保险条件者均可参加森林保险。

（2）保险责任

森林保险主要是对合同约定的灾害及相应的财产损失承担赔偿。森林在长周期的生长过程中遇到的主要灾害有5种：①火灾。火灾是世界性的最大森林灾害。森林火灾按起火原因可以分为人为火和自然火（雷击）。大多数森林火灾都是人为原因引起的。②病虫害。森林病虫害的种类繁多，病虫害对林木及其果叶产品所造成的损失很难估算，因此对病虫害目前暂不承保。③风灾。对中成林和各种果树林危害较大，往往形成大面积的折枝、拔根等而造成巨大灾害。④雪灾。冬季山区连降大雪，在树枝上挂满了长长的冰凌，从而使植株负重过大，造成树顶或主枝折断，影响树木正常生长。⑤洪水。由于山洪或河道缺口，造成树木的倒伏或埋没。

（3）保险金额的确定

在确定森林保险金额时，主要考虑3个因素：保险标的价值；投保人的保费负担能力；保险人的承保能力。

目前，我国森林保险金额的确定主要有3种方式：一是按蓄积量确定保险金额。二是按成本确定保险金额，包括按实际成本价和利息成本价这2种确定保险金额的方式。三是按造林费确定保险金额，即根据造林前三年所投入的基本费用来确定，一般包括树种费，整地、移栽费，材料、运输费，设备、防护、管理费等。

(4) 赔偿处理

①全损。按保险金额赔付。

②部分损失。按损失程度赔付：损失程度=(灾前标的估价-残值)/灾前标的估价，赔款=保险金额×(1-免赔率)×损失程度。

3. 我国森林保险状况

1982年，我国第一部有关森林保险的法规条文——《森林保险条款》拉开了森林保险方面的制度建设序幕，并于1984年首次开展森林保险试点工作。至今经历了4个发展阶段：①业务探索与首次试点阶段(1984—1991年)，森林保险开始启动。②缓慢发展与业务萎缩阶段(1992—2003年)。③保费补贴试点与分省探索阶段(2002—2009年)，森林保险进入复苏发展阶段。④中央财政保费补贴政策试点阶段(2009年至今)。2009年，我国开始启动中央财政森林保险保费补贴试点工作，以福建、江西和湖南3个省为首批试点省份，2010年和2011年又新增6个试点省份。2012年，试点范围扩大到17个省份。到2014年，我国中央财政森林保险保费补贴已覆盖全国，森林保险业务发展迅速。总的来看，我国森林保险主要经营模式有以下几种：

①协保模式。该模式的主要特点是政府支持、商业化运作、专业化管理，政府给予一定财政(保费)补贴，其优点是能够发挥林业部门在查勘定损等方面的专业优势，缺点是保险公司追求利益最大化，开展业务积极性不高。

②共保模式。该模式由林业部门承保，保费收入和赔偿在保险公司与林业部门间按比例分享或负担。优点是可以降低独家承保的风险，提高化解巨灾风险的能力，缺点是容易受区域限制，区域范围小且财力弱的政府难以兜底。

③自保模式。该模式由林业部门独立开展保险业务，可以利用林业部门行政管理和技术上的优势，但风险比较集中，财政压力较大。

④共济模式。该模式由政府引导建立、自主经营、风险共担、利益共享，优点是经营灵活，可因地制宜设立险种，有效减少道德风险和逆向选择现象的发生，但容易受区域资金限制，风险集中，缺乏保险技术人才。

四、公益林生态效益补偿制度

森林生态系统的开放性使其提供的生态服务具有无偿性和外部性，并成为最廉价的生态服务提供系统。长期以来，森林生态服务价值未得到人们的充分认识，即使在市场经济条件下，人们也仅考虑森林资源可实现的经济价值，很少顾及其潜在的环境与生态价值。随着全球性生态环境问题的加剧，对森林生态服务政策的研究越来越受重视。从国际上看，对森林生态服务进行补偿已形成共识，成为世界性的大趋势。广义的森林生态服务补偿包括对森林生态环境本身的补偿、对个人或区域保护森林生态环境的行为进行补偿、对具有重要生态环境价值的区域或对象的保护性投入，它既包括公益林生态补偿，也包括林业重点工程建设、病虫害防治、森林防火等多方面。狭义的森林生态服务补偿则仅指现行的公益林生态补偿制度所涵盖的内容。

公益林具有净化空气、涵养水源、保持水土以及提供生物多样性等功能，这些准公共生态服务难以通过市场机制体现经济价值。因此，有必要制定和实施公益林生态服务补偿制度，促进公益林生态系统的可持续发展。

1. 中国公益林生态效益补偿制度的演进

生态补偿的理论基础为公益林生态系统具有正外部性，公益林生态补偿是弥补公益林隐性价值，同时纠正公益林生态系统的掠夺性开发，保护人类赖以生存的环境，是维护公益林生态系统正常运行的关键一环。

中国的公益林生态效益补偿制度从构想到建立经历了较为曲折的过程，从 20 世纪 80 年代末 90 年代初提出森林生态效益的补偿问题，到 1995 年初，财政部、林业部组成森林生态效益补偿办法研究小组，开展森林生态效益补偿制度的研究，再到 2001 年 11 月 23 日，森林生态效益补助资金正式被纳入国家公共财政预算支出体系，其发展演变大体可以分为以下 3 个阶段：

(1)第一阶段：收费方案提出

1996 年 12 月 27 日，财政部、林业部正式向国务院呈报了《森林生态效益补偿资金征收管理暂行办法》，提出了森林生态效益补偿收费方案，即根据"谁受益，谁负担"的原则，在全国范围内对受益于生态公益林的单位和个人，征收森林生态效益补偿资金。补偿费的征收对象暂限为：与森林生态效益有关的国家大型水库，全国各类旅行社及从事其他旅游业等经营活动的单位和个人，并制定了具体的征收标准，但收费方案最终没有被采纳。虽然"谁受益、谁负担"的原则在理论上是正确的，而且也为社会所认可，但由于涉及的部门多、征收难度大、行政成本高，并且征收的总金额较少，难以满足全国生态林业建设的需要，所以这一方案被搁浅。

(2)第二阶段：政府基金分成方案提出

该方案于 1999 年 12 月由国家林业局和财政部向国务院报送。其主要思想是从政府性基金中提取 3%用于建立森林生态效益补偿基金，并随"费改税"逐步规范，纳入政府财政预算渠道。其中，中央政府性基金收入提取的森林生态效益补偿基金，作为中央基金预算收入，专项用于国家重点公益林；地方政府性基金收入提取的森林生态效益补偿基金，作为地方基金预算收入，用于各省、自治区、直辖市人民政府确定的公益林。该方案克服了收费方案筹集资金少、征收成本高等方面的缺陷。但"基金中建基金"的做法从实质来看，是一种权宜之计，还没有正式在政府财政预算中列项安排。"基金中建基金"无法满足生态林业投入长期性、持续性、稳定性的要求，也不符合当时中国财政体制改革中清理各类基金、收费的做法。该方案最终未能得到国务院的批准。

(3)第三阶段：实行财政预算单列方案

因收费方案和政府基金分成方案都未被采纳，2000 年 7 月，国家林业局再次向财政部提出请求尽快建立森林生态效益补偿资金。2001 年 1 月，财政部作出回复同意建立森林生态效益补助资金，建议国家林业局做好公益林清查，并从试点开始。

2001 年 11 月 23 日，财政部和国家林业局《关于印发〈森林生态效益补助资金管理办法(暂行)〉的通知》指出"中央财政从 2001 年起设立森林生态效益补助资金，用于重点防护林和特种用途林保护和管理的补助"。森林生态效益补助资金正式被纳入了国家公共财政预算支出体系，成为财政对公益林补偿持续稳定的支出。通知发布后，森林生态效益补助资金在全国 11 个省(自治区、直辖市)658 个县的 24 个国家级自然保护区进行试点，总投入 10 亿元，共 1333.33 万 hm^2 森林，标志着我国公益林补偿制度正式建立。2001—2003 年，中央财政每年投入 10 亿元。

2004年12月10日，国家林业局召开全面启动森林生态效益补偿基金制度电视电话会议。会议宣布：中央森林生态效益补偿基金制度正式确立并在全国范围内全面实施。中央森林生态效益补偿基金是对重点公益林管护者发生的营造、抚育、保护和管理支出给予一定补助的专项资金；基金的补偿范围为国家林业局公布的重点公益林林地中的有林地，以及荒漠化和水土流失严重地区的疏林地、灌木林地、灌丛地。中央补偿基金的补偿标准为：平均每年每公顷75元，其中67.5元用于补偿性支出，7.5元用于森林防火等公共管护支出。

2007年，为进一步规范和加强中央财政森林生态效益补偿基金管理，提高资金使用效益，财政部和国家林业局对《中央森林生态效益补偿基金管理办法》进行了修订，制定了《中央财政森林生态效益补偿基金管理办法》，明确了补偿对象：为国家林业局会同财政部，按照国家林业局、财政部印发的《重点公益林区划界定办法》核查认定的，生态区位极为重要或生态状况极其脆弱的公益林林地，中央财政补偿基金平均标准：每年每公顷75元，其中71.25元用于国有林业单位、集体和个人的管护开支，3.75元由省级财政部门列支，用于省级林业主管部门组织开展重点公益林管护情况检查验收、跨重点公益林区域开设防火隔离带等森林火灾预防以及维护林区道路的开支。

2010年，根据中共中央、国务院《关于加大统筹城乡发展力度进一步夯实农业农村发展基础的若干意见》，集体和个人所有的国家级公益林补偿标准提高到每年每公顷150元，国有的国家级公益林补偿标准不变。补偿基金用于公益林的营造、抚育、保护和管理以及森林资源建档、森林防火、林业有害生物防治、补植、抚育和其他相关支出。之后，2015年再次提高中央财政对产权属集体林的国家级公益林补偿标准，提高到每年每公顷225元。

2. 公益林生态效益补偿制度的问题

毫无疑问，公益林生态效益补偿制度自建立以来取得了明显成效，为公益林面积增加起到了助推作用，表现为：公益林管护制度不断完善、重点公益林得到有效保护、生态环境趋于改善、森林灾害及林政案件明显减少、群众管护积极性提高、林农收入增加等。但与此同时，该制度在实际运行中也暴露出一些问题。

(1) 公益林补偿标准偏低，公益林所有者未能获得应有的收益

目前，集体和个人所有的国家级公益林补偿标准为每年每公顷225元，虽然补偿标准逐渐提高，但整体而言仍然偏低，不能充分体现公益林的经济价值和生态价值，林农因公益林政策约束产生的经济损失无法得到弥补，收入受到了较大的影响，也打击了林农管护公益林的积极性。

此外，虽然政策明确了补偿资金的用途及分配，各地也规定了补偿资金中落实到公益林所有者的最低额，但具体的补偿资金分配使用，包括公益林所有者获得的份额以及公共管护费用、管护人员经费与比例在各地都不尽相同，公共管护及其他支出挤占补偿资金的现象较为突出。

(2) 公益林补偿预算及动态调整机制不完善

现行的公益林补偿采用静态预算，按照社会发展规划、资源状况、绩效评价、生态政策、财力状况和不同权重制定补贴金额，缺乏对经济形势以及社会发展现状的动态考虑。另一方面，公益林区划时以生态特征为首要考量标准，忽略了对林地经济价值差异

的判断。在实践中,将产出水平较低和交通不便区域的次生林划为公益林,对农户的影响较小,农户通过公益林补偿可以弥补经济损失,因而公益林建设的阻力较小。而成熟期的人工造林划为公益林对农户收入影响较大,反对意见多且相应的阻力也较大。同时,从公益林的生态属性看,树种结构合理、林分质量高的林地具有较高的生态价值,应该给予更多的补偿,但在实践中采取一刀切的补偿方式,降低了林农管护林地的积极性。中央和各级地方财政虽然逐年加大对森林抚育等公益林提质增效方面建设资金的投入,但仍然不足。

(3)公益林补偿资金来源单一

目前,公益林生态补偿资金来源包括国家财政和地方政府的分摊,以及贷款、外资、自筹经费等渠道。其中主要依靠国家财政预算,贷款和利用外资处于起步阶段,占比较小,补偿资金来源渠道单一,多元化的补偿机制还没有形成。筹集资金的方式也缺少市场化运作,导致补偿范围狭窄、补偿水平低下以及补偿方式和标准过于单一。

(4)公益林经营利用的限制凸显了补偿机制的不足

和商品林相比,公益林的特殊性使得它缺乏流转和抵押权力,难以获得金融资金支持,同时,公益林的禁伐要求也严重影响了林农对财产的处分权。虽然禁伐政策在地方上有一定的突破,但不能解决财产变现和融资等现实问题,实际偏低的公益林补偿标准在一定程度上拉大了与商品林价值变现能力的差距,林农要求提高公益林补偿资金与财政压力的矛盾越发明显。

3. 公益林生态效益补偿制度的国际经验

国外公益林生态补偿起步较早,补偿模式主要有2种:一是政府参与模式,包括建立生态补偿基金、设立生态补偿税、不同区域转移支付以及扩展到不同流域合作补偿等。这种模式的主要特点是政府财政转移与主导,由于政府机构实施范围广、政策目的多样化,具有核算以及支付方式规范统一、快速便捷等特点,但是效率较低也造成了生态环境不同程度的二次损害。二是市场参与模式,包括建立绿色偿付制度、生态配额市场配置、统一建立生态标签体系、设立排放许可证交易和国际碳汇交易。该模式的主要特点为生态服务使用者或受益者付费体现出自觉性,并且利用中介机构管理运作,实施范围集中,目的明确,补偿方式多样化,补偿效率较高。公益林生态补偿机制是一种生态资源环境价值"市场经济化"的公共制度约束安排,通过对公益林生态利益的二次分配,建立了社会经济发展和环境资源保护之间的矛盾协调机制,这些生态补偿的实践由于法律规范健全、政府支付能力较强、产权制度完善、市场机制成熟、多方主体参与等内外部因素完善而取得了一定成效。

(1)法律制定方面

美国、德国、日本3个国家均是通过完善的森林法律体系来构建生态补偿制度基本框架,采用基本法与单行立法并行的形式确定具体的补偿方式、原则、范围与实施条件,制度较为科学与完备,创造了良好的法律制度环境。

美国1985年开始的农业法案中确立了土地休耕还林保护计划,此后,在历次的农业法案中均明确了这一制度体系,政府对保护生态环境所放弃的耕种和被迫承担的机会成本进行相应补偿。以签订合同登记注册的土地数量为准,用近些年的土地租金向农民支付租金,并分担农民转换生产方式过程中约50%的成本,一般合同期为10~15年。

补偿金完全由政府提供，在项目实施中遵循农户自愿的原则。

德国通过《联邦森林法》《土地整理法》《德国建筑法典》确立了稳定森林面积、统一生态补偿标准及维护生物多样性于一体的森林生态补偿制度框架。根据当地生态系统特点，依据森林的防护功能及游憩功能，维护和营造森林；对变更土地利用性质、采伐等作出详细的规定，改善森林状况、所有制结构及林道等生产基础。

日本是亚洲实施森林生态补偿最早也是世界上森林资源发达的国家之一，维护良好森林生态资源主要受益于其森林生态补偿制度，确定财政补贴与金融扶持政策调控结合的补偿规制，最大程度调动了农户保护森林生态的积极性。

(2) 补偿计算方面

有关核定生态系统服务价值的方法颇有争论，将其作为生态补偿标准，目前条件尚未具备，但对生态系统价值认识具有重要的意义。机会成本法是被普遍认为的可行性较高的补偿方法。麦克米伦 (Macmillan) 等在苏格兰的调研结果说明，新造林生态补偿标准设定与新造林地的生态服务功能大小没有关系，而是与新造林地的机会成本密切相关。当然，确定机会成本是建立生态补偿标准的难点，土地价值在一定程度上受到土地覆被植物、土壤质量好坏、坡度大小、气候变化、道路布设等因素影响，因此机会成本随着土地的社会和自然经济条件不同而发生巨大变化。

温舍尔 (Wünscher) 等认为，缺乏考虑地区自然资源差异性的补偿必然会导致经济补偿效益的损失，所以选取提供的生态服务价值、毁林带来的风险因素以及提供生态服务的各项成本等指标来研究生态补偿效益的高低，按照成本的空间差异来配置补偿资金，补偿效益会有所改善。

此外，条件价值法是目前补偿现有公共物品和生态服务价值公认的方法之一，在1963年首次建立并应用，是通过问卷询问引导受访者说出支付意愿或受偿意愿的具体货币数额，进而得到公共物品补偿价值的方法。

(3) 支付方式方面

巴西各州收取流转税，规定25%分配给州政府之下的政府承担，其中市政府税收任务的75%按照城市占据州的总流转税份额确定，剩下的25%按照人口数量、自然地理和经济因素来分配。1990年开始纳入生态环境因素，具体计算流程为：收集每个城市的自然保护区信息，同时根据流域保护和保护区面积计算生态补偿指标，最后公布分配结果并进行效果评估。

日本在充分考虑补偿主体和客体不同利益诉求的前提下确定补偿金额，政府作为补偿主体时，明确说明政府与地方之间严格按照4∶1的配比进行补偿配套跟进，切实完成地方政府的主体补偿责任。国家仅进行有限的补偿，其他部分由具体的地区受益者来承担。

许尼克 (Koh) 提出生态补偿措施除了与污染者支付原则相关，还建议开发者支付原则作为更全面的原则，着重分析最少化破坏，补充定量和定性生态评估方法。

加拿大在实践中以生产能力的无净损失为出发点，进行生态补偿确定栖息地补偿金额，使用栖息地分布和鱼类种群的基线调查，实现生态栖息地的恢复。斯克鲁顿 (Scruton) 等不仅仅把单一的森林生态价值考虑在内，还涉及森林生态系统动植物多样性的价值核算，这也启示我们应该运用系统眼光来看待森林生态价值的计算。

(4) 主体参与方面

政府应积极引导市场和民间力量来参与生态补偿建设，社会和民众生态补偿意识逐渐增强，生态补偿从开始的被动行为演变为自觉性公众参与行为是解决问题的关键。日本民间设立了"绿色羽毛基金"，每年由民间组织负责向日本各大财团、企业和个人筹款，为森林补偿建设提供了有力的资金支持。同时，非政府组织和社工团体等也对生态补偿体系建设起到了补充作用。

市场主导型的自愿协商补偿是基于科斯外部性内部化的最有效方式，然而缺乏相关的法律法规可能会使赔偿在短期内无法实现，同时运用市场方法进行成本收益分析和利益相关者意愿分析应考虑制定政府补偿标准，市场监管与政府管理相结合，将更好地推动补偿的实施。在生态补偿的运作体系中，应该使用市场调节，补偿金额由受益人的需求和付款人的供给决定。在生态补偿管理体系中，政府管理部门在必要的监督管理方面作出更多的贡献，建立现场补偿监督制度，覆盖整个补偿期间的所有环节和对象。

4. 公益林生态效益补偿制度的完善措施

公益林生态补偿是生态文明思维方式的具体展现，简而言之，为生态环境服务付费。公益林生态补偿是以保护和可持续利用生态系统服务为主要目的，根据生态系统提供的服务价值、生态保护成本、发展机会成本，以政府调控和市场配置等经济手段为主要方式，调节相关者利益关系的制度安排。根据上述国外先例经验以及我国具体情况，未来我国的公益林生态补偿制度还需要进一步完善。

(1) 加快生态补偿全面立法，探索公益林赎买政策

迄今为止，我国的公益林生态补偿法律法规不完善。可根据"受益者付费、损害者赔偿"等原则，借鉴国外成功经验，搭建公益林生态补偿法律框架，在法律层面对公益林生态保护进行分类细化，把开发、补偿、保护等具体情况依次列入并且落实到位，用法律的形式把补偿的目的、主体、对象、标准等固定下来，用法律手段保证政府投资林业的长效、规范和稳定，真正尊重集体和林农等林权所有者的利益，提高其爱林护林的积极；分层级对补偿事项进行明文规定，为国家建立、健全生态保护补偿制度扫清盲区，同时规范国家对生态保护地区的财政转移支付和有关地方人民政府生态补偿资金的使用，确保其用于生态补偿。

公益林赎买是一个特殊的解决方案，有利于实现集中连片的管护和经营，但赎买的价格和资金来源等问题并未得到解决。从地方来看，公益林赎买已经开始进行，但目标是为了控制和解决矛盾，采取的方式是先限制林业经营，降低林农的收入依赖性，然后进行分批赎买。例如，浙江的公益林赎买主要集中在自然保护区，比公益林补偿标准略高。

产权的集中有利于森林生态保护。赎买可以作为探索性的措施，但目前来看只能针对特定目的(如生态公园建设)的个案，作为公益林管理模式大面积推行短期内不具备现实条件；即便国家有财力完成大面积赎买，其管理效能提升也存在不确定性。当然，对生态区位特别重要的森林及城镇四周的景观林适合进行赎买，但选择合理的管理模式非常重要。

(2) 完善生态补偿框架

首先，补偿范围由公益林生态系统的单一领域改变为湿地、河流等生态系统的综合补偿，补偿尺度从省内补偿逐步到跨省补偿，制定符合动态经济发展的生态评价标准，进行合理的区间估值。

其次，结合生态补偿试点，利用机会成本法和条件价值法等，对各环节涉及主体进行责任分配，倒逼产业体系转型形成绿色产业体系，实现绿色生态与绿色发展的协调一致，成立绿色发展基金充当赔偿池的"调蓄作用"，发挥政府"生态补偿资金"引导和放大效应。

再次，补偿方式多元化，以资金补偿为主体，让技术、物质、产业等多形式参与生态补偿。利用市场配置资源的决定作用，采纳环境污染损失、生态破坏损失、环境质量改善效益、生态系统生态效益、环境容量资产等指标，发展绿色GDP来衡量地区经济发展水平，因地制宜实施生态补偿，切勿搞一刀切和形式主义，更要杜绝政府寻租行为，保持高效的行政效率。

最后，政府需要制定适当的政策框架和制度安排进行杠杆投资，国家指导受益地区和生态保护地区人民政府通过协商或者按照市场规则进行缴纳事前生态补偿金，最大程度地避免公益林生态补偿造成的产权纠纷和经济问题。

(3) 探索生态补偿市场化途径，拓宽生态补偿资金来源

任何国家都无法靠财政承担全部生态费用，当务之急是通过市场化途径实现补偿资金的多层次化、多渠道化，这也体现了"谁受益，谁补偿"及生态效益社会共享共担原则。目前，主要的市场化途径包括如下：

①森林碳汇交易市场。即通过系列制度的设定，使碳源主体和碳汇主体进行公平自愿交易的市场。为减少交易成本，交易价格可参照国际碳汇交易价。碳汇交易理论上可行，实际操作目前难度大，但随着国际气候谈判进程的不断深入，可作为国家向相关部门征收生态补偿资金的一种途径。

②森林生态旅游市场。林权制度改革后，林地所有权、使用权、经营权和收益权明晰，林主可以通过生态旅游市场的开发，实现生态效益的价值补偿。依据自然环境的承载能力，积极开展生态旅游、开发旅游特色产品是实现森林可持续发展的有效途径。

③森林水文服务交易市场。即流域上游提供水文生态服务应该得到补偿。在补偿主体和补偿对象较为明确，生态服务功能、种类及其受益范围易于确定的情况下，通过流域上下游企业之间以及企业与林农个体之间，通过自发组织的私人交易达成补偿协议可能是更有效率的方法。

④生物多样性交易市场。森林生物多样性可提供具体的效益，如药材、其他林产品及其他非木质林产品，这构成了林主的生计之本。生物多样性的社会价值（娱乐、精神、文化）也被认为是人类健康的基础。森林生物多样性补偿的市场化途径主要以生物医药企业、科研院所与自然保护区等之间签订交易协议的形式进行，需求者获取了在森林物种中进行新型基因提取培养的权力，供给者在交易中取得了用于森林保护发展的资金。

当然，还可以探索其他融资途径，例如，环境债务互换、征收生态税、试行BOT融资、发行生态彩票、发行国债、建立社会捐资制度等，不断拓展生态补偿资金来源。

(4) 营造生态补偿的社会环境

积极建设公益林生态补偿外环境，积极宣传生态补偿的社会效益，树立典型改革案例，同时主流媒体进行深入报道并予以高度总结评价，不断增强民众的生态环保意识。恢

复生态功能的挑战可能远远超出财政能力，科技和教育是推动调节公益林生态补偿发展外环境的动力，这就需要发挥两者的作用，积极挖掘地区生态补偿潜力。同时建立一套较为完整的机制，包括综合协调、创新资金投入、项目管护机制等，营造生态补偿的社会意识和氛围。

第三节 林权制度

谁拥有、使用、经营森林资源以及谁将从森林资源中获得经济效益是林业政策必须解决的基本问题。这些问题在很大程度上是通过规定所有者、使用者和其他与林业及木材有关的权利的森林制度来解决的，这就涉及林业产权问题。

一、产权与产权制度

1. 产权

产权是一个权利束，包括所有权、使用权、收益权和处置权，是由于物的存在和使用而引起的人们之间一些被认可的行为关系。作为一种社会关系，产权是规定人们相互行为关系的一种规则，并且是社会的基础性规则，因而在相互交往的人类社会中，人们必须尊重产权。

多数产权经济学家都强调产权的产生与资源的稀缺性分不开。在人类相当长时期和相当大范围内，人们对阳光、空气、海洋、河水等不界定产权，这不仅是由于这些资源的自然属性难以界定产权边界，而且更由于它们几乎是无限充裕的，没有界定产权的必要。但是随着人口增长和经济发展，不可再生资源日益稀缺，可再生资源质量下降，人们不仅对煤、铁等自然资源界定了产权，而且要对清洁的空气、纯净的水等界定产权。这是因为随着经济收入水平的提高，人们愿意为确保自己的生存环境与生存权利付出更大努力，而通过立法和法律进行产权界定，即是为适应由人的经济收入提高带来的制度压力所作出的调整。

产权不仅对资源配置产生重要影响，而且影响到收入分配。产权之所以有收益分配功能，是因为产权的每一项权能都包含一定的收益，或者说产权可以转化为供人们享用的各种物品和服务，或者是取得收益分配的依据。所以产权的界定也必然是利益的划分。在科斯零交易费用的假设中，虽然权利的初始安排对资源配置的效率没有影响，但对收入分配的影响是显然的，经济活动中每项产权的界定都会影响分配的变化。

2. 产权制度

市场经济是一种产权经济。市场经济的运行机制是建立在产权界定清晰、产权可以有效转让以及产权受法律保护等基础之上的，与此相适应的法规、制度就构成了一国的产权制度。通过制度对这些关系作出安排和确立会产生对经济活动的激励和约束，减少不确定性、消除外部性，市场中经济人通过追求个人最大利益形成的资源配置结果也就能实现社会整体利益的最大化，这就是产权在资源配置中的激励作用。市场经济的建立，实质上是一个产权制度的建立过程。

产权制度是经济制度中最核心、最重要的制度，它是对各种经济活动主体在产权关系中的权利、责任和义务进行合理有效地组合、调节的制度。新制度经济学将产权制度理解为影响资源配置和经济绩效的重要内生变量,并运用"交易成本"这一分析工具说明制度安排最优结构的状态。在交易成本为零的世界里,科斯定理证明了资源的初始配置不会影响最终福利的大小。换句话说,无论产权界定给谁,交易双方都会在既定约束条件下实现个人效用最大化,从而实现资源最优配置。但现实世界中交易成本无处不在,此时产权的界定就显得至关重要。不同的产权安排会有不同的交易结果,资源的使用效率就大相径庭。如果制度安排不能使私人努力的经济回报接近社会收益率,就会出现激励扭曲,资源配置就会偏离社会最优目标。因此,明确、稳定的产权制度对资源配置发挥基础作用,是实现资源配置社会效率目标的先决条件之一。

二、林权的构成体系

林权是指权利主体对森林、林木、林地的所有权、使用权、收益权、处分权等。由于权利与义务的对等关系,林权也指权利主体对森林、林木、林地的所有、经营、收益、处置等方面的权、责、利关系。同时,随着我国"三权分置"改革的不断推进,集体林权还包括林地的承包权。林权具体包括林权主体、林权客体和林权内容3个方面。

1. 林权主体

林权主体是根据法律、行政法规的规定享有林权的权利人。作为林权的享有者和构成要素之一,林权主体必须明确,否则,林权归属就无从谈起,林权也就无法称其为权利了。从林权的权利主体来看,主要包括所有权主体与使用权主体,即所有者与使用者。中国林权的产权主体的规定散见于多部单行的法律法规和政策文件中。根据现行政策法规,中国林权主体的设定如下:

①林地所有权主体与经营权主体。中国的森林、林地的所有权主体只有"国家"和"集体"。从法律的角度来看,中国现行法律不承认"个人"或"农户""单位"等拥有林地所有权,承认"个人"或"农户""单位""家庭"等拥有林地经营权。如林地、森林、林木权属都归国家所有,国有林地由国有林业企事业单位经营管理,它们对国家授予其经营管理的森林资源享有占有、使用和处置的权利;农村集体经济组织可以依法享有森林、林木、林地所有权,有依法使用林地及承包、经营森林资源的承包经营权。

②林木所有权主体。林木不但可以归国家、集体所有,而且可以归公民个人所有。林木所有权主体有3个,即国家、集体、个人所有。如公民可以合法享有森林、林木所有权,享有使用集体和国有林地的使用权,承包经营集体和国有森林资源的承包经营权。

③林地承包权主体。集体林地的承包权主体为本集体经济组织的农户,"三权分置"改革后,自然人、法人和其他组织均可以通过法定程序获得林地经营权。

2. 林权客体

林权客体就是林权权利人的权利所指向的对象。从法律、行政法规的规定可以看出,在我国,森林、林木和林地是林权的客体。《中华人民共和国森林法(2019年修订)》第十五条规定:"林地和林地上的森林、林木的所有权、使用权,由不动产登记机构统一登记造册,核发证书。""森林、林木、林地的所有者和使用者的合法权益受法律保护，任何组织和个人不得侵犯。"

需要注意的是，林权在法律上是一种不动产物权，其客体应是不动产。因此，林权客体的林木，应是生长在林地上的树木和竹子。树木或者竹子采伐后形成的材料已不再是林权客体的林木，而是成为动产产权客体的木材或者竹材。

3. 林权内容

产权理论认为，产权是一组权利束，产权是广义的所有权，包括所有权（狭义的）、使用权、收益权、处分权等。据此，林权是一种复合性权利，包括对森林、林木和林地的所有权、使用权、收益权和处分权。在我国，它还包括林地承包权。

①所有权。它指森林、林木与林地的财产归属的权利。

②使用权。它指林权所有者或经营者根据森林、林地、林木的性质加以利用，以满足生产和生活需要的权利。如林权所有者或承包者、经营者可以利用林地种植树木的权利。经营权可以由林权所有者行使，也可以由非林权所有者（如承包者、经营者）行使。

③承包权。集体林地的承包权归属于本集体经济组织农户，关于农户承包权的性质，目前尚未形成一致的看法，但多数学者认为，农户承包权是指农户基于农村集体经济组织成员身份，以农户家庭为单位对林业经营土地享有的财产性权利，该项权利既有身份权属性，又有财产性属性。但在我国"三权分置"改革中，承包权的获得不一定局限于农村集体经济组织成员身份。

④收益权。它指林权所有者或者承包者、经营者在对森林、林地、林木的经营过程中获得收益的权利。这种收益或是作为实物形态，如树木、果实、树叶、树皮等；或是作为价值形态，如货币、作价入股、资产评估，数量上或是全部或是部分，它直接关系到林农的切身利益。在所有权、承包权与经营权相分离的情况下，收益权将在所有者、承包者与经营者之间按照法律或合同的规定进行分配。

⑤处置权。它也叫处分权，是指林权所有者或承包者、经营者对森林、林地、林木进行处分的权利，这是森林、林木、林地所有权的核心内容。处分可以分为事实上的处分和法律上的处分。事实上的处分是对森林、林木、林地进行消费，如对林木进行采伐、销售；法律上的处分是指对森林、林木、林地进行转让。

以上权利构成了完整的森林、林木、林地所有权的各项权能。森林、林木、林地所有人可以将这些权能集于一身统一行使，也可以将这些权能中的若干权能交由他人行使，即森林、林木、林地所有权的各项权能与所有人相分离，因此，在所有权、承包权、使用权相分离的情况下，所有者、承包者、经营者的处分权将会有不同的内容。

三、中国林权制度的演进

林业产权制度是对财产权利在森林资源配置的经济活动中所表现出来的各种权能加以分解和规范的法律制度，界定了所有者、使用者以及其他人对林地、林木以及林内动植物资源等的权利。由于产权实质上是一套激励与约束机制，影响和激励行为是产权的一个基本功能，因而，资源配置效率和人们对森林资源利用方式的选择取决于产权的制度框架或者说产权安排究竟为人们提供了怎样的激励和约束机制。相应地，林业产权制度的核心是要通过对森林资源的所有者和经营者的产权分割和权益界定，使产权明晰化，能够让产权主体在竞争性的市场体系中，自由地进行市场交易，以实现森林资源的优化配置，并提高社会的经济绩效。从这个意义上说，合理的产权制度及制度变迁对林业发展至关重要。

1. 土地改革时期(1949—1953年)

这一时期，新的土地制度和旧中国封建土地制度发生了很大的变化。旧时期，70%以上的耕地掌握在10%左右的地主阶级手中，大多数中下贫农手中的土地很少甚至没有。新中国成立后，各地政府逐渐通过改革将土地分给农民，到1950年颁布《中华人民共和国土地改革法》使得这种土地划分有了法律依据。

这一时期全国建立了一批全民所有制大林场、森工企业。在农村，农民分得了个体所有的山林，获得了林地所有权。山林所有者可自由地就自己所有的山林进行采伐、利用、出卖和赠送，有完全的自由权。农民产权的取得，尤其是收益的独享权，极大地激发了农民的生产积极性，从而取得了比较好的产权制度绩效。但当时农村总体生产力落后，生产力水平低下，不少农民在生产中力量相当薄弱，积累率很低，有的地方甚至连简单再生产都难以维持，根本无法抵御林业生产过程中突如其来的各种自然灾害的侵扰，更没有能力采用先进的生产工具和技术。针对这种情况，在1951年9月，中央召开了全国第一次农业互助会议，会议经过研究讨论，制定了《中共中央关于农业生产互助合作的决议(草案)》，决定通过互助组的形式来进行合作互助，一定程度上克服了小农经济的局限性。

2. 初级合作社时期(1953—1956年)

在这期间，互助组逐渐被初级合作社所取代，是合作化发展的初级阶段。农民个人仅保留自留山上的林木及房前屋后的零星树木的所有权，山权及成片林木所有权通过折价入社，经营权归合作社，所有权归林农，所有权和经营权分离，开始了规模经营，合作造林，谁造谁有，伙造共有。初级合作社时期的林地资源产权安排如下：个人拥有林地所有权，合作社拥有林地的使用权，收益权在林地所有者和合作社之间分配，所有者获得土地分红，但这种分红必须在完成公积金、公益金扣除后兑现，处分权也受到了很大制约，所有者不能再按照自己的意志来处分土地，社员不能出租或出卖土地，但农户有退社的自由。

这一阶段的产权制度改革使所有权与使用权分离，即私人拥有土地的所有权，合作社拥有土地的使用权。农民以土地入股参加农业生产合作社，保留了社员土地的私有权，并以入股土地分红作为农民在经济上实现其土地所有权的基本形式。这种产权安排没有从根本上剥夺农民的利益，同时有利于合作社对土地实行统一规划，合理利用，打破家庭生产的局限性，改善了林业生产条件，取得了规模经济效益。但这种产权制度建立得过早过快，合作社规模越办越大，与农村生产力、干部经营管理能力不相适应，在发展过程中出现了强迫命令的现象。另外，由于林地不能出租和买卖，不利于林地资源的合理流动和优化配置。

3. 高级合作社、人民公社和"文化大革命"时期(1956—1976年)

从1956年开始，初级社还没来得及巩固，高级社就在全国进入了大发展阶段。高级社的要害是否定农民生产资料的个体所有制，实现农民生产资料的全面公有化。高级农业合作社时期废除了土地私有制，除少量房前屋后零星树木仍属社员私有外，山林被完全的集体化，合作社拥有森林、林木、林地的所有权、使用权、收益权和处分权，使土地由农民所有转变为合作社集体所有，这是林地所有制的又一次重大变革。南方集体林地产权实现了由农民私有向合作社集体所有的转变，国家通过集体化控制集体林的采伐，公有产权成了唯一的产权类型。

1958年，《关于在农村建立人民公社问题的决议》颁布，标志着人民公社改革的开展。这一做法彻底贯彻了公有制，将林地的所有权归属于人民公社所有，集体拥有所有权、使用权、收益权、处分权，极大地影响了农民的生产积极性。

"文化大革命"时期，农村出现并社并队，没收自留山、自留地、自留树，开展所谓的"割资本主义尾巴"，将社员私有的林木作为资本主义尾巴统统"割"给集体所有，几乎没收私人所有的树木，国家、集体林地也大多被砍光，山林权属再次遭到严重破坏。

这一时期，我国处于计划经济体制之下，不仅林木、林地，而且所有重要的生产资料都属于公有（国有或集体所有），主要由政府机构、国有企业和集体来进行经营。

4. 林业"三定"时期（1981年至20世纪80年代末）

20世纪80年代初的集体林产权改革是参照农业的家庭联产承包责任制。家庭联产承包责任制的具体做法是土地所有权仍然属于集体，土地按人口或劳动力分配给农民耕种，农民由此取得土地的承包经营权，从而改变了农民与土地的关系，受到了农民的普遍欢迎，极大地调动了农民生产的积极性。林业"三定"就是在此背景下推出的。

1981年3月8日，中共中央、国务院发出《关于保护森林发展林业若干问题的决议》，指出："要稳定山权林权，根据群众需要划给自留山，由社员植树种草，长期使用，社员在房前屋后、自留山和生产队指定的其他地方种植的树木，永远归社员个人所有，允许继承，并落实林业生产责任制。社队集体林业应当推广专业承包、联产计酬责任制，可以包到组、包到户、包到劳力，联系营林造林成果，实行合理计酬、超产奖励或收益比例分成。"文件颁布后，在集体林区实行了以"稳定山权林权，划定自留山和落实林业生产责任制"为内容的林业"三定"政策，广大农民分到了自留山，承包了责任山，这是中国森林权属变化史的分水岭。分山到户后，农户有了一定的生产经营自主权，实现了按劳分配和按要素分配相结合的分配制度，调动了森林经营者的积极性，大大提高了劳动效率。

1985年，集体林区取消木材统购，开放木材市场，允许林农和集体的木材自由上市，实行议购议销。这更进一步调动了森林经营者的积极性，大大提高了劳动效率，集体林区经济发生了可喜的变化。此外，国营林场也可实行职工家庭承包或与附近农民联营。

林业"三定"通过"分林到户"、开放集体林区木材市场的政策，使农民拥有较充分的林地经营权和林木所有权，取得了一定的成效，但也暴露出一些问题，主要存在以下4个方面：①自留山、责任山的划分是以林地的远近、质量的好坏，按人口或劳动力的多少平均、搭配划分，因此，造成了"一山多主、一主多山"的分割细碎现象，不利于林业经营，无法取得规模效益。②集体经济相当薄弱，家庭联产承包责任制实质上是家庭和集体"统分结合，双层经营"的农业经营管理体制，农民取得土地的承包经营权，成为集体经济组织内部一个相对独立的经营主体，集体经济组织则通过承担统一经营职能，解决单个农户无法解决的问题。但由于当时许多地方把集体山林全部分给农户，这些地方只有家庭经营而没有集体经营，产生了许多"空壳村"。而"一家一户"的分散经营，抵御自然灾害和市场风险的能力弱。③承包权只停留在政策层面，缺乏法律保护。在相关法律中没有对承包权的内涵、行使程序、实现方式和一定的法律保护手段等加以明确规范。承包权只是一种政策规定而不是法律机制在运作，政策的软约束性使农户对这一制度无法形成稳定的预期。④林木、林地资源不能流动。由于上述问题的存在，加上木材经营放开、无序，多家进山收购的现象十分普遍，导致了乱砍滥伐。

基于以上原因，1987年6月30日，中共中央、国务院发布了《关于加强南方集体林区森林资源管理，坚决制止乱砍滥伐的指示》。文件要求"要完善林业生产责任制。集体所有的集中成片的用材林，凡没有分到户的不得再分。已经分到户的，要以乡或村为单位组织专人统一护林，积极引导农民实行多种形式的联合采伐，联合更新、造林"。一些地方出现了"两山并一山"的情况，或者将已分包下去的山林又收归集体统一经营，造成了农民对政策的不稳定感。同时，文件提出要"严格执行年森林采伐限额制度""重点产材县，由林业部门统一管理和收购"。

可见，这一时期伴随农业家庭联产承包制度的推行，集体林区开放市场、分林到户，农民拥有了较充分的林地经营权和林木所有权。但因配套政策缺乏，以及经营者对改革信心不足，南方也出现了一些乱砍滥伐现象，产权仍旧模糊，激励不足。

5. 林权的市场化运作时期(20世纪90年代初至21世纪初)

20世纪80年代末90年代初，随着中国市场经济体制改革的深入，林业生产责任制暴露出来的问题日益显现，各地开始探索林业产权改革的新路子，林权市场化运作不断涌现。这一时期产权制度的变革，是开始于诱致性制度创新，而后政府加以引导。

(1)林业股份合作和荒山使用权拍卖试点时期(1992—1998年)

这一时期，在南方集体林区，学习福建三明地区实施林业股份合作制。林业股份合作制按"分股不分山、分利不分林"的原则，对责任山实行折股联营。1995年8月，国家经济体制改革委员会和林业部联合下发的《林业经济体制改革总体纲要》中明确指出，要以多种方式有偿流转宜林"四荒地"使用权，要开辟人工活立木市场，允许通过招标、拍卖、租赁、抵押、委托经营等形式，使森林资产变现。部分地区出现荒山使用权拍卖，使得产权进一步细分，产权形式出现多元化，呈现产权市场化导向。

(2)林业产权制度改革突破时期(1998—2003年)

为了进一步规范林权流转，1998年修订后的《中华人民共和国森林法》规定商品林的森林、林木所有权和林地使用权可以依法转让，也可以依法作价入股或者作为合资、合作造林、经营林木的出资、合作条件，但不能将林地改为非林地。这些给林权的市场化运作提供了政策和法律依据，使林权的市场化运作日益活跃。1998年8月第九届全国人大常委会第四次会议修订了《中华人民共和国土地管理法》，其中第九条规定："国有土地和农民集体所有的土地，可以依法确定给单位或者个人使用。"对宜林荒山、荒沟、荒沙、荒丘(简称"四荒")等荒地的拍卖工作也在全国展开。2002年8月29日，第九届全国人民代表大会常务委员会第二十九次会议通过的《中华人民共和国农村土地承包法》第二十条规定："林地的承包期为30～70年；特殊林木的林地承包期，经国务院林业行政主管部门批准可以延长。"这些产权制度的改革加速了林业产权的流转，完善了产权保障体系，从而激活了产权经营主体的积极性。

林权的市场化运作，由最初的"四荒"资源的拍卖、中幼龄林及成熟林的转让，发展到林地使用权流转。这一时期的产权制度也是所有权与使用权的分离，按照集体和林农或其他经营者之间的合同约定产生权利义务关系，是一种债权关系。这一时期与林业"三定"时期相比，有以下特点：①林地使用权的主体地位提高。在最初的"承包"经营时，拥有使用权的村民作为村集体的成员，总会受到村集体过多约束。而在"租赁"经营形式下，本村村民或其他经营主体，通过竞价或协商取得使用权。通过这种方式取得使用权，租赁双方的地位更具有平等性，双方是平等的民事主体。承租方与集体经济组织是一种纯粹的经济关系，任何一方不能将自己的意志强加给对方。拍卖形式，则是通过竞价方式将林地使用权和林木所有权在一定时期内市场化转让，成交后在较短时间内交付全部买金。因此，通过租赁、拍卖等形式取得的林地使用权主体地位不断提高，使用权的排他性不断提高，从而对森林经营者的预期产生激励作用。②产权主体的多元化。最初的承包经营中，使用权主体只能是集体组织成员。后来则鼓励社会单位和集体成员以外的个人参与，只是本集体组织内的农民享有优先权。③林权界定的细分化。产权界定的细分化是指在所有者和使用者之间收益权的分割和处分权的分割。收益权和处分权在集体和经营者之间按合同约定进行了分割。承包金、租金等都是集体所有权的经济实现。经营者则享有剩余收益权。集体经济组织的处分权一般表示为"对于长期违约利用或开发的，可以收回使用权"。使用者的处分权表示为"使用者可以在有效期内转让的权利。"

这一时期的产权制度变革，吸收了社会各阶层的资金，在更大的范围内实现了生产要素的优化配置，使大量的荒山得到开发，改变了"一主多山，一山多户"的状况，一定程度上实现了规模经营。因此，总体上看，促进了森林资源的可持续经营。但是，该时期林权在向有利于森林可持续经营方向发展的同时，实践中也暴露出许多新的问题，如交易行为不规范，价格确定不合理，交易信息不灵等，而这些问题的根源在于林权的市场化运行机制不健全。

6. 新一轮集体林权制度改革(2003 年至今)

集体林权制度虽经数次变革，但产权不明晰、经营主体不落实、经营机制不灵活、利益分配不合理等问题仍然存在，制约了林业的发展。2003 年 6 月，中共中央、国务院《关于加快林业发展的决定》颁布，确立了林业改革与发展的大政方针和科学定位，实现了林业指导思想的历史性转变，并明确提出了"进一步完善林业产权制度"。

2008 年，中共中央、国务院《关于全面推进集体林权制度改革的指导意见》颁布，标志着我国集体林权制度改革的全面推进，明确了集体林权制度改革的主要任务为"明晰产权、放活经营权、落实处置权、保障收益权"，提出了要"完善集体林权制度改革的政策措施"，其中包括完善林木采伐管理机制，规范林地、林木流转，建立支持集体林业发展的公共财政制度，推进林业投融资改革，加强林业社会化服务。2009 年，中共中央、国务院《关于 2009 年促进农业稳定发展农民持续增收的若干意见》也要求"用 5 年左右时间基本完成明晰产权、承包到户的集体林权制度改革任务"。2016 年 11 月，国务院办公厅出台了《关于完善集体林权制度的意见》，强调在坚持和完善农村基本经营制度，坚持农村集体林地所有，坚持家庭经营基础性地位，坚持稳定林地承包关系的基础上，针对集体林业发展中存在的产权保护不严格、经营自主权实现不充分、扶持政策不完善、服务体系不健全等问题，对构建新型产权关系和经营体系进行政策部署。

新一轮的林业产权制度改革主要是建立集体林地家庭承包经营制度，把集体林地承包给亿万农民家庭，保障农民的自主经营权，解决产权和公平问题，调动亿万农民发展林业的积极性，让农民在耕地之外，又获得一项重要的生产和生活资料，在农业之外，又获得一条重要的就业增收渠道。作为我国继土地家庭承包经营改革之后农村生产关系的一次重大变革，新一轮的林业产权制度改革是农村生产力的又一次大解放，其制度绩效主要体现在以下方面：

①规范和促进林权流转。主要表现为加强林权流转管理制度建设，规范林权流转，尤其是制定工商资本参与林权流转的管理办法，规范工商资本参与林权流转，保护农户的权益。建立林地、林木分级评价和林权流转基准指导价机制，探索建立林权流转风险防控机制，推行林权预流转制度，引入商业保险，开展林地流转履约保证保险。建立林地经营权流转证制度，该项制度的推行，实质上是通过林业主管部门的确权颁证，赋予经营权这一债权一定的物权功能，赋予《林地经营权流转证》按照流转合同约定实现林权抵押、林木采伐、享受财政补助等权益的功能，一定程度上实现了"所有权、承包权、经营权"的三权分置。

②开展林权抵押贷款和政策性森林保险。积极开展包括林权抵押贷款在内的符合集体林业特点的多种信贷融资业务，积极探索公益林补偿收益权质押贷款模式，破解公益林不能直接抵押贷款的难题。探索建立面向林农、林业专业合作组织和中小企业的小额贷款与贴息扶持政策。部分地区对公益林进行了全部投保，部分或全部商品林也纳入政策性森林保险，提高保额和保费补贴标准，并建立再保险和森林巨灾风险分散机制。

③进一步搞活林业经营机制。探索以经营单位为基础编制森林经营方案。编制森林经营方案的主体由原先的仅家庭林场和村集体扩展到集体林场、家庭林场、股份合作林场、村集体和林业企业，对方案主体实行采伐指标单列或倾斜。创新公益林经营及管护机制，开展公益林林下空间利用；创新公益林流转机制，部分试验示范区不仅转包、出租、股份合作等方式流转，而且允许以"转让"方式进行流转。实施联户管护、第三方中介管护和委托管护的公益林管护模式，提高公益林管护效果。

④加强林业社会化服务体系建设。加强林权交易中心的建设，为林权登记管理、信息发布、森林资产评估、林权流转、林权抵押贷款、林业保险、林业法律咨询等提供一站式服务。加强森林资源资产的评估，主要评估模式有3种：林业主管部门技术力量评估、市场化的评估机构评估、金融机构授权村级合作社评估。建立林权收储和担保制度，建立包括国有或国有控股、财政资金注入的混合所有制、民间资本投资等多种所有制的林权收储机构。由专业担保公司或保险公司为经营主体林权抵押贷款提供担保，成立村级担保合作社，为本村村民提供林权抵押贷款反担保服务等。

总的来看，这一时期的集体林权制度改革是一次综合性改革，改革内容涉及产权制度中的多项权利，随着改革的不断推进，成效也不断显现。但深化林业产权制度的改革同时也是一项艰巨而繁重的任务，各地情况千差万别，没有统一的模式，改革不能只靠自上而下的行政推动，未来的改革还需要进一步的探究。

第四节 政府失灵

市场失灵为政府干预提供了机会和理由。在市场失灵的情况下，需要政府干预，包括不完全市场、外部效应、公共物品、不对称信息等涉及的领域。理论上来说，政府可以通过制定政策和改革制度来纠正市场失灵，但市场失灵只是政府干预的必要条件，而不是充分条件，因为还可能出现政府失灵。

一、政府失灵的含义

政府失灵是指政府干预不但不能纠正市场失灵，反而进一步扭曲市场的现象。政府失灵可能产生的结果包括：把本来正常运行的市场机制扭曲了；实现自身政策目标是成功的，但是对环境产生了外部效应；政策失效的结果比市场失灵更糟；当市场失灵需要政府干预时，政府却没有反应。

二、政府失灵的原因

面对市场失灵，需要政府干预和政府的政策调控，但政府有效干预是有条件的。政府不是一个能够克服"搭便车"和外部性问题并保证实现资源优化配置的大型计算机，它和市场一样存在着自身的缺陷，也会失效。政府失灵的主要原因如下：

①信息不足与扭曲。信息不足是造成市场失灵的一个因素。同时，信息不仅对个人和经济组织是不足的，对政府也是不足的。更危险的是，政府干预过程中往往会出现信息扭曲。每一级政府都会进行理性选择，他们会对信息进行搜集、加工、处理、筛选，下级政府面对上级政府往往会采取报喜不报忧，或者是扩大成绩而隐瞒问题，使信息失真，并导致决策失误。历史上"大跃进""洋跃进"的决策失误导致森林资源被大量破坏与信息不足和扭曲直接有关。

②政策实施和干预的时滞。由于庞大的政府行政体系，政府制定一项决策比私人作出决策要慢得多。现实中，政府决策对宏观经济形势起一种推波助澜的作用，往往就是政策实施时滞的缘故。当与森林资源利用经营有关的客观经济形势发生了深刻变化后，要求政府的干预行为甚至政府林业部门自身的组织结构和权力结构进行相应的调整，但行政部门结构和权力结构的调整是一个费时、费力的过程，不仅是经济结构与上层建筑的关系问题，也是部门权力和部门内部机构之间权力博弈的过程，在行政和权力结构完成适应经济形势变化的重构之前，原来的干预行为由于惯性会继续实施，造成不当干预。退一步，即使行政和权力结构能够适时完成重构，新的部门适应经济形势进行干预政策的调整，也需要重复开始的决策过程，等到调整后的干预方案付诸实施，经济形势也可能进一步发生变化，干预行为的滞后依然存在。

③公共决策的局限性。即使政府像超人一样拥有充分的信息，通过政治过程在不同的方案之间做选择仍会产生困难。因为政府的决策会影响到许多人，但真正参与决策的只是少数人，他们在决策时会自觉不自觉地倾向于自己所代表的阶层或集团的偏好与利益。也就是说政治家有可能成为少数阶层或利益集团的代言人，而置多数人的利益于不顾。或者是政治家和政府官员谋求他们自身的内部利益，而不是"最大多数人的最大福利"。同时，由于不存在可以准确及时反映公众对公共物品偏好的有效机制，所以也无

法确知政府决策是否符合大多数人的利益。

④政策作用对象的理性反应。政府政策作用的对象是理性的经济人，政策的效果取决于人们对政策的反应。"上有政策，下有对策"就是人们对政府政策的理性反应。有些政策由于影响人们的预期和财产价值而产生利益集团，这些利益集团对政策产生影响，并使调整这些政策在政治上变得困难。例如，1985 年，南方集体林区的木材市场开放，任何单位和个人都可以进入林区收购木材，林业部门的国有经营体系(主要是木材公司等森工企业)受到了很大的冲击，其主渠道作用未能发挥，木材公司上交给林业主管部门的利润也转移到了个人或中间商手中。同时，由于相关的林政管理工作跟不上，一度出现了乱砍滥伐森林的局面。这样，林业部门不断向国家上报乱砍滥伐带来了资源破坏和锐减、国家重点用材无法保证(如将最差的木材上交国家)等情况。1987 年，国家出台相关文件，要求关闭南方集体林区重点产材县的木材市场，并再次回到了林业部门一家进山收购的管理体制，这种垄断地位的取得保证了林业部门的既得利益。

⑤寻租活动。寻租活动是指那种维护既得经济利益或对既得利益进行再分配的非生产性活动。寻租活动会造成经济资源配置的扭曲，阻止更有效的生产方式的实施；会浪费社会经济资源，使本来可以用于生产性活动的资源浪费在贪腐等寻租活动上；它还会导致行政官员的腐化堕落。所以，有人把市场机制比作"看不见的手"，把政府干预比作"看得见的手"，而把寻租活动比作"看不见的脚"，一旦"看得见的手"被"看不见的脚"踩住，就会出现"政府失灵"。

三、政府失灵的防范

在探究了政府失灵的类型和原因后，为避免政府失灵，对其防范也应从体制及政策上落实。主要措施包括如下：

①明确林业部门的职责与权限。市场经济下，林业部门的职责和权限应主要限定在：林业发展规划、政策、法律法规的起草、修订，政策、法律法规的执行监督，提供适应社会经济形势和林业发展所需的制度安排；组织开展森林资源调查监测、林业基础科学技术研究、林业技术推广咨询、病虫害及火灾防治体系建设、各级生态公益林经营管理；政府干预政策的执行和协调，政府对林业的干预需要林业部门牵头进行信息通报和关系协调；推动社会参与林业发展，关注森林；国有林的经营和管理；对非国有林业发展的指导和扶持。

②优化部门结构和权力分配。首先，应整合分散在各有关业务部门中关于林业规划、政策、法律起草制定、执行监督的权利，集中加强政策法规机构的力量和权力；其次，设立和加强林业公共产品供给管理机构，完善林业公共产品的供给渠道，强化林业政府干预执行和协调部门的权责；最后，协调好中央与地方各级林业部门的事权划分。

③建立和完善林业公共财政体系。林业具有公共事业和经济产业双重属性，具有经济、生态、社会多种效益，林业多种产出成为公共需求领域，应该纳入政府公共财政体系范畴，这也是政府对林业干预的重要形式和手段之一。我国近年来随着财政总量的增加，社会经济可持续发展对林业发挥支撑保障需求的增强，财政已逐步加大了对林业的支持，但仍然存在投资总量欠缺、支持领域狭窄、缺位严重、资金使用分散、使用效益不高等多种问题，制约了政府干预林业目标的实现。为此，应该依据分类、分级、突出重点、按需扶持原则构建林业公共财政体系，使之发挥政府干预林业的主渠道作用。

④政策的制定和执行重心下沉到林区社区，并培育和发展林业行业非政府组织。政府干预不等于所有政策的制定和实施都要由中央或省级林业主管部门承担，政策制定应上下结合，宏观政策框架由中央部门通过专家系统确立，同时要广泛征求林业基层主体的意见，干预政策的制定和执行重心要下沉到林区社区。社区有时可以做到政府和市场都做不到的事情，社区成员拥有关于其他成员行为、能力和需求的重要信息，以及本地区森林资源情况的正确信息，本地区森林资源的利用效率和状态对其自身的生存发展、现实收益也都有直接影响，社区成员对地区森林资源更为关注，其参与森林资源管理的激励比较充分，能够有效避免政府部门的官僚主义作风。另外就是大力培育和发展林业行业非政府组织，非政府组织是资源结成的组织机构，在组织内集体行动均是自愿的，其出现就是要通过集体自觉行动以应对市场甚至是政府干预的失效，这与政府干预集体行为的目标是一致的，其开展的活动可以是政府功能的有益补充。

第九章
林业经济研究方法

林业经济学作为经济学的分支学科，其研究过程遵循经济学一般研究过程；同时，林业经济学是一门应用性和实践性很强的学科，掌握与运用林业经济研究方法是从事相关教学与工作的必备技能之一。本章共分为三节，分别对林业经济研究方法论、林业经济调查方法和林业经济分析方法进行了介绍。

第一节 林业经济研究方法论

本节主要围绕林业经济研究的理论方法逻辑、林业经济研究方法的类别以及林业经济研究过程和方法三方面介绍林业经济研究的方法论。主要明确林业经济研究过程与林业系统分析过程，掌握实地研究法、统计调查法、实验法以及文献研究法4种主要的林业研究方法的选择。

一、林业经济研究的理论方法逻辑

1. 理论假设的一致性

在林业经济研究中仍要坚持理性人的假设，从这个假设为基本点出发深入地探索所观察到的林业经济现象，不能简单将现象贴上不理性的标签。在研究问题时，发现不合乎理性的现象，不能简单地说是由于当事人不理性，只是对当事人在作出决策时所面临的约束条件不了解，要求进一步去了解产生这个现象的各种条件。

2. 内部逻辑的一致以及逻辑推论与经验事实的一致

在进行经济研究时必须对所研究问题和给定条件有明确定义，从前提到结论之间的推论必须合乎严格的形式逻辑的规范，数学模型是最严格的形式逻辑，能将逻辑分析数学模型化最好，这是国际上经济研究发展的一个趋势，如不能，至少在分析问题是，什么是大前提、小前提，什么是假设，什么是推论应有明确的表述。其次，严格检验依照理论的逻辑推演产生的推论是否与所要解释的经验事实相一致。再次，当一个现象可以用一个内部逻辑一致的理论来解释时，通常也可以通过不同变量的选择组合，而同时形成几个内部逻辑严谨并同时可以解释这一现象的若干个其他理论，当现有理论与观察到的经验现象一致时，应进一步思考是否还有其他同样是内部逻辑一致的理论，可以用来解释此现象。

3. 方法模型中的限制条件

理论方法能否解释所观察到的现象的关键就在于在这个方法模型中的给定条件是否合适。以下的"一分析,三归纳"方法对在寻找最重要、最一般的限制条件来构建方法模型时,有参考价值:

(1) 本质特性分析法

即在分析一个现象时,首先想清楚谁是这个现象中的主要决策者,他的目标是什么,目标的特性为何,他所处的环境又有哪些特性等问题。

(2) 当代横向归纳法

即在研究某一时、某一地的现象时,同时去了解这个现象到底是此时、此地唯一的,还是在其他地方也有类似的现象。

(3) 历史纵向归纳法

即《礼记·大学》上说的"物有本末,事有终始。知所先后,则近道矣。"了解了一个现象的演变发展过程,也就知道了它产生的原因。

(4) 多现象综合归纳法

是将一时一地同时发生的多个现象综合分析,归纳出这些现象背后共同的原因,而不是孤立地分析各个同时发生的现象。

4. 实证检验

理论方法分析只能说明在所阐述的逻辑机理中,因(给定的条件)对果(所要解释的现象)的产生的影响,但无法说明这个影响的量有多大。是否真的有影响,以及影响有多大,只能从经验实践中才能获知。理论方法既然是用来解释现象,就必须不断地接受经验现象的检验。计量检验是林业经济研究中经验实证的一个主要方法。

二、林业经济研究方法的类别

1. 实证分析与规范分析的方法

实证分析是经济学研究的基本方法,也是林业经济学的基本分析方法。实证分析方法主要研究经济现象是什么,即考察人类社会中的经济活动事迹是怎样运行的,而不回答这样的运行效果是好是坏。实证分析往往要用到较多的教学工具,过去受多方面因素的限制,这种方法应用较少,近几年来,实证分析在林业经济研究中逐渐增多。

规范分析是研究经济活动应该是怎样的。林业经济研究的目的是为了优化林业资源配置,寻求更适合的制度体系,同时林业特点和运行规律以及一般性问题的研究都会用到规范研究方法。

2. 静态分析与动态分析的方法

静态分析是指考察研究对象在某一时间点上的现象和规律。在计量分析中,常常将这种用于分析比较处于不同发展阶段的研究对象在同一时间点上,或研究某一对象在同一时刻内部结构的数量指标的方法称为横截面分析法。

动态分析是指研究林业随时间推移所显示出的各种发展、演化规律以及林业中各要素与其环境间的演化规律。在计量分析中，称之为时间序列分析。林业经济学中的经验性规律，大多都是综合运用动态分析与静态分析相结合的研究方法研究得到的。

3. 统计分析与比较分析的方法

通过统计分析方法可以就某一研究对象在不同地区的特征进行总体归纳，从而可以为这一对象的研究找到一般性的结论甚至是规律。林业经济学中很多问题的研究都需要统计分析的方法。同时比较分析也是必需的，任何一个国家或地区林业经济问题的产生发展都有其普遍性和特殊性，国际间比较可以为林业经济发展提供借鉴；国内不同地区之间的比较，也是林业经济研究中不可或缺的，实践中已得到广泛应用。

综上，林业经济研究方法应综合应用，并强调其使用的科学性和系统性，才能推动林业经济学科的发展。

三、林业经济研究过程和方法

1. 林业经济研究过程

任何社会研究都是针对社会领域中的实际问题，有目的、有计划、有步骤地进行的。林业经济研究遵循"提出问题—分析分析—解决问题"的逻辑顺序，即林业经济研究是一个提出并解决问题的过程。它可以划分为 6 个相互关联的步骤：①提出研究问题；②建立分析框架；③实施研究与分析问题；④检验分析；⑤解释结果并得出结论；⑥总结启示与建议。

(1) 提出问题

在研究过程的开始阶段，研究者必须定义研究项目的范畴，需要考虑以下 3 个问题，即研究主题、研究问题和研究假设。研究主题是指研究项目所涉及的一般领域，研究是指研究的具体焦点，研究假设则是研究者提出的研究问题的答案或者研究者关于研究主题的主要主张。

①通过初步探索。即查阅文献，专家咨询，初步考察进一步确定研究选题和为成立研究假设提供素材与思路。

②成立研究假设。确定研究的指导思想、研究方向和研究内容，以便进行有目的、有计划的观察和实验，避免盲目性和被动性，同时研究假设也为问题和理论模型之间架起了一座桥梁，为发展理论指明了方向。

其中，社会研究的选题要根据社会的需要，要考虑研究课题的重要性和可行性。研究选题首先要考虑国家建设的需要，研究国民经济过程中具有重大经济效益的关键性的科学技术问题。根据社会的需要选题，是研究选题所必须遵循的一条原则，也就是重要性原则，就是要善于发现那些对社会主义现代化建设有重要影响的课题，要抓住那些需要了解和解决的社会关系和其他问题。同时要考虑可行性，即要考虑和分析社会的各种主客观条件，政府部门、本地区的人民支持，经费来源，调查者的能力，分析资料的能力等。同时，选题也要体现恰当性原则。

好的研究问题应具备以下几个特征，即是问题导向的、分析型的、可以进行经济学研究分析的、在现有时间和资源条件下可行的以及问题是新颖或重要的。具备以上特征,研究的问题才具有可行性和研究价值。

(2)建立分析框架

建立分析框架是正式开展研究的基础工作,能够形成研究工作的基本逻辑。

设计研究方案主要任务包括:

①研究课题具体化。就是要确定研究的对象即分析单位和研究内容。

②研究课题操作化。就是通过对抽象概念的定义来选择调查指标,从而将抽象概念转化为具体的可以测量的变量,将研究假设转化为具体假设,以便能使研究课题具体调查实施。

③制订研究方案。就是要制订一个详细、周密的调查研究方案。研究方案是通过对一项研究的程序和实施过程中的各种问题进行详细、全面的筹划,制订出的总体计划。其间,也应该根据研究需要,讨论制定供具体实施用的调查大纲或调查问卷。

(3)实施研究与分析问题

实施阶段的工作就是根据研究方案抽取样本、收集资料、整理资料,它是整个研究中最繁忙的阶段。能否收集到必要的资料,并加以科学的整理,这是社会研究能否取得成功的最根本条件。实施阶段的主要步骤如下:

①抽取样本。社会研究有全体调查、典型调查、抽样调查等各种方式。其中抽样调查是社会研究常用的方法。因此,在实地收集调查资料以前必须在界定的总体范围内抽取样本;抽样方法大体有2类:一类是随机抽样法,另一类是非随机抽样法,社会研究要求多用随机抽样法。

②收集资料。样本确定以后,就进入实地收集资料。社会研究中资料的收集是一项最艰苦的基础工作。它不仅要求调查研究人员有埋头苦干、吃苦耐劳的精神和实事求是的科学态度,而且需要熟练地掌握收集资料的方法和技术。

③整理资料。资料的整理是统计分析的前提,它的主要任务就是对收集来的资料进行系统的科学加工。整理资料主要有2项工作:一是校对。对调查来的原始资料进行审查,有无错误或遗漏,以便及时修正或补充。这项工作对于充分保证研究结果的准确性、科学性有重大意义。二是简录。就是对原始资料进行编码、登录和汇总,加以科学的分组,使材料系统化,为进行统计分析奠定基础。或者将已经汇集登录的原始资料输入计算机,为利用计算机进行统计分析作好准备。

研究项目的目标是解释一个重要课题或问题的某一方面,分析问题正是进行这种解释,它是课题或问题的概念性或理论性分析,在前面资料搜集的基础上运用理论来清楚地阐述问题,分析或概念化研究过程的结果就是研究假设,对所要研究的问题给出尝试性的答案假设是概念或理论分析的核心。

(4)检验分析

对研究假设进行检验,检验理论意味着把理论的含义或预测与现实世界的有关数据进行比较,分析得到的数据。一是要确定高质量的数据集,要求尽可能全面且准确,足以充分验证假设的数据集;二是要选择能够充分检验假设的统计方法,统计方法根据研究问题的特点进行确定,可以是引用前人研究中的方法,也可以自己加以修正补充,在确定数据集和统计方法之后,需要进行检验分析,进而得出检验结果。

(5)解释结果并得出结论

得出检验结果并不意味着研究过程的结束,而需要对结果进行解释分析,往往需要注意一系列问题，对研究假设进行检验的结果是什么？它们与理论的预测是否一致？检验程序是否存在为了得到有效结果而需修正的问题？制约或削弱结果的检验方法的缺陷是什么？基于对这些问题的回答，从而能够得出结论，结果能够在多大程度上支持假设？它们与之前的研究相比结果如何？由于数据收集与方法选择的差异，检验得出的结果可能存在很大差别，在结果并不能合理支持假设的情况下，还需要对此进一步分析和假设。

(6) 总结启示与建议

总结阶段的主要任务是在全面占有调查资料的基础上，对资料进行系统分析、理论分析（验证解释），并在此基础上撰写研究报告。加工资料分为2种不同的类型：第一类是对第一手资料的统计分析。在这种场合下，分析的主要手段是数学和逻辑。因此所得到的资料对于进行理论分析和提出实际建议是有用的。第二类就是从理论上解释资料，从内容上分析整理过的社会事实（即第二手资料）。

最基本的方法就是撰写研究报告，在撰写过程中，研究者能够重新陈述论证并再次检验研究结果的有效性，总结研究经验，审视不足并提出改进建议，进而完成整个研究过程。

2. 林业系统分析过程

林业系统分析，即以系统思想为指导应用系统工程的方法研究林业问题的过程，按系统的整体性、集合性、关联性和环境适应性原则进行综合研究。1969 年霍尔（Hall）提出了三维结构空间法，为人们揭示出研究系统的一般方法和步骤，他把系统工作阶段中对问题的思维过程叫逻辑维，并将其分为：问题的阐述、目标的确定、系统的综合、系统分析、最优化、决策、实施 7 个步骤。

(1) 问题阐述

问题阐述是任何系统研究的第一步。它包括了解环境，目的，过去、现在及未来的发展趋势，组成部分及相互关系等内容。环境调查、要素资料调查、预测等工作，是有关研究资料的收集、整理、加工的过程，全面认识的过程。为确定林业系统最佳产业和结构，首先必须了解林业系统。林业系统是在自然环境基础上建立的林业经济生态系统，是自然系统和人工系统组合而成的复合系统，它是整个社会经济生态系统的一个子系统。由于该系统是个复杂的大系统，不确定、不可控因素繁多，故需要再收集。整理历史、现状资料的基础上应用模糊集合概念加以研究。

(2) 目标确定

研究系统的目的无外乎是合理地组织人、财、物，使之适合于人类的需求。衡量系统组织合理性和人类需求满足程度的标准即是目标。林业系统目标有多样化的特点且一般很难定量化，因此逐层展开，使之详细化并易于定量，形成目标集是该步骤的目的。通过对林业系统环境、系统过去、现在和未来预测的分析，为了更好地实现系统功能，确定合理地产业和产品结构，必须实现下述目标：

①以林为主，多种经营，综合利用林木以及其他森林资源，建立具有高深度、高宽度、高效益，保持生态良性循环并使林业系统稳定发展地产业和产品结构。

②对该目标按效能原理和组态原理逐层展开地目标集和生产结构模糊组态如图 9-1；所谓效能原理就是对实现开发目标方向可以产生效能地科学技术原理；所谓组

态原理即实现效能原理地工程原理模型。即实现上一层目标需要哪些效能，而实现具体效能又有哪些具体的工作。

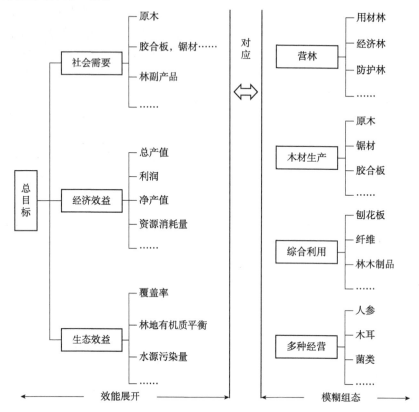

图 9-1 目标展开和模糊组态

③通过上述分析可以得出构成该系统的单元。对得出单元进一步划分可得到基本单元集合和备选单元集。基本单元集是指对实现评价指标又重要影响的单元集合，备选单元集是指对实现评价目标有较重要影响的单元集合。通常采用模糊评价的方法根据一定的录取限确定。例如：首先，对各产业确定评价指标（表 9-1）；其次，确定各产业评价指标的权数；再次，对各产业的生产单元进行模糊评价；最后，计算各产业得分。从而为分析生产结构奠定基础。

表 9-1 各产业评价指标

产业	评价指标
营林	生产率、单位面积费用、单位面积采伐龄产值、采伐龄等
木材生产	劳动生产率、投资量、利润、产值等
综合利用	劳动生产率、投资量、利润、产值、木材利用率等
多种经营	投资、利润、社会需求、吸收劳动数量等

（3）系统综合

系统综合是指形成系统概念，确定系统方案。该步骤是解决问题的关键环节。其目的在于通过对系统组成单元按价值指标进行评价并确定实现总目标的方案。

(4) 系统分析

这里的系统分析指的是对系统综合中的所有方案进行模型化并进行方案比较分析的过程。如果目标只有一个，则叫单因子评审，如果目标有多个，叫综合评审。综合评审是在单因子评审的基础上进行的，因此单因子评审时基础。由目标的确定可知，要实现系统总体目标，靠单因子评审找不到最佳方案组合，故必须进行综合评审，即求出一个系统统筹兼顾的方案组合。

(5) 最优化

最佳产业结构确定之后，即可按照最佳方案确定产品结构，即采用最优化的方法建立最优化模型、对模型求解和分析提出决策者的信息。最优化的方法很多，不同问题可采用不同的最优化方法，这里要求系统分析的基础上分别按系统所提出的目标进行优化，因此一般也是多目标的优化问题，多目标优化的方法中最常用的是将多目标化为单目标，其中一种方法就是将一主目标作为最优化问题的目标，而将其他目标给予一定的限制当作约束处理。

(6) 决策

对上述系统分析和最优化的结果进行分析，考虑各种不确定因素以及决策者的价值观念进行最后抉择。

(7) 实施

一旦作出决策，就需要将方案执行计划下达执行者，在执行过程中利用反馈原理，逐渐调整。

3. 林业经济研究方法

明确林业经济研究过程与林业系统分析过程后，研究设计的另一个主要任务是选择研究方法(或研究法)。研究方法表明研究的实施过程和操作方式的主要特征，它由一些具体方法所组成，但它不等同于在研究的某一阶段中使用的具体方法。区分研究方法的主要标准是：①资料的类型；②收集资料的途径或方法；③分析资料的手段和技术。依据这几个标准，可以将社会研究的主要方法分为统计调查、实地研究、实验和文献研究。一项研究在确定了某种研究法之后，可选择各种具体的资料收集方法，两者的关系如图9-2所示。

(1) 实地研究法

实地研究是不带假设直接到社会生活中去收集资料，然后依靠研究者本人的理解和抽象概括从经验资料中得出一般性的结论。实地研究得到的资料通常是无法统计汇总的文字资料，如观察、访问记录。但实际上，研究者所获得的资料并不限于已记录下的材料，它还包括现场的体验和感性认识。这些未形成文字的感性材料在资料分析阶段也发挥着重要作用。可以说，实地研究与人们在社会生活中的日常观察和亲身体验没有很大区别，它也是依靠观察和参与，只不过它更系统、更全面一些。从形式上看，实地研究类似于中国流行的"蹲点"调查。

但是，与单纯的调查不同，实地研究不仅仅是收集资料的活动，它还需要对资料进行整理和思维加工，从中概括出理性认识。实地研究主要运用归纳法，研究从观察开始，然后得出暂时性的结论。这种结论又指导研究者进一步观察，获取新的资料，再得出新的结论或完善原有的结论。

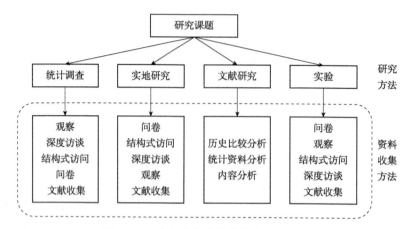

图 9-2 研究方法与资料收集方法的关系

由于研究者不可能在短期内对大量的现象进行深入、细致的观察，因此实地研究是一个较长期的过程，且通常集中关注于某一个案。由于这 2 个特点，实地研究也常常被称为个案研究或参与观察，它的资料收集方法主要是无结构的观察和访问。实地研究的资料分析主要运用定性分析和投入理解法，研究者需要结合当时、当地的情况并置身于他人的立场才能对所观察到的现象作出主观判断和解释，这种解释并非靠统计数据的支持，而是依靠研究者本人对现象本质和行为意义的理解。

(2) 统计调查法

社会研究所使用的资料可分为 3 类：①直接调查得来的数据资料；②直接调查得来的文字资料；③文献资料。统计调查所收集的资料属于第一类。这种资料是通过在自然状态下直接询问、观察或由被调查者本人填写得来的。资料的收集是利用事先设计好的表格、问卷、提纲等，所提出的问题和回答的类别是标准、统一的（即结构化的），调查内容可以汇总统计。也就是说，研究者事先根据研究假设确定好要了解每一个调查对象的哪些属性和特征（称为变量）；并规定了统一的记录格式，这样所调查到的每一个案的情况都可在一个统一的资料格式中汇总起来。

由于资料的格式是统一的，将所有被调查到的个案资料汇总就能得到一些统计数字，因此，统计调查得来的资料一般都可以进行定量分析。统计调查法不仅可用于描述性研究和解释性研究，也可用于探索性研究。例如，在大规模调查之前，先调查一些个案，从中发现变量间的一些关系，然后提出研究假设。

统计调查经常使用问卷去收集资料，因此有些人也将它称为问卷调查；但统计调查也可采用其他方法，如结构式的观察、访问等。统计调查的 2 个显著特征是：①使用结构式的调查方法收集资料；②在对大量个案做分类比较的基础上进行统计分析。由于这 2 个特点，它成为理论检验研究的最主要的方法。且通常与抽样调查相结合。统计调查适用于对社会现象的一般状态的描述以及对现象间关系的因果分析。它还适用于对集体的态度、行为倾向和社会舆论的研究，如民意测验。

(3) 实验法

实验是自然科学的主要方法，它最适用于解释现象之间的因果关系。但目前在社会研究中它还不能得到广泛应用。通过实验法而收集到的资料与统计调查资料很相似，它们都可以分类汇总和统计。两者的主要区别是：①统计调查是在自然环境中，而实验是在人为控制的环境中观测或询问；②统计调查所得到的不同的变量值（如不同的政治态度）是调查对象本身固有的，而实验则是人为施加某种刺激，使调查对象的属性和特征发生某种程度的变化。

实验的设计方法很多，最典型的实验设计是将调查对象分为实验组和控制组，分别观测他们在实验前后的变化。由实验法收集的数据资料是精确量度的，以便能反映出调查对象的细微差异。数据资料的分析主要使用统计方法。在社会研究中，实验法主要用于社会心理学和小群体的研究，这是由于实验的研究范围较小。当然，大规模的"社会实验"也是依据实验法的原理。例如，在一项政策实施之前，先在一个地区"试点"，以考察这一政策的效果。但这种实验不同于科学研究的实验、它没有实行较严格的控制和精确的测量。

(4) 文献研究法

文献研究是历史学的主要方法，它利用现存的二手资料，侧重从历史资料中发掘事实和证据。在社会研究中，文献法必不可少，这不仅指在初步探索阶段需要查阅文献，为大规模的社会调查做准备，而且指在无法直接调查的情况下利用文献资料开展独立研究。

与直接、实地的调查研究相比，文献研究的特点在于它不直接与研究对象接触，不会产生由于这种接触对研究对象的"干扰"，因而不会造成资料的"失真"。因此它也称为间接研究或非接触性研究。文献研究的另一个特点是，它的资料收集方法是与分析方法相联系的，研究者一般是在确定了分析方法之后，再去查找某种类型的文献。文献分析主要有3种方式：①统计资料分析；②内容分析；③历史比较分析。现存统计资料往往是调查资料的补充来源，它可以为研究提供历史背景材料，但它也可作为社会研究的数据资料的主要来源。许多经济学研究和人口学研究都是主要利用这种资料。内容分析是将现存的文字资料转换为数据资料，然后运用统计方法来分析社会现象。

以上所讲的4种研究方法各有其优缺点及适用范围；选择何种研究法在很大程度上取决于研究者的理论和方法论倾向。从近几十年的发展趋势上看，采用统计调查的研究在社会研究中的比例越来越大。

第二节 林业经济调查方法

林业经济调查，即运用各种方法和手段获取有关的林业经济现象及其行为者的资料和数据的过程。本节首先明确林业经济调查及调查类型，进而具体介绍农村快速评估(RRA)方法、参与式农村评估(PRA)方法、社区林业评估(CFA)方法的原则、作用、应用、工具、优劣以及区别，并详细介绍了社区林业调查方法的主要工具。

一、林业经济调查类型

林业经济调查的基本类型是指根据调查对象的总体情况而采取的调查方式。依据不同层次、不同标准可对其进行多种分类。其中，在林业经济调查中具有实践意义的是按照调查对象的范围和选取对象的方式不同，将调查研究分为抽样调查、典型调查、重点调查和个案调查4种类型。

1. 抽样调查

抽样调查是根据部分实际调查结果来推断总体的一种统计调查方法，属于非全面调查的范畴。它是按照科学的原理，从若干单位组成的事物总体中。抽取部分样本单位来进行调查、观察，用所得到的调查样本数据推断总体，以代表总体。抽样调查可以分为概率抽样调查和非概率抽烟调查。对于概率抽样常用的方法包括：简单随机抽样、系统抽样、分层抽样、整群抽样等；非概率抽样包括：偶遇抽样、判断抽样、配额抽样和滚雪球抽样等。

2. 典型调查

从研究总体中有意识地挑选出少数具有代表性的对象进行调查，以达到了解总体的特征和本质的方法。典型调查要求收集大量的第一手资料，做系统、细致地剖析，适用于调查总体同质化比较大的情形。同时，要求调查者有较丰富的经验，在划分类别、选择典型上有较大的把握。

3. 重点调查

重点调查是指在全体调查对象中选择一部分重点单位进行调查，以取得统计数据的一种非全面调查方法。由于重点单位在全体调查对象中只占一小部分，调查的标志量在总体中却占较大的比重，因为对这部分重点单位进行调查所取得的统计数据能够反映社会经济现象发展变化的基本趋势。重点调查取得的数据只能反映总体的基本发展趋势，不能用于推断总体，因而是一种补充性的调查方法。

4. 个案调查

个案调查是针对某一个体在某种情境下的特殊事件，广泛系统的收集有关资料，从而进行系统的分析、解释、推理的研究方法。

二、农村快速评估方法

农村快速评估(rapid rural appraisal，RRA)是研究农村发展的一种十分有效的方法。RRA 是在 20 世纪 70 年代末农村扶贫和发展项目中产生，20 世纪 80 年代初得到了重视与发展，并在此基础上逐渐产生和发展了 RRA。农村快速评估是一种多学科相结合的、灵活机动的有效调查方法。它基于农民对环境及资源利用的知识，通过调查者的观察和访谈，获取和分析农民有关生产、经济活动等方面的情况。

农村快速评估是在农村发展中一种外来者学习和了解当地的好方法，但它还是以收集与分析资料，完成报告为主要目的的调查方法。外来者仍是调查的主体，当地人仅是被调查的对象。它通过跨学科调查组，综合运用多种技术进行资料收集与分析，在掌握基本背景资料的基础上，通过与当地居民进行开放式的交谈，观察当地情况，来及时、经济、准确地为农村发展计划与项目获取信息。农村快速评估有比传统方法优越的特点，如省钱省时，能全面了解农村的真实生活情况。

1. 农村快速评估技术的核心原则

农村快速评估技术的核心原则是：①三角剖分；②大量重复的探索性调查；③快速推进了解；④充分参考当地农民的意见；⑤多学科参与、配合；⑥自觉判断的灵活性及应用。

(1) 三角剖分

农村快速评估技术通常是从 3 个以上不同的来源或观点综合信息资料，因而称之"三角剖分"。就多数农村快速评估而言，至少有下列 3 个主要范畴需进行"三角剖分"：①调查队的构成。调查队是由涉及多学科的人员即经过不同专业训练人员组合而成的。②调查对象。根据需要可将调查对象逐级分解成不同的层次，如村庄、农户，以加深对农村变化情况的认识和了解。③调查方法。调查方法、工具和技术的三角剖分是为了有利于反复核对，提高信息资料的质量。调查方法要多样化，如半结构访谈、视觉观察和应用已有的信息资料或辅助材料等。

(2) 大量重复的探索性调查

农村快速评估是探索性的、大量重复的。我们称之为探索性调查，是由于在这项工作中，调查人员要有一经掌握新信息就形成新假设、抛弃旧假设的准备。为了有利于这种探索性调查的进行，农村快速评估技术被设计成大量重复。这就意味着调查人员必须从不同角度、用不同的信息来源，反复询问同一问题，而不是一个问题一旦问完即置之脑后。

(3) 快速推进了解

农村快速评估取决于快速推进了解。其设计不是为了就某一具体的资源问题作出最后的结论，也不是对全面的发展问题提出一个快速的最终解决办法。其要求调查人员思考他们所获得的答案，并运用这些答案系统地提出深层次的问题。这些新问题和新知识常常可以加深调查人员对实际问题的认识和了解，并最终找到解决实际问题的办法。这与预先指定问题的调查研究及在大部分实地调查中使用缺乏推进了解的固定调查表格形成鲜明的对比。

(4) 充分参考当地农民的意见

农村快速评估依赖于充分参考当地农民的意见。通过调查所提出的解决办法在当地发展中必须可行，并为农民所接受，因而调查中充分依靠农民，利用他们对本地资源环境的广泛认识，对人们了解当地资源状况和存在问题是很重要的。

(5) 多学科参与、配合

在农村快速评估中，多学科的参与、配合极为重要。因为实际的农业生产活动是复杂的，它涉及整个资源系统，而不仅仅是粮食作物生产。面对当地复杂的系统，对一个仅接受某种专业训练的人员来说，完全理解农业生产活动所涉及的诸多因素，或者提出可行的改进措施，几乎是不可能的。

(6) 自觉判断的灵活性及应用

在调查实施过程中，农村快速评估取决于自觉判断的灵活性及其应用。因而只有一个好的计划是不够的，调查人员还必须有对所获知识进行快速归纳的能力。同时，根据需要和可能，调查人员必须有随时用他们修正假设的方法修改其调查计划的准备。这里，灵活性也包括对方法、工具和技术的选择、变更及组装配套，乃至发明新方法以改进农村快速评估技术的能力。通过灵活性，调查人员依靠评估和自觉判断的应用来作出有效的决策。为了通过自觉判断的应用和计划、进展的关键性评估，得出清晰的结论，调查人员进行经常性聚会是必要的。

2. 农村快速评估的优点

严格实施农村快速评估技术，可以有以下3个方面的优点：

首先，调查队是不同学科人员的组合，既包括决策者，也包括调查人员，而且调查时间更短、更灵活，决策者、调查人员与农民之间有相互交换观点和看法的机会。如果决策者确信某一具体问题的重要性，这可以使更加深入、彻底的调查研究得到公共机构的支持。例如，在项目区域内，如果土地占有问题清楚地表明是项目实施的关键限制因素，而决策人员之一又参加了这一问题的实地调查，决策者更有可能为评估土地占有问题的长期研究创造条件。同时，由于不同学科观点和看法的介入，使研究计划更真实地反映问题。

其次，访谈技术比统计调查表格更灵活，采访者与被采访者之间能相互理解，并且减少了由于有限的问题选择和缺乏反复核对所带来的非实例结果误差。

最后，农村快速评估允许对假设进行重新估价，因而在实地考察中可以根据新的信息资料对问题进行修改。

3. 农村快速评估技术的应用

农村快速评估的潜在应用范围是相当广的，主要有以下6个方面：①考察、识别和诊断农村形势及问题；②设计、执行、监测和评估方案、项目及开发行动；③促进技术的开发、扩充和转移；④协助传播政策和制定决策；⑤反映天灾及突发事件；⑥促进、补充其他类型的调查。

4. 半结构访谈

半结构访谈是农村快速评估技术中使用的一个主要方法，它不是一开始就系统提出具体问题，而是从很普通的问题开始。首先，找出与主要问题有关的因素，从而根据这些因素与主题的潜在关系确立"副题"。然后，调查人员运用这些副题引导访谈期间的具体提问，实施半结构访谈。访谈时，每次只能是一个队员提问，其他队员须仔细倾听农民的回答，这就使得调查人员灵活地获取更多的细节和对当地情况的更进一步了解。当调查人员对问题获得较多的了解以后，应对副题和具体问题进行修改，以通过调查获得问题的深入了解。

三、参与式农村评估方法

参与式农村评估（participatory rural appraisal，PRA）是由一个包括地方人员在内的多学科小组采用一系列参与式工作技术和技能来了解农村生活、农村社会经济活动、环境及其他信息资料，了解农业、农村及社区发展问题与机会的一种系统的、半结构式的调查研究方法，是一种参与式的方法和途径。PRA 吸收了主动参与性研究（active participatory research）、农业生态系统分析（agroecosystem analysis）、应用人类学（applied anthropology）、农耕系统野外研究（field research on farming systems）和农村快速评估的观点、理论和方法，并在农村发展的实践中得到了发展和扩充。其中，农村快速评估与参与式农村评估的联系最密切，它们之间有许多共同的原则和做法，可以说农村快速评估是参与式农村评估的前身。

人们普遍将参与式农村评估定义为促使村民分享、更新、分析其生活知识和条件，进行计划和采取相应行动，促进社区发展的一系列方法和途径。参与式农村评估不仅提供了一些实用的收集信息和评估的现场工作方法和工具，更重要的是发展了一种面对问题和解决问题的思维方式。它强调了当地人的参与作用，外来者通过其态度、行为和角色的转变，协助和促进当地人参与调查分析，分享调查和分析的结果，并作出计划和采取行动。当地人作为主体参与到发展项目中，极大地激发了他们对改善其生活条件的主动性和创造性，保障了项目的可持续性发展。然而参与式农村评估中提倡的"参与性"，不同于日常政府工作和社区发展项目中所说的参与和参加，即参加劳动—投入劳力，或参与预防—利用服务等方面，而是参与项目的计划、实施、监测和评估的多个过程，更重要的是参与有关决策。

1. 参与式农村评估的基本原则

参与性理论的基本原则有以下3个方面的内涵：

①参与性理论认为，外部的支持固然重要，但当地人在一般情况下有能力认识和解决自己的问题，关键是强化和提高当地人自我发展的能力。而传统发展理论则认为，发展项目的成功，主要取决于一些经过高等教育的及受到较多、较高级培训的专家，或精明能干的政府官员能否去帮助穷人。

②参与性理论认为，每一个人，无论是当地人还是受过高等教育的专家，他们都具有自己特有的知识和技能，并且这些知识和技能能够在发展过程中被运用和应该受到尊重。

③参与性理论强调活动的过程重于结果。

参与式农村评估具有3个支柱：行为、态度和分享。其中行为和态度较为重要，参与式农村评估强调：忘掉以前的习惯、有责任心并具有自我批评的意识、"交移指挥棒"、相信当地人能够做、对人友好、学会倾听，坐下来听讲、学习而不要打断他们、有耐心而不要仓促行动、在所有的时间使用自己最好的判断。在实际运用 PRA 时，需要角色的转换。这一过程要求研究者转变自己的角色、态度和行为，成为启发者、引导者和讨教者，而让被调查者成为积极主动的参与者。

2. 参与式农村评估与农村快速评估的区别

参与式农村评估与农村快速评估的区别主要体现在行为与目的方面。农村快速评估强调快速获取信息，经加工处理后完成调查报告，提出项目建议等，它是一种促进农村发展与管理的有效调查方法。参与式农村评估强调当地人的参与，通过鼓励当地人自己参与调查和分析，帮助他们增强能力，实现当地持续发展，见表9-2。

表9-2 农村快速评估与参与式农村评估方法的比较

项目	农村快速评估方法	参与式农村评估方法
主要目的	收集资料 外来者学习	使当地人更有能力 共同学习

(续)

项目	农村快速评估方法	参与式农村评估方法
外来者角色	获取资料者	协助者
当地人角色	提供资料	讨论、分析、计划、行动、决策、评估
野外工作	可能很快	需要建立关系、互相信任 可能用较长时间
野外活动	口头上	用图片工具
注重	方法(工具)	行为和态度
可能产生的结果	由外来者决策 当地人在后续参与中的参与程度有限	当地人与相关机构参与项目计划 项目活动包括当地人主动实施、当地人与机构一同实施、机构为当地人实施
最终结果	计划、项目、出版	当地可持续发展

参与式农村评估和农村快速评估有许多共性,但参与式农村评估也有很多自己独有的特性:

①强化性。使当地人更多或全部参与发展计划,拥有自己的成果。

②共享性。政府机构、非政府组织和村民们共同分享信息、方法、田间经验等。

③以当地人为中心。参与式农村评估的培训者和实践者必须尊重当地人,具有自我批评意识,认真倾听和学习当地人的经验,帮他们树立信心,使他们成为主要的教师和分析家。

此外,参与式农村评估与农村快速评估的目的和过程也不同。参与式农村评估使村社外的人了解村社的情况,了解当地人的需求和优先考虑的问题,这些信息对推广者的决策起着重要的作用。参与式农村评估的目的是使当地人民作为积极的分析家、计划者和组织者,田间培训不仅是为了使他们获得信息和新思想,也是为了使他们自己能够进行分析和学习。这种分析和学习是参与的过程,讨论和交流以及解决冲突的过程,也是当地人民改变自己生活条件和贫困状况的过程,但这并不意味着村社外部人员可以袖手旁观,因为参与式农村评估过程是一个长期的、复杂的、对推广和当地村社均有益,并需要共同分析的过程,是一个相互学习的过程,是不断地开发和促进新方法,不断使态度、行为、技巧等发生变化的过程。

3. 参与式农村评估的应用范围

参与式农村评估越来越广泛地用于许多社区发展项目中,除了作为一种调查方法和工具外,还被应用到从现状分析到项目计划、实施、监测和评估的整个过程。逐渐从农村推广到城市,使用范围也在不断扩大,主要包括资源管理、农业、社会(贫困与生活)、卫生保健和教育等方面,应用范围如下:

(1)资源管理

①流域规划和管理,土壤流失和水源保护;②土地利用和使用权;③林业;④沿海资源和渔业;⑤自然与环境保护区;⑥社区资源管理计划。

(2)农业

①农业系统研究,问题识别和分析;②畜牧业;③水利灌溉;④害虫管理。

(3)社会、贫困与生活

①妇女和社会性别;②识别项目受益者;③家庭经济情况分析;④分析贫困原因和改

善策略。

(4)卫生健康与教育

①卫生保健服务；②健康教育；③生育健康、性病和艾滋病；④粮食供给保障与营养现状评估和监测；⑤教育、成年人识字教育。

4. 参与式农村评估的基本工具和实现途径

为了保证调查者能够有效地协助农户调查、分析和总结自己生产、生活中的条件、问题和经验，制定计划，寻找有效的解决途径，参与式农村评估发展了一系列的工具与实现方法。调查者可根据实际工作需要，选择其中的一种或几种方法，完成调查任务。在实际工作中这些工具不是一成不变的，要灵活运用或交互使用。无论使用什么工具，调查者的行为和态度是最为重要的。许多常用的参与式农村评估工具和方法是从农村快速评估直接引申来的。表9-3列出了的常用参与式农村评估工具和方法。

表9-3 常用的参与式农村评估工具和方法

种类	名称
探讨对空间变化或对空间看法的方式	村貌图、资源分布图、社区图、居民流动图、地区横切图、就医图
探讨不同时间的变化及使用时间的方法	时间和趋势图、大事记、季节分图、一日活动安排
探讨相互间关系的方法包括人际交流关系、机构关系和因果关系	机构图、流程图、因果关系图、卫生服务机构关系图
探讨取向、选择及分类的方法	矩阵评分、打分及贫富分级分析
探讨对关键问题的认识和看法及可能的解决方法	关键人物的调查、半结构访谈、个人访谈、小组访谈
二手材料的收集	关键问题、关键性的当地指标、统计制图
其他在参与性活动中的常用工具和方法	• 农户自己做调查、自己动手 • 头脑风暴、简短的调查表 • 生活情况分析、差异分析 • 故事、画像和案例研究 • 小组分工与互相促进、汇报和分析 • 参与性计划、预算和监测 • 撰写报告

参与式发展研究与实践工具较多，归纳起来有如下8类40余种：

①访谈类工具。有半结构访谈、个体访谈、群体访谈、知情人访谈、特殊群体访谈、问卷调查、大事记访谈、妇女访谈8种。

②排序类工具。有简单排序、矩阵排序、贫富级排序和农户分类4种。

③分析类工具。有机遇风险分析、因果分析法、问题树、项目可行性快速评价等7种。

④展示类工具。有展示板、墙板、断续张贴版、社区可视资料、社区录音录像资料等7种。

⑤记录类工具。有农民记录本、农户记账、每日活动图和二手资料收集4种。

⑥图示类工具。有社区平面图或模型图、剖面图、历史演变图、季节历图表、机构关系图活动图、冲突关系图和 Venn 关系图、社区土地利用图 8 种。

⑦研讨、会议类工具。有村民大会、村民小组会、妇女群体会、不同利益群体分析会 4 种。

⑧角色扮演与直接观察。有角色扮演和直接观测 2 种。

其中，常用的参与式农村评估工具有：

①直接观察法。直接观察法是在社区人员的指引下，对社区进行沿线走访，对社区生活的各个方面进行直接观测、总结和归纳，比较不同区域的主要特征、资源来源情况和存在的问题。采用这种方法可以更好地了解社区生活的实际情况、经济状况、文化和社会状况，以及了解社区内人、资产和资源之间的关系，讨论所建议的项目活动对环境带来的潜在后果等。工作时，所选地区必须覆盖全部主要生态区和生产区，并能反映村庄地形、资源和社会经济变化等方面的多样性。沿线走访时，在每个点都要停留并与居民进行非正式讨论，最后绘制样条图。

②绘制社区分布图。绘制社区分布图是了解社区内自然环境如河流、山川，基础设施如道路、学校、医务室、寺庙和商店，以及社区的社会、生态和经济环境。社区分布图要绘出社区的外围边界；社区的地形特点，如河流、小溪、山脉、公园、宗教领域、学校、医务室、医院、商店和市场；标示各种服务，如供水点；标示农业用地、林地或牧地等。这项工作可以成为项目规划的起始阶段。

③绘制大事表。大事表展现了在村民、农户和社区生活中有较深影响的事件，是一个乡村史，用来分析某一特别事件或一系列事件对整个社区发展如粮食安全水平的影响。采用这种方法不仅能很好地了解一个社区的历史，而且可以分析该地区多年来变化的因果关系以及讨论未来几年的发展方向。大事表可以由个人或集体来做。

④绘制农事历。农事历是在一张很普通的时间表里反映大量的资料的图表，用以明确一般情况下社区生活所发生的一系列活动。如粮食供需、劳动分工、种植模式、食物结构、劳动力分配、粮食储存、市场价格和气候状况等，从而了解影响农林生产和人们生活的主要因素。

⑤绘制每日活动安排图。绘制作每日活动安排图可以了解多个个体或群体活动的细节在特定时间内变化情况及对活动的看法以及每日如何运用时间的，从而确定项目的活动时间安排。采用这种方法常常会发现不同的家庭类型和个人劳动量的分配。每日活动安排图可以分个人进行，也可以由相同背景（如来自于相同社会经济状况小组的妇女）的一组人来做，但每人或小组作出的图应该是 24 个时段，代表一整天的时间，并且要求对一天中最重要的过多用着重符号标出。

⑥贫富分级图。贫富分级图是为了评价当地居民的生活素质，了解社区对贫富指标的认识，把每个农户分级归纳到不同的贫富标准内，分析产生不同贫富层次的原因。

⑦排序。排序是对一些因素从重要性、价值、位置及其他方面进行相对的比较而进行排序，从而确定其优先发展的顺序并了解形成此优先顺序的原因和讨论其随时间的变化。

⑧资源分析图。资源分析图是使用矩阵图，分析社区成员分性别对资源的使用和控制情况。

⑨问题和解决方法。此方法是通过枚举一系列可能存在的问题和解决的办法来展开

讨论，从而提出和讨论社区内存在的具体问题。

在参与性程度测定的相关方面有：

①监测评价社区参与程度的意义和方法论。

②监测评价参与程度的内容和指标体系等。

5. 参与式农村评估方法的优越性

①赋予贫困和弱者权力。为一定群体或村社分析自身提供了条件，给予他们阐述和维护自己的优先权，鼓励他们提出自己的建议和要求并采取行动，从而得到持续和有效的参与计划。

②多样化。鼓励当地多样性的表达和开发。

③村社过程。村社过程在理论上包括鉴定、评价、执行、监测和评估，所有这些均在一个参与模式中。

④研究的优先权。自然科学家已经认可了当地农民设计、执行和评价他们自己试验的能力。

⑤机构的变化。学生、非政府工作者、政府成员、大学和培训机构的成员正向一种开放的、相互学习的文化氛围发展，他们与村社成员间也将不断地相互学习。高级专业人员和政府官员的直接学习，使他们对社区真实性的理解和态度发生了改变。

⑥政策评论。政策变化发生于当地村社、地区和国家3个不同的水平上。例如，赞比亚的参与性贫困评估（PPA），它在具有代表性的村社，利用参与式农村评估方法，使国家政策发生了变化。

⑦挑战。参与性方法的有效性是不容置疑的，这就使资助者政府和非政府组织对参与式农村评估方法日益感兴趣，要求在他们的项目和计划中使用参与式农村评估方法，其结果给参与式农村评估带来了机会，也带来了危险。所谓机会就是使参与式农村评估保持了持续变化的过程，危险则指人们对参与式农村评估要求太多、太快，以及对参与发展的含义理解的偏差。

四、社区林业评估方法

"社区林业"的概念产生于1968年，由印度林学家杰克·威士托比（Jack Westoby）在英联邦第九届林业大会上所作的题为《森林管理的目标化》报告中首次提出，参与式管理是社区林业的宗旨和手段。

从1995年世界银行和我国政府共同出资建设的"中国贫困地区林业发展项目"开始，社区林业评估（community forestry assessment，CFA）方法开始被较大范围采用。该项目的目标是在持续发展与群众参与的基础上，通过发展森林资源，以支持减轻贫困，发展林业和改善环境。由于项目投资对象和直接受益者主要是当地农民群众，只有在项目准备和实施过程中充分地听取他们的意见，鼓励他们参与项目的各种决策，才能使项目的设计建立在广泛和可靠的群众

基础之上，进而保证项目的实施、达到预期的目标。因此，必须借助社区评估工作方法，对项目地区进行自下而上、自上而下、上下结合的评估工作。社区林业评估方法在该项目设计中取得了较好的效果，项目的活动内容更加符合农民的愿望，农民的利益得到了较好的保证。因此，1999年，我国政府和世界银行在"中国林业持续发展项目"

的准备工作中,在总结回顾以往社区林业评估工作经验和教训的基础上,制定了该项目的社区林业评估方法,进一步完善了我国社区林业评估工作方法的具体内涵。

1. 社区林业评估方法的程序

根据各个项目的特点,制定以乡、村为单位的社区林业评估手册,是有序和有效指导社区林业评估的先决条件。一般来说,林业项目覆盖面大,涉及乡、村多,评估工作点多面广。因此,所制定的评估方法,不能照搬西方的模式,而应该切合实际,力求简便、快速、易学和适用。手册一般分为"工作程序"和"工具包"(即具体操作办法或要求)。前者规定评估时应遵循的工作步骤,后者主要是提供评估时所使用的工作方法。

在评估手册中,把评估"工作程序"分为以下 9 个步骤(图 9-3):

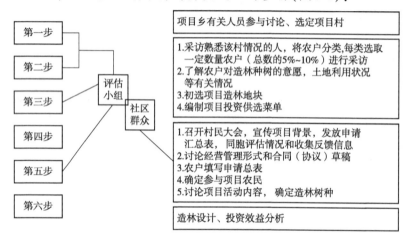

图9-3 乡、村社区评估工作程序

①组建社区林业评估小组。考虑社区林业评估小组的人员构成和代表性,我国的社区林业评估小组一般是建立在县级,其成员应来自省、县、乡三级,他们应有林业和社会工作的经验。评估小组建立后,应明确职责,并制定社区林业评估工作计划。

②散发项目信息。评估小组根据项目的框架,编制宣传材料,内容包括项目的背景、目标、申报程序、权利和义务等,然后散发到可能参加项目的人员手中,并回答他们提出的各种问题。计划参加项目的人员经过认真的思考后,提出是否参加项目的申请。

③项目地区的选择。主要是收集和整理与项目有关的自然、社会、经济等有关本底情况,根据统一标准选择参加项目的乡、村(行政村),并根据对造林地块的初步勘察,重点选择项目地区。

④编制项目的投资菜单。其目的是为参加项目的农民提供一个选择项目活动内容(树种)的依据。编制菜单的过程,也是宣传、发动群众的过程。采取一切喜闻乐见的形式向农民宣传项目的宗旨、目的、条件和要求等。在群众充分掌握项目背景的基础上,通过访问村主任和农户,了解当地土地利用和权属情况,农民喜欢发展哪些树种,希望采取什么方式经营以及在技术和培训方面的需求等。然后,再由评估小组结合市场等客观情况,编制项目投资供选菜单。

⑤选择项目最终受益人和造林树种。主要是召开村民大会和农户访问,发放参加项

目申请材料和项目投资供选菜单,并针对群众提出的问题和建议作出解释与解答。最后,在自愿的基础上,确定参加项目的农户和他们喜好的树种。

⑥进行造林设计。对已确定参加项目的农户的造林地逐块调查核实,根据所选定的树种编制造林规划和施工设计。国外搞社区评估一般做不到这个深度,而我们是把社区林业评估和项目的技术设计一气呵成,可以说是一种发展。

⑦确定经营形式和资金使用的合同条款。即基于林业生产的特点和群众的意愿,确定项目造林是集体经营还是个体经营,是实行股份制还是联合经营等不同形式。同时,要与群众商定资金使用合同条款,在合同中明确双方的权利与义务,把资金落实到每一个造林实体和最终受益人的身上。

⑧每一个项目乡、村作出粗略的投资安排和效益分析,让每个最终受益人都知道,自己在项目中使用的资金额度是多少,通过自己的努力将来可以获得多少经济回报。

⑨编制社区林业评估报告,详细记录评估目的、过程和结果,作为项目实施的依据。由于林业项目的情况比较复杂,因此,报告的编制一般以乡或林场为单位为好。在项目实施阶段,如果情况发生变化,则要对社区林业评估报告做补充说明。

"工具包"即社区林业评估的工作方法,主要包括:现有土地的利用现状和当地社会经济状况分析方法;小班本底调查、小班设计和项目规划设计工作方法;项目投资概算工作方法等。

2. 社区林业评估关键问题

社区林业评估工作是一个复杂的系统工程,它涉及社会、经济和林业技术等很多问题,实践经验告诉我们,在评估过程中,要特别注意把握好以下几点:

①重在参与。因为是参与式社区林业评估,离开当地干部和群众的参与,就背离了该方法的初衷。在评估过程中,要做细致周到的群众工作,特别是要搞好对村干部和农户的访问。对农户的访问采用半开放式的方法,即可以给予适当引导,不至于漫无边际。要耐心倾听群众的意见和注意发掘乡土知识,避免以往习惯使用的自上而下按计划行事的办法,引导和激励群众能主动地参与项目的设计和实施。

②注意维护农民的土地使用权。林业生产的长周期性要求林业生产者使用的土地有可靠的稳定性。因为没有长期稳定的土地使用权的支撑,农民就不能安心地造林。因此,在评估过程中,要特别注意这个问题,凡是已经承包、拍卖到户的林地,或者已经明确为自留山的林地,都必须尊重其使用权,不能打乱重新归堆来安排项目造林。

③坚持以市场需求为导向、以经济效益为核心的工作原则。在确保生态安全和充分尊重农户意见的前提下,项目的一切活动都要以市场为导向,以经济效益为核心。对那些市场前景好、经济效益明显的树种,要多发展;相反,市场前景较差、效益不高的,就尽可能少发展。

④充分发挥女性在林业项目中的作用。由于长期以来封建思想的影响,男女不平等,男女不能同工同酬的现象在一定程度上有所存在。男女同权一直是国际组织和我国政府人权保护的重要内容。在项目的准备和实施中,要根据女性的生理特征和技能特点,充分发挥她们的作用,使她们真正参与到项目的决策、实施和收益的分享之中。

⑤管理冲突,化解矛盾。所谓冲突是指不同认知、不同目标和不同利益的群体之间发生的纠纷。传统的观念认为,冲突是一件坏事,必须予以避免。而用新的观点来看,

冲突不一定是坏事，也可能是一件好事，只要我们有效地管理冲突，矛盾是可以化解的。另外，我们应该清楚地认识到，冲突是不可避免的，冲突是为了获得权利、责任和稀缺资源等进行竞争的产物。冲突不仅由外界环境因素决定，而且还由人的行为特征与思维特征所决定。

⑥寻找林业和扶贫的最佳结合点。林业和农业的发展总是和扶贫联系在一起，但林业扶贫和农业扶贫之间有很大的差异。农业生产领域很广阔，项目内容有很大的选择余地。而林业则不同，制约因素很多。发展林业必须选择有好的宜林地和适宜的自然条件，贫困地方不一定全是适合于发展林业的地方。因此，必须选择那些既有好的宜林地，又需要扶助的贫困乡、村作为项目区。在这个前提下，再确定适当的投资规模，尽可能扩大林业扶贫面。

⑦编好"项目投资供选菜单"，选好项目活动。这项工作主要是解决好项目活动内容问题，亦即项目究竟"做什么"的问题。"菜单"是西方术语包装起来的一个专业术语，在项目中，实际上就是事先编一个科学的供农民选择合适项目内容(如树种)的清单。编制清单分为3个过程：一是要逐村走访农户，征求他们喜好的项目造林树种，特别是经济林树种是哪些。二是对于一些造林面积较大的树种，做市场调查和分析。三是把由乡、村评估小组走访群众获得的信息与市场调查的材料结合起来，经过筛选后按项目编制出供选菜单。只有把群众的意愿、市场的前景和专家的推荐三者结合起来，"菜单"才具有科学性与实用性。

⑧避免树种过于单一。一般说来，在一个项目乡的范围内，列入供选菜单的树种，都应该作为当地农民的供选对象。这是参与式社区林业评估最具有民主决策的一环。以往的农村林业发展项目，特别是由国家投资的林业项目，往往是单一树种、一律要求，从上一直往下贯彻，很少考虑市场风险和病虫害等不利因素，很少真正听听老百姓的意见。百万亩苹果基地、柑橘基地、核桃基地、板栗基地等，一哄而起，清一色的发展，其结果并不好。因此，在乡村社区林业评估中，要摒弃这种做法，使造林树种的选择尽可能多一些，避免因为树种单一导致群众的经济损失。

⑨注意社区对新技术的需求。林业和农业相比，更要注意科技扶贫。在评估过程中，要特别注意调查社区在参与林业发展项目时，有哪些传统的技术可以继承和推广，迫切需要哪些新技术以及当地有哪些国家的、民间的技术推广组织等。在充分掌握以上底细的基础上，自下而上地制订一个新技术推广和培训计划，实行科技兴林，增加农民的经济收益。

⑩与受益人共同协商投资收益分配合同条款。合同是联系出资人和资金使用人的纽带，是组织受益人参与项目实施和监测评估的法律文件。这是双方权利和义务之所在，在评估的最后阶段，必须与参与项目的农民充分地协商。合同中涉及的造林地点、规模、树种、土地经营年限、资金额度、双方的权责和义务、收入分配原则、风险承担办法等内容，都要一一同农民商量，广泛征求他们的意见。在认识一致的基础上，再正式签订合同，双方信守。这样做不仅解决了谁受益的问题，而且解决了如何保证谁能受益的问题，整个项目的参与式社区林业评估才算落到了实处。

3. 社区林业评估与传统林业调查的区别

社区林业评估与传统林业调查一样都是有目的地对项目区进行调查分析和规划设计

的过程。在信息收集的方式上有许多共同点,但是传统林业调查与社区林业评估有以下几点不同(表9-4):

表9-4 社区林业评估与传统林业调查的主要不同点

传统林业调查	社区林业评估
单一的发展模式,大规模生产木材,长轮伐期,同龄林经营模式	多样化的发展模式,除生产木材外,生产其他林副产品并发展养殖业
"自上而下,层层落实"的工作路线,由行政组织做决策	"自下而上"的工作路线,以农户为主导,与项目管理者共同作出决策
规划设计完全由政府包办代替,没有群众参与,因此无法调动群众的积极性	农户直接参与规划设计,既是执行者又是受益者,充分调动群众积极性
规划前的调查以参考老旧资料为主,不进行现场勘测	综合参考旧资料,访问农户,结合现场勘测的自然地理条件等
收益分配不落实,尤其是集体荒山造林,多由领导决定	与农户协商确定收益分配比例,农户意见得到充分表达量

社区林业评估与传统造林设计相比:

①社区林业评估强调以农户为主体,让农户直接参与到具体的项目中去,先通过访问农户了解他们的意愿与需求,然后再结合相关技术资料与他们共同商定设计方案,这就使得农户这个开发主体参与到规划设计、决策、实施的各个程序中,从而使项目内容考虑更加全面,形成一套可持续发展的激励体制以及多种多样可调整的林业发展计划。在项目实施前,项目机构与参与农户签订合同,从法律上保证了农户的利益分享权;而传统造林没有设立按项目进行管理的理念,对工程的事前评估与准备重视不够。农户只是响应政府的号召,按照上级制定的目标和要求进行工作,完全处于被动服从地位,没有发挥主体作用。

②社区林业评估过程中,政府组织是造林项目的发起者和组织者,农户则是项目的参与者和受益者,占有主导位置。项目管理人员、技术人员等负责协助农户进行各项工作,向农民广泛宣传项目宗旨和贷款条件,彼此沟通反馈信息,鼓励他们参与各种重大问题的决策,才能保证项目实施达到预期成果;而传统造林设计基本上是领导者做决策,技术人员制订规划,农户执行规划,较为简单化与过于片面且对农民在造林中的作用重视不够。农民对项目目标和内容了解甚少,不能参与决策和规划过程,只是执行上级领导分配的任务,这种农户被动参与到项目中,无法调动群众积极性,并不能保证造林质量。

③社区林业评估实行的是"自下而上"的工作路线,以农户为主要服务对象,其工作程序及内容有:社区林业评估组的建立、项目区的选择、编制项目投资供选菜单、确定受益人和选择造林树种、造林设计、确定经营形式并签订合同、投资与效益分析,每年为项目提供设计参加农户、造林安排、林地权属、经营方式、受益人和受益水平等大量动态信息,为项目调整决策提供了科学依据,对于后期管护以及林业项目后续发展作出明确规划,有利于林业的可持续发展;而传统造林习惯采用的方法是上级领导确定任务,下级执行的工作程序,即国家给项目单位下达年度任务后,组织各部门技术人员根据项目单位进行造林模型等设计,农民负责造林等具体工作。在此工作路线中,农民没

有参加到项目的设计与决策中,被动执行上级领导分配的任务,虽然这种方法的计划任务比较容易落实,但在执行前利益关系不明确,农民无法把造林任务真正当成是自己的事来办,对于造林质量无法保证。

社区林业评估法与参与造林设计法相比见表9-5:

两者都是对项目地区进行调查分析和规划设计的方法。参与式造林设计是社区林业评估的延伸,在管理理念、具体操作方法上有诸多共同之处,其核心内容都是以目标群体为主体的不同层次利益相关群体的广泛参与、共同决策的过程。社区林业评估与参与林业都是强调农户参与,充分考虑群众意愿和需求,克服了过去自上而下工作方法的弊端,让群众成为项目的开发者、建设者及受益者,让农户参与到项目的规划设计、项目的实施和管理,直至项目完成后的后期管护与发展中,通过这种激励体制,让农民认识到社区的发展壮大与自己的参与有着密不可分的关系,保证了造林质量以及后期幼林抚育工作的顺利开展。

表 9-5　社区林业评估与参与式造林的项目管理对比

项目	社区林业评估	参与式造林
项目评估	1. 由各级部门人员成立评估组,按照选择标准选出项目单位 2. 编制投资供选菜单,村民可参照菜单决定是否参加项目及选择项目树种 3. 选择受益人,对于贫困户等可优先选择 4. 落实造林地块及土地权属	1. 成立由相关专家及各部门组建的参与式规划设计小组,经参与式方法培训并熟悉当地情况后,即到有造林地、有积极性的乡、村开展造林规划设计活动 2. 召开村民大会并介绍项目背景内容等 3. 问询农户意见,与农户商定造林计划等 4. 对造林地勘察,了解立地条件 5. 上述过程经多次反复才确定
项目开发	签订合同以保证农户的利益,在项目执行前作好计划	履行审批手续后签订合同
项目实施	1. 进行小班规划,制定树种的造林模型及技术规程等 2. 把设计内容落实到每个地块 3. 根据农户意愿选择合适的经营模式 4. 根据设计结果,统计预期投资与效益	1. 依据项目技术标准与农户商定造林设计,确定造林模型,经营形式等,技术人员据此技术出苗木品种和数量。进行小班登记、总任务量统计、绘图等内业 2. 了解农户的技术需求,用参与式方法开展技术培训 3. 农户需按参与式规划设计确定的造林模型造林,技术人员进行适当指导
项目收尾	对项目进行总计与评价,对后续管理及发展作出相应规划	1. 开展造林检查,除了要检查农户造林成活情况,还需走访农户,了解造林资金兑付情况等 2. 对项目进行总结与评价,对后续管理及发展做出相应规划

但是,二者也有一些不同之处,参与式造林设计充分考虑群众的意愿和需求,使林农的自主决策权更加充分地体现,在项目实施过程中,将更多的决策权留给村民,更加具有灵活性。由此其设计过程繁杂,工作量较大,导致工程周期较长,成本较高,对于项目范围设计较广,投资较大的项目实施起来较为困难,因此,参与式造林规划设计更适合面积较小,地形较为复杂的林地项目。

五、社区林业调查的主要工具

社区林业调查的工具有几十种。在本节仅选取 8 种常用工具做详细介绍，供社区林业工作者在实际中选用。

1. 社区村民会议

村民会议是由许多社区村民参加的为某个特定目的进行讨论分析获得信息的手段。参与式农村评估方法在一个既定社区使用时，最好就从社区村民会议开始。通过村民会议，让社区村民了解即将要发展社区林业项目，取得村民的配合，激励村民参与，让不同的人群分享调查分析结果，让村民作出决策，调动各方面的积极性。

2. 参与式制图

参与式制图是在协助者的指导下由村民们自己利用当地的材料，如地面、石子、种子、水果、树叶等，在白纸上绘制出反映社区资源、位置和社会活动的草图。参与式制图能具体形象地表示出社区与外界的联系以及社区农户间的联系，简单明了地显示出社区的全貌，并且能引起大多数村民的积极参与。常见的参与式制图有：社区土地资源利用图、横断面图、历史大事记和季节历。

(1) 社区土地资源利用图

参与式绘制社区土地资源利用图是将社区的范围、资源及土地的种类与分布格局、村落及社区机构的位置分布以及河流、道路、通信、电力网络等现状清楚地反映在图面上，为进一步的信息收集、问题分析、项目规划、经营布局等提供清晰、直观的图面依据。

(2) 横断面图

横断面图是一张能够反映社区最大生态系统变化、土地利用现状及土壤类型等的剖面图或垂直截面图。使用横断面图的目的在于把平面图上未能反映或表述的一些具体特征（如坡度、排水系统、树木与植被、土壤类型等）通过直观的横断面图予以表示，把直接观察到的空间资料组织起来，简要地反映出社区的基本情况和自然与人类活动的相互关系，以增强人们对该社区的了解。

(3) 历史大事记

历史大事记是收集整理所调查村社的历史发展资料，了解历史上曾对村社发展最有影响的当地、国家或国际事件和历史上村社自然资源及资源管理（特别是林业）的变化情况，揭示社区自然资源管理变化、社区地域边界变化、农业耕作制度变化、人口变迁以及人与自然的关系等。以便分析和总结当地社区在自然资源管理方面的成功经验和失败教训，为项目的正确设计和实施提供有用的参考。

(4) 季节历

季节历用于反映一个村社的各种活动（如农业、林业、畜牧业等）及其事件在 12（或 18）个月期间的周期性变化规律和类型。使用季节历可以反映出被调查村社某一时间内大量不同的信息，通过逐月比较村社各种农事活动和社会活动，可深刻认识各种活动的变化周期。这些周期可反映出村社内一年中可利用劳动力的变化、食物短缺时间、现金流量化、气候变化等重要信息，为项目的计划和实施提供重要的依据。

3. 社区组织机构调查

通过对社区组织机构的调查分析，可以全面收集有关组织机构的活动情况、在社区中所发挥的重要作用，揭示社区与外部社会的联系，为设计或建立健全有效的社区组织管理形式和组织管理体系提供依据。

4. 市场调查分析

市场调查分析是对农、林产品从生产者经中间商到加工者和最终消费者这一流通过程中各个流通环节，在经济市场、生态环境、社会机构及科学技术4个主要方面进行全面的调查分析，发现市场流中存在的约束条件和潜在机遇，从而为改善流通渠道、改进现有产品和开发有良好经济效益和市场前景的新产品提供科学可靠的依据。市场调查分析工具和其他几种工具不同，要求调查者走出社区，沿着产品从社区流出（或流入）的方向进行跟踪调查。

5. 矩阵排序

矩阵排序是根据一定的要求对调查事物进行排比评分。在外业调查工作中，常常会遇到不同组别的人对一些事的判断（如树种的选择、树木功能的确定、社区发展战略等）具有不同的看法和判断标准。而矩阵排序方法的运用能够更形象更直观地反映出不同组别的人对某一事物的看法，能够充分地体现群众的参与性。特别是村民文化水平较低的地方，用当地能够理解的符号表达出矩阵序的内容既能激发村民的感性认识，又能达到调查的目的。这种方法对开放式采访是一个极好的补充，对在社区大会收集村民对某一事物的看法和意见时特别有用。

6. 半结构访谈

半结构访谈是一种与被访者直接交谈获得信息的方式。它是各种社区评估方法中应用最普遍的一个重要工具和一个快速的学习过程。它可用于个体访谈也可用于群体访谈。访问农户时，只需事前拟出几个问题的基本框架，访问农户过程中采访者和被采记者双方采取对话式的双向交谈，获取采访者所需的信息。它不同于其他采访方式，无须事先准备详细的调查表格，但也不是无任何准备就仓促采访。它是将所采访的基本问题采用被采访者最易理解、最易接受、最简单的方式表达出来，在双向交谈的过程中采访者和被采访都随时可以就谈话中出现的感兴趣的问题和现象进入深入细致的讨论。

7. 社会性别分析法

社会性别分析法是社区工作者了解社会多样性和性别差异，特别是男女对社区林业发展不同需求的一种获取信息的方法。尽管妇女在农村社区的自然资源利用管理中扮演着重要角色，但是在发展社区林业项目时社会性别问题常常容易被忽视。社会性别分析可以帮助社区工作者了解不同性别的需求，尤其是妇女的所思、所想、所感，了解妇女对社区自然资源管理的愿望和经验，可以帮助社区工作者在实施资源管理项目更加公平合理和有效。

8. 问题因果分析法

问题因果分析法是分析问题间的相互关系，产生的原因和导致的结果。其关键是按照社区林业发展项目的宗旨和社区可持续发展的方向和确定社区发展的核心问题，围绕这个核心问题，逐层找出其产生的原因和导致的结果，并提出可能干涉的策略的措施，为社区林业发展项目活动的设计和评估服务。问题因果分析法通常采用参与式问题树分析法。

第三节 林业经济分析方法

林业经济学方面适用的分析方法多种多样，下面主要针对几种常用的方法进行简要介绍，主要是描述统计法、归纳演绎法、SWOT分析法、案例分析法、计量经济分析法。

一、描述统计法

描述统计法是指运用制表和分类，图形以及计算概括性数据来描述数据特征的各项活动（表9-6）。描述统计分析要对调查总体所有变量的有关数据进行统计性描述，分为集中趋势分析、离中趋势分析和相关分析三大部分。描述统计法主要包括数据的频数分析、集中趋势分析、离散程度分析、分布以及一些基本的统计图形。

表9-6 描述统计法常用指标

常用指标	指标用途	含义
均值、众数	集中趋势：反应数据的整体分布状况	用单个数据表示数据的分布特征，比多个数据更加有效；能够反映一组数据的整体特征；但是容易受异常值的影响
四分位数（中位数）		四分位数（quartile）也称四分位点，是指在统计学中把所有数值由小到大排列并分为四等份，处于3个分割点位置的数值：下四分位数（$Q1$），平均数（$Q2$），上四分位数（$Q3$）
标准差	差异化：反应数据的整体波动大小（波动大小＝离散程度＝变异性）	标准差能反映一个数据集的离散程度；标准差越小，这些值偏离平均值就越少，反之亦然；平均数相同的两组数据，标准差未必相同
变异系数		标准差/平均值，表示单位水平下的离散差异；标准差单位不同，不具有可比性，可以使用变异系数
标准分	归一化：反应数据的相对位置大小	又称为Z分数或真分数，是以标准差为单位表示一个分数在团体中所处位置的相对位置量数；使用标准分将分布转变为标准正态分布

①数据的频数分析。在数据的预处理部分，利用频数分析和交叉频数分析可以检验异常值。

②数据的集中趋势分析。用来反映数据的一般水平，常用的指标有平均值、中位数和众数等。

③数据的离散程度分析。主要是用来反映数据之间的差异程度，常用的指标有方差和标准差。

④数据的分布。在统计分析中，通常要假设样本所属总体的分布属于正态分布，因此需要用偏度和峰度2个指标来检查样本数据是否符合正态分布。

⑤绘制统计图。用图形的形式来表达数据，比用文字表达更清晰、更简明。在 SPSS 软件里，可以很容易地绘制各个变量的统计图形，包括条形图、饼图和折线图等。

描述统计分析法的优点：方法简单，工作量小。

描述统计分析法的缺点：一是对历史统计数据的完整性和准确性要求高，否则分析结果没有任何意义；二是统计数据分析方法选择不当会严重影响结果的科学性；三是分析具有一定的局限性，局限于浅层分析。

二、归纳演绎法

归纳（induction）与演绎（deduction）是科学研究常用的方法，是科学的逻辑思维方法。归纳思维法是从个别事实中概括出一般的推理方法，而演绎思维法是用一般原理来分析和说明个别的推理方法，二者是辩证统一的关系。归纳是演绎的基础，没有归纳，演绎的前提就不可能产生，演绎推理也就无法进行；演绎为归纳提供指导，没有演绎，归纳就没有方向，归纳的成果也得不到扩展和加深。另外归纳和演绎可互相渗透、相互转化。

①归纳是从个别到一般的思维过程。归纳法可分为完全归纳法和不完全归纳法：完全归纳是考察该类事物的全部要素并进行归纳；不完全归纳是抽样选取该类事物中的部分要素进行归纳。不完全归纳又有简单枚举法和科学归纳法之分，而两者都是通过抽取部分事物归纳出全部事物的特征，因而具有或然性，都可能被某一反例的出现而推翻整个结论。

②演绎是从一般到个别的思维过程。演绎法是由前提、逻辑规则和结论三部分构成：前提通常是已知判断，是演绎的客观基础；逻辑规则是演绎应坚持的原则和运用的公式；结论是演绎所得出的结果。其中，著名的三段论推理就是典型的演绎方法，由大前提、小前提和结论构成。演绎法在著作的叙述过程中应用广泛。

归纳和演绎是互相依赖、互为条件、互为补充、相互转化的。

①演绎离不开归纳。首先，归纳是演绎的基础。演绎法一般是以归纳法得出的结论为前提的。演绎的前提（包括公理、定律、假设等），都是运用包括归纳法、分析法等观察和分析得出的结果。演绎法本身并不能够为自身提供理论的出发点，只有通过归纳法对个别事物、现象进行分析研究，并在此基础上加以整合概括，才能构成演绎法的逻辑起点。表面上看，演绎论述的出发点是极为抽象的或仅仅被看作是通过思维逻辑得出的；而实质上，它是通过对大量客观事物、现象进行归纳和分析得出的结果。其次，演绎法是认识从一般到个别的思维过程，其结论的外延就会比前提的外延要小，因此，在这一过程中需要归纳法不断补充个体的丰富性。演绎方法只能说明个别与一般的本质统一，而不能进一步说明两者之间的差异和对立。由"任何个别都不能完全地包括在一般之中"的命题可见，一般不能涵盖个别的全部丰富性和多样性特征。因此，演绎方法若要使"一般体现个别的全部丰富性"，就需要通过不断考察和研究个别事物的多方面的丰富多彩的属性，不断补充演绎方法中的不足。进而要不断地考察个别事物的多样性，就需要对个别事物进行及时补充归纳。这也就是通过归纳方法丰富演绎方法，并弥补演绎方法中的不足。最后，演绎的结论需要归纳来证实和丰富。若个别事物或现象具有新

变化，同演绎的结论不一致，就应对其进行修正补充。演绎方法得出的结论正确与否，"都用事实即用实践来检验"。

②归纳离不开演绎。首先，归纳以演绎为指导。一方面，从观察和试验中搜集出来的经验材料，必须有某种理论原则的指导；另一方面，对已有材料归纳时，也应遵循相关的一般原则。演绎法为归纳法提供理论指导，为归纳法指明目标和方向。其次，归纳虽然能够从纷繁多样的个别事物、现象中概括该类事物的一般特性，但归纳法本身却不能说明个别事物的发展变化过程同他物之间的演变关系。单纯运用归纳法观察和分析事物是不全面的，也是行不通的，必须结合运用演绎法。最后，归纳的结论不是最终完善的结论，须演绎进行不断地补充和完善。因为仅仅依靠归纳得出的结论，不能将个别事物的片面特征抽象化，不能摆脱事物的表面性，不能抽象出该事物的本质属性。同时，由于归纳法得出的结论具有或然性，需要通过演绎推理进一步完善，当然要得出更加精确和真实的结论，需要经过归纳和演绎方法的反复论证。

三、案例分析法

案例分析法是实地研究的一种。研究者选择一个或几个场景为对象，系统地收集数据和资料，进行深入的研究，用以探讨某一现象在实际生活环境下的状况。当现象与实际环境边界不清而且不容易区分，或者研究者无法设计准确、直接又具系统性控制的变量的时候，回答"如何改变""为什么变成这样""结果如何"等研究问题。

案例分析的素材来源包括以下5种：

①文件，通过搜集二手资料获取案例点详细情况。

②档案纪录，跟个案研究的其他信息来源连接，然而跟文件证据不同，这些档案纪录的有用性将会因不同的案例研究而有所差异。

③访谈，访谈可以采用数种形式，其中最常见的类型是采用开放式的进行方式。另一种类型的访谈是焦点式的访谈，一种在一段短时间中访谈一位回答者的方式。还有一种类型是延伸至正式的问卷调查，限定于更为结构化的问题。

④直接观察，研究者实地拜访个案研究的场所。

⑤参与观察，此时研究者不只是一位被动的观察者，真正参与正在研究的事件之中。

⑥实体的人造物，实体的或是文化的人造物是最后一种证据来源。

案例分析能够给研究者提供系统的观点，通过对研究对象尽可能地完全直接地考察与思考，从而能够建立起比较深入和周全的理解。但案例分析法存在一定的局限性，通常包括以下几点：

①难以对发现进行归纳。应认为案例研究的归纳不是统计性的而是分析性的，这必定使归纳带有一定的随意性和主观性。

②技术上的局限和研究者的偏见。案例研究没有一种标准化的数据分析方法，证据的提出和数据的解释带有可选择性，研究者在意见上的分歧以及研究者的其他偏见都会影响数据分析的结果。

③大量的时间和人力耗费。密集的劳动力和大量的时间耗费是案例研究中一个非常现实的问题。

四、SWOT 分析法

SWOT 分析法，即态势分析，就是将与研究对象密切相关的各种主要内部优势、劣势和外部的机会、威胁等，通过调查列举出来，并依照矩阵形式排列，然后用系统分析的思想，把各种因素相互匹配起来加以分析，从中得出一系列相应的结论，而结论通常带有一定的决策性。运用这种方法，可以对研究对象所处的情景进行全面、系统、准确的研究，从而根据研究结果制定相应的发展战略、计划以及对策等。S(strengths)、W(weaknesses)是内部因素，O(opportunities)、T(threats)是外部因素。战略应是"能够做的"（即组织的强项和弱项）和"可能做的"（即环境的机会和威胁）之间的有机组合（表 9-7）。

表 9-7 SWOT 分析矩阵

内部因素 外部因素	优势 (strengths)	劣势 (weaknesses)
机会(opportunities)	SO 策略	WO 策略
威胁(threats)	ST 策略	WT 策略

与其他的分析方法相比较，SWOT 分析从一开始就具有显著的结构化和系统性的特征。就结构化而言，首先，在形式上，SWOT 分析法表现为构造 SWOT 结构矩阵，并对矩阵的不同区域赋予了不同分析意义；其次，在内容上，SWOT 分析法的主要理论基础也强调从结构分析入手对组织的外部环境和内部资源进行分析。

从整体上看，SWOT 可以分为 2 部分：第一部分为 SW，主要用来分析内部条件；第二部分为 OT，主要用来分析外部条件。利用这种方法可以从中找出有利的、值得发扬的因素，以及不利的、要避开的东西，发现存在的问题，找出解决办法，并明确以后的发展方向。根据这个分析，可以将问题按轻重缓急分类，明确哪些是急需解决的问题，哪些是可以稍微拖后的事情，哪些属于战略目标上的障碍，哪些属于战术上的问题，并将这些研究对象列举出来，依照矩阵形式排列，然后用系统分析的所想，把各种因素相互匹配起来加以分析，从中得出一系列相应的结论而结论通常带有一定的决策性，有利于领导者和管理者作出较正确的决策和规划。

进行 SWOT 分析时，主要有以下 3 个方面的内容：

(1) 分析环境因素

运用各种调查研究方法，分析所处的各种环境因素，即外部环境因素和内部能力因素。外部环境因素包括机会因素和威胁因素，它们是外部环境对公司的发展直接有影响的有利和不利因素，属于客观因素，内部环境因素包括优势因素和弱点因素，它们是公司在其发展中自身存在的积极和消极因素，属主观因素，在调查分析这些因素时，不仅要考虑历史与现状，而且更要考虑未来发展问题。

(2) 构造 SWOT 矩阵

将调查得出的各种因素根据轻重缓急或影响程度等排序方式，构造 SWOT 矩阵。在此过程中，将有直接的、重要的、大量的、迫切的、久远的影响因素优先排列出来，而将间接的、次要的、少许的、不急的、短暂的影响因素排列在后面。

(3) 制定行动计划

在完成环境因素分析和 SWOT 矩阵的构造后，便可以制定出相应的行动计划。制定计划的基本思路是：发挥优势因素，克服弱点因素，利用机会因素，化解威胁因素，考虑过去，立足当前，着眼未来。运用系统分析的综合分析方法，将排列与考虑的各种环境因素相互匹配起来加以组合，得出一系列未来发展的可选择对策。

SWOT 方法优点在于分析直观、使用简单。正是这种直观和简单，使得 SWOT 不可避免地带有精度不够的缺陷。例如，SWOT 分析采用定性方法，通过罗列 S、W、O、T 的各种表现，形成一种模糊的企业竞争地位描述。以此为依据作出的判断，不免带有一定程度的主观臆断。所以，在使用 SWOT 方法时要注意方法的局限性，在罗列作为判断依据的事实时，要尽量真实、客观、精确，并提供一定的定量数据弥补 SWOT 定性分析的不足，构造高层定性分析的基础。成功应用 SWOT 分析法的简单规则：

①进行 SWOT 分析的时候必须对优势与劣势有客观的认识。
②进行 SWOT 分析的时候必须区分现状与前景。
③进行 SWOT 分析的时候必须考虑全面。
④进行 SWOT 分析的时候必须与竞争对手进行比较，比如优于或是劣于竞争对手。
⑤保持 SWOT 分析法的简洁化，避免复杂化与过度分析。
⑥SWOT 分析法因人而异。

五、计量经济分析法

以一定的经济理论和统计资料为基础，运用数学、统计学方法与电脑技术，以建立经济计量模型为主要手段，定量分析研究具有随机性特性的经济变量关系。

计量经济学的两大研究对象：横截面数据（cross-sectional data）和时间序列数据（time-series data）。前者旨在归纳不同经济行为者是否具有相似的行为关联性，以模型参数估计结果显现相关性；后者重点在分析同一经济行为者不同时间的资料，以展现研究对象的动态行为。除简单的经典计量经济分析方法外，常用的分析方法有时间序列经济分析、面板数据计量经济分析、离散选择计量经济分析。

1. 时间序列经济分析

时间序列数据被广泛地运用于计量经济研究。经典时间序列分析和回归分析有许多假定前提，如序列的平稳性、正态性等。直接将经济变量的时间序列数据用于建模分析，实际上隐含了上述假定，在这些假定成立的条件下，据此而进行的 t、F 等检验才具有较高的可靠度。越来越多的经验证据表明，经济分析中所涉及的大多数时间列是非平稳的。如果直接将非平稳时间列当成平稳时间列来进行回归分析，则可能造成"伪回归"，造成"伪回归"的根本原因在于时间序列变量的非平稳性。

相应地，时间序列的平稳性，是指时间序列的统计规律不会随着时间的推移而发生变化。严格平稳是指随机过程{Yt}的联合分布函数与时间的位移无关。弱平稳是指随机过程{Yt}的一阶矩和二阶矩不随时间推移而变化。单位根过程是最常见的非平稳过程。如果非平稳序列经过 d 次差分后平稳，而 $d-1$ 次差分却不平稳，那么称为 d 阶单整列，d 称为整形阶数。

时间序列平稳性的检验方法主要有 2 类：自相关函数检验法和单位根检验法——DF 检验法和 ADF 检验法。

时间序列进行单位根检验后，往往还需要检验变量之间的长期关系，而协整分析对于检验变量之间的长期均衡关系非常重要，也是区别真实回归与伪回归的有效方法。另外，任何一组相互协整的时间列变量都存在误差修正机制。误差修正模型把长期关系和短期动态特征结合在一个模型中，既可以克服传统计量经济模型忽视伪回归的问题，又可以克服建立差纷模型忽视水平变量信息的弱点。

2. 面板数据计量经济分析

面板数据定义为相同截面上的个体在不同时点的重复观测数据，称为纵向（longitudinal）量列（个体）的多次测量。面板数据从横截面（cross section）看，由若干个体（entity，unit，individual）在某一时点构成的截面观测值，从纵剖面（longitudinal section）看每个个体都是一个时间列。用面板数据建立的模型通常有 3 种，即混合回归模型、固定效应回归模型和随机效应回归模型。

面板数据分析的一般过程主要分为以下 4 个阶段：面板单位根检验、面板协整检验、模型设定检验、模型估计。其中，面板数据的单位根检验有 LLC 检验、Breitung 检验、Hadri 检验、IPS 检验、Fisher-ADF 检验；在模型设定上会采用 F 检验确定是采用混合模型还是系数模型，然后用 Hausman 检验确定应该建立随机效应模型还是固定效应模型；对于面板模型的协整检验上，主要采用的是 Pedroni, Kao, Johansen 的方法，当通过了协整检验，说明变量之间存在着长期稳定的均衡关系，期程回归残差是平稳的。因此可以在此基础上直接对原方程进行回归，此时的回归结果是较精确的。如果单位根检验的结果，发现面板数据中有些序列平稳而有些序列不平稳，则可以在保持变经济意义的前提下，对模型进行修正，以消除数据不平稳对回归造成的不利影响。如差分某些序列，保证模型具有经济意义，将基于时间频度的绝对数据变成时间频度下的变动数据或增长率数据。检验完毕后，对选定的模型开始回归；权数可以选择按截面加权（cross-section weights）的方式，对于横截面个数大于时序个数的情况更应如此，表示允许不同的截面存在异方差现象。估计方法采用面板校正标准误（panel corrected standard errors，PCSE）方法，可以有效地处理复杂的面板误差结构，如同步相关、方差、列相关等问题。

3. 离散选择计量经济分析

通常的计量经济模型都假定因变量是连续的，但是在现实的经济决策中经常会面临许多选择问题。人们需要在可供选择的有限多个方案中作出选择，与通常被解释变量是连续变量的假设相反，此时因变量只取有限多个离散的值，被解释变量是离散的而不是连续的，以这样的决策结果作为被解释变量建立的计量经济模型，称为离散选择模型（discrect choice model，DCM）。

二元选择模型（binary choice model）是离散选择模型中最常用的模型。所谓二元选择是指被解释变量的取值只有 0 和 1 这 2 个值，对应于买与不买、赞成与反对等简单选择问题。例如，考虑住房购买问题。对于购买住宅和没有购买住宅问题进行研究时，首要考虑的因素是收入。因此有上述这种研究模型实质上是把二元选择变量 Y 表述为了收入的线性概率模型。在常用的二元选择模型中，当误差估计值对应的分布为标准正态分布时，相应的二元选择模型为 Probit 模型；当误差估计值对应的分布为逻辑分布时，相应的二元选择模型为 Logit 模型；当误差估计值对应的分布为极值分布时，相应的二元选择模型为 Extreme 模型。在经济研究中，Probit 模型与 Logit 模型往往也是目前应用最广的 2 种离散选择模型。

参考文献

蔡志坚,等,2017. 流域生态系统恢复价值评估:CVM 有效性与可靠性改进视角[M]. 北京:中国人民大学出版社.

陈积敏,杨红强,2014. 木材非法采伐影响机理研究[J]. 林业经济,36(2):110-114.

陈妍,2018. 加拿大木材限制出口政策对林产品贸易的影响研究[D]. 南京:南京林业大学.

陈勇,王登举,宿海颖,等,2019. 中美贸易战对林产品贸易的影响及其对策建议[J]. 林业经济问题,39(1):1-7.

陈则生,2010. 杉木人工林经济成熟龄的研究[J]. 林业经济问题,30(1):22-26.

程宝栋,缪东玲,宋维明,等,2013. 林产品国际贸易[M]. 北京:中国林业出版社.

程宝栋,秦光远,宋维明,2015. "一带一路"战略背景下中国林产品贸易发展与转型[J]. 国际贸易(3):22-25.

程宝栋,2016. "一带一路"战略与中国林业产业转型升级[J]. 中国林业产业(6):37-38.

程红,李金华,王福东,2010. 论发展现代林业与建设生态文明[J]. 林业经济(1):25-33.

崔海兴,吴栋,霍鹏,2017. 森林与人类文明发展的关系分析[J]. 林业经济,39(9):16-20,25.

单振菊,杨雷亮,陈志云,等,2017. 进口原木木种鉴定技术综述[J]. 林业与环境科学,33(6):119-123.

东艳,李春顶,2013. 2012 年国际贸易学术研究前沿[J]. 经济学动态(2):105-113.

董加云,2014. 集体林权冲突的逻辑:本质、成因、行动和化解[D]. 北京:中国人民大学.

杜宇霞,2013. 木质林产品出口贸易与环境协调的策略研究[D]. 哈尔滨:东北林业大学.

高帆,2007. 中国劳动生产率的增长及其因素分解[J]. 经济理论与经济管理(4):18-25.

高岚,2009. 林业经济管理学[M]. 北京:中国农业出版社.

顾雪松,王可瑞,盛爽,2018. 中国林业对外直接投资对林产品贸易的影响研究:理论机制与实证分析[J]. 林业经济,40(3):22-27,87.

国家林业和草原局,2019. 中国林业发展报告 2019[M]. 北京:中国林业出版社.

韩丽晶,曹玉昆,陈丽荣,等,2015. 木材可追溯性、林产品市场准入标准与中国林产品贸易[J]. 林业经济问题,35(3):251-256.

胡雪凡,张会儒,张晓红,2019. 中国代表性森林经营技术模式对比研究[J]. 森林工程,35(4):32-38.

胡延杰,2017. 全球木质林产品贸易现状及发展趋势分析(三)[J]. 国际木业,47(2):1-5.

贾治邦,2007. 拓展三大功能构建三大体系:论推进现代林业建设[J]. 林业经济(8):3-7.

江泽慧,2000. 中国现代林业[M]. 北京:中国林业出版社.

姜维壮,1999. 中国分税制的决策和实践[M]. 北京:中国财政经济出版社.

蒋敏元,2003. 森林资源经济学[M]. 哈尔滨:东北林业大学出版社.

焦冉,2015. 论马克思主义的归纳—演绎法[J]. 理论月刊(1):10-14.

康宁,缪东玲,2015. 美国对华发起胶合板"双反"调查的合规性分析[J]. 国际经贸探索(6):57-71.

康泰,2012. 森林经营的概念及管理指导原则[J]. 科学与财富(3):208.

亢新刚,2011. 森林经理学[M]. 北京:中国林业出版社.

柯水发，李红勋，崔海兴，等，2020. 林业经济学[M]. 北京：中国林业出版社.
雷加富，2007. 中国森林经营[M]. 北京：中国林业出版社.
李春顶，东艳，2017. 2016年国外国际贸易学术研究前沿[J]. 国外社会科学(5)：110-120.
李春顶，东艳，2019. 2017年国外国际贸易学术研究综述[J]. 中国市场(6)：1-6.
李剑泉，田康，叶兵，2014. 我国林产品国际贸易争端案例分析及启示[J]. 林业经济(1)：46-54.
李秋娟，2018. 天然林全面停伐背景下中国木材安全预警研究[D]. 北京：中国林业科学研究院.
李思雨，2020. 中国木材进口的持续时间及其影响因素研究[D]. 北京：北京林业大学.
李秀彬，赵宇鸾，2011. 森林转型、农地边际化与生态恢复[J]. 中国人口·资源与环境，21(10)：91-95.
李亚军，2014. 基于保险费率、购买意愿和补贴效益的森林保险业发展与对策研究[D]. 北京：北京林业大学.
联合国粮食和农业组织，2020. 2020年全球森林资源评估[R].
廖士义，1988. 林业经济学导论[M]. 北京：中国林业出版社.
林文凯，2013. 景区旅游资源经济价值评估方法研究述评[J]. 经济地理，33(9)：169-176.
刘璨，黄和亮，刘浩，等，2019. 中国集体林产权制度改革回顾与展望[J]. 林业经济问题，39(2)：113-127.
刘菲，2020. 森林资源配置对木材供给的影响研究[D]. 北京：北京林业大学.
刘浩，余琦殷，2022. 我国森林生态产品价值实现：路径思考[J]. 世界林业研究(5)：1-7.
刘俊昌，2018. 林业经济学[M]. 2版. 北京：中国农业出版社.
刘俊昌，2011. 林业经济学[M]. 北京：中国农业出版社.
刘伟，张开宁，方菁，2000. 参与性农村评估在改善生育卫生服务项目中的应用[J]. 中国初级卫生保健(9)：59-63.
刘昕，2018. 森林保险[J]. 内蒙古林业(6)：41.
卢俊鸿，2010. 现代林业的内涵及发展背景[J]. 热带林业，38(1)：26-29.
马洪军，2002. 社会林业[M]. 北京：中国林业出版社.
曼昆，2020. 经济学原理. 微观经济学分册[M]. 8版. 北京：北京大学出版社.
孟宪宇，2006. 测树学[M]. 北京：中国林业出版社.
缪东玲，2018. 非法采伐及相关贸易研究综述[J]. 世界林业研究(3)：1-8.
缪东玲，陆婉樱，岳宇慧，2019. 中国出口人造板产品质量及其影响因素研究[J]. 林业经济问题，39(4)：347-354.
缪东玲，2003. 美国反补贴反倾销交替引起木材贸易争端探究[J]. 国际贸易问题(9)：55-59.
纳拉蓬，王永平，1992. 农村快速评估技术[J]. 贵州农业科学(1)：45-48，44.
聂影，杨红强，苏世伟，2008. 中国原木进口国别结构与木材资源安全[J]. 林业经济(3)：14-16，24.
聂影，2007. 中国林产品：流通、市场与贸易[M]. 北京：中国林业出版社.
潘鹤思，李英，陈振环，2018. 森林生态系统服务价值评估方法研究综述及展望[J]. 干旱区资源与环境，32(6)：72-78.
彭长娟，2013. 我国木材供需现状及对策研究[J]. 家具与室内装饰(9)：94-95.
钱静，杨红强，聂影，2019. 非法采伐普通木材运输刑事案件裁量的实证分析[J]. 林业经济，41(11)：74-79，87.
钱静，杨红强，聂影，2018. 木材非法采伐与贸易研究进展：基于1998—2017年文献成果[J]. 林业经济，40(12)：3-9.
邱俊齐，1998. 林业经济学[M]. 北京：中国林业出版社.

沈月琴，张启耀，2019. 林业经济学[M]. 北京：中国林业出版社.

沈月琴，张耀启，2020. 林业经济学[M]. 2版. 北京：中国林业出版社.

沈月琴，张耀启，2011. 林业经济学[M]. 北京：中国林业出版社.

DALY HERMAN E, FARLEY J, 2014. 生态经济学：原理与应用[M]. 徐中民等译. 北京：中国人民大学出版社.

舒先德，1999. 林业经济学[M]. 海口：海南出版社.

宋维明，程宝栋，2007. 世界林产品贸易发展趋势及对中国的影响[J]. 国际贸易(11)：47-52.

宋维明，缪东玲，程宝栋，2015. 低碳经济与林产品贸易[M]. 北京：中国林业出版社.

孙奇，齐英杰，2015. 浅析我国木材需求及消耗现状[J]. 林业科技，40(2)：60-62.

谭秀凤，2011. 中国木材供需预测模型及发展趋势研究[D]. 北京：中国林业科学研究院.

王亚，温亚利，柯水发，等，2014. 中国主要木材产品的需求收入弹性测算与启示[J]. 林业经济问题，34(6)：481-486.

王妍，许红平，马智兰，2007. 归纳演绎法与培养创新性思维能力的研究[J]. 中国高等医学教育(3)：78，90.

王迎，2013. 我国重点国有林区森林经营与森林资源管理体制改革研究[D]. 北京：北京林业大学.

王玉芳，2008. 现代林业发展阶段的初步划分[J]. 安徽农业科学(30)：13157-13159，13291.

韦国彦，2007. 对森林经营概念、作用及经营思路的分析[J]. 林业勘查设计(3)：14-15.

魏僮，田明华，马爽，等，2021. 中国木材进口的可替代性和进口来源安全性分析[J]. 林业经济问题，41(2)：172-179.

魏远竹，谢帮生，张宝芳，2011. 福建省林权交易中心案例研究：以永安、沙县、尤溪、邵武为例[J]. 林业经济(10)：19-25.

肖平，张敏新，1986. 林农负担问题研究[J]. 林业经济经济问题(6)：11.

谢高地，张彩霞，张雷明，等，2015. 基于单位面积价值当量因子的生态系统服务价值化方法改进[J]. 自然资源学报，30(8)：1243-1254.

谢佳利，亢新刚，孔雷，等，2011. 2020年我国的木材需求预测[J]. 中南林业科技大学学报，31(12)：154-158.

谢屹，贺超，温亚利，2007. 中国林业经济管理学学科问题初探[J]. 林业经济问题(4)：362-365.

谢煜，朱小静，温作民，等，2013. 集体林权制度改革后林权交易市场的运行机制研究[J]. 农村经济(12)：33-37.

谢煜，朱小静，温作民，等，2016. 为什么小规模林农没有选择场内交易：来自浙江的实证研究[J]. 农林经济管理学报，15(3)：271-279.

徐拓远，张晓晓，刘金龙，等，2019. 分权还是集权：对改革开放以来我国林业税费体制变迁的解释[J]. 农业经济问题(1)：133-144.

徐秀英，2005. 南方集体林区森林可持续经营的林权制度研究[D]. 北京：北京林业大学.

颜良伟，2011. 福建林权纠纷的主要类型、成因分析及法律对策[J]. 经济法论坛(8)：329-336.

杨红强，聂影，2008. 中国木材供需矛盾与原木进口结构分析[J]. 世界农业(7)：53-56.

杨红强，聂影，2011. 中国木材加工产业安全的生产要素评价[J]. 世界林业研究，24(1)：64-68.

杨红强，聂影，2011. 中国木材加工产业转型升级及区域优化研究[J]. 农业经济问题，32(5)：90-94，112.

杨红强，2000. 我国木材产品贸易状况与竞争力探析[J]. 林业经济(5)：50-57.

杨红强，2011. 中国木材资源安全问题研究[D]. 南京：南京林业大学.

杨丽颖, 谢煜, 2017. 中国林业产权场内交易现状分析: 基于南方林业产权交易所4565条交易数据[J]. 林业经济问题, 37(5): 79-84, 110.

杨小凯, 1998. 经济学原理[M]. 北京: 中国社会科学出版社.

于甲川, 董源, 2007. 林业史研究的历史机遇与重任[J]. 林业经济(2): 66-68, 71.

袁方, 2000. 社会研究方法教程[M]. 北京: 北京大学出版社.

张道卫, 2013. 林业经济学[M]. 北京: 中国林业出版社.

张建国, 1998. 林业经济学的学科性质与学科体系: 林业经济学学科体系探索之一[J]. 林业经济问题(1): 32-34.

张建国, 1998. 现代林业论[M]. 北京: 中国林业出版社.

张蕾, 齐联, 孙敬良, 2014. 关于新型林业生产经营主体培育与组织创新的思考[J]. 林业经济, (10): 21-25.

张敏新, 肖平, 张红霄, 2008. "均山": 集体林权制度改革的现实选择[J]. 林业科学(8): 131-136.

张楠, 宁卓, 杨红强, 2020. 弗斯曼模型及其广义改进: 基于林地期望值评估方法学演进[J]. 林业经济, 42(10): 3-15.

张实, 2001. 参与性农村评估在民族调查中的意义及运用: 以云南中甸彤朵村为例[J]. 思想战线(3): 88-90, 100.

张永民, 2007. 生态系统与人类福祉: 评估框架[M]. 北京: 中国环境科学出版社.

张月月, 李兰英, 章伟民, 等, 2019. 林权流转价格及其影响因素分析[J]. 林业经济问题, 39(2): 143-148.

赵文霞, ROBERT CHAMBERS, 1995. 参与性农村评估法及其发展[J]. 林业与社会(6): 43-44.

中国可持续发展林业战略研究项目组, 2003. 中国可持续发展林业战略研究[M]. 北京: 中国林业出版社.

中国农业百科全书总编辑委员, 1989. 中国农业百科全书: 林业卷[M]. 北京: 农业出版社.

朱俊奇, 费保升, 2016. 公共物品供给侧改革问题探析[J]. 安徽理工大学学报(社会科学版), 18(4): 6-11.

祝列克, 2006. 林业经济论[M]. 北京: 中国林业出版社.

AMACHER G, BRAZEE R, KOSKELA E, et al., 1999. Bequests, taxation, and short and long run timber supplies: an overlapping generations problem [J]. Environmental and Resource Economics, 13: 269-288.

AMACHER G S, BRAZEE R J, WITVLIET M, et al., 2001. Royalty systems, government revenues, and forest condition: an application from Malaysia[J]. Land Economics, 77(2): 300-313.

AMACHER G S, KOSKELA E, OLLIKAINEN M, 2002. Optimal forest policies in an overlapping generations economy with timber and money bequests[J]. Journal of Environmental Economics and Management, 44(2): 346-369.

AMACHER G S, OLLIKAINEN M, KOSKELA E, 2009. Economics of forest resources[M]. London: MIT Press.

ANDERSON F J, 1985. Natural Resources in Canada: Economic theory and policy[M]. Methuen.

ARROW K J, 1996. The theory of risk-bearing: small and great risks[J]. Journal of risk and uncertainty, 12(2): 103-111.

BINKLEY C S, 1987. When is the optimal economic rotation longer than the rotation of maximum sustained yield? [J]. Journal of Environmental Economics and Management, 14(2): 152-158.

CALISH S, FIGHT R D, TEEGUARDEN D E, 1978. How do nontimber values affect Douglas-fir rotations? [J]. Journal of Forestry, 76(4): 217-221.

CHANG S J, 1982. An economic analysis of forest taxation's impact on optimal rotation age[J]. Land Economics, 58(3): 310-323.

CHANG S J, 1981. Determination of the optimal growing stock and cutting cycle for an uneven-aged stand[J]. Forest science, 27(4): 739-744.

CHANG S J, 2018. Forest property taxation under the generalized Faustmann formula[J]. Forest Policy and Economics, 88: 38-45.

CHANG S J, 1983. Rotation age, management intensity, and the economic factors of timber production: Do changes in stumpage price, interest rate, regeneration cost, and forest taxation matter? [J]. Forest science, 29(2): 267-277.

CLARK C W, 1974. Mathematical Problems in Biology[M]. Springer, Berlin, Heidelberg: 29-45.

COSTANZA R, D'ARGE RALPH, DE GROOT RUDOLF, et al., 1997. The value of the world's ecosystem services and natural capital [J]. Nature, 387: 253-260.

D'AMATO D, REKOLA M, LI N, et al., 2016. Monetary valuation of forest ecosystem services in China: A literature review and identification of future research needs [J]. Ecological Economics, 121: 75-84.

DAVIS L S, JOHNSON K N, HOWARD T E, et al., 2001. Classical Approaches to Forest Management Planning[J]. Forest Management. McGraw-Hill series in forest resources. 804pg.

EPSTEIN L G, ZIN S E, 1991. Substitution, risk aversion, and the temporal behavior of consumption and asset returns: An empirical analysis[J]. Journal of political Economy, 99(2): 263-286.

FAUSTMANN M, 1968. Calculation of the Value which Forest Land and Immature Stands Possess for Forestry. Translated by W. Linnard[J]. Martin Faustmann and the Evolution of Discounted Cash Flow. Two Articles from the Original German of 1849.

GONG P, LÖFGREN K G, 2003. Risk-aversion and the short-run supply of timber [J]. Forest Science, 49(5): 647-656.

GONG P, LÖFGREN K G, 2003. Timber supply under demand uncertainty: welfare gains from perfect competition with rational expectations[J]. Natural Resource Modeling, 16(1): 69-97.

GONG P, SUSAETA A, 2020. Impacts of forest tax under timber price uncertainty[J]. Forest Policy and Economics, 111(2020).

GORDON R H, VARIAN H R, 1988. Intergenerational risk sharing[J]. Journal of Public economics, 37(2): 185-202.

GUTRICH J, HOWARTH R B, 2007. Carbon sequestration and the optimal management of New Hampshire timber stands[J]. Ecological Economics, 62(3-4): 441-450.

HAIGHT R G, 1995. Comparing extinction risk and economic cost in wildlife conservation planning[J]. Ecological Applications, 5(3): 767-775.

HANSEN L P, SINGLETON K J, 1983. Stochastic consumption, risk aversion, and the temporal behavior of asset returns[J]. Journal of political economy, 91(2): 249-265.

HARTMAN R, 1976. The Harvesting Decision When a Standing Forest Has Value [J]. Economic Inquiry, 14, 52-55.

HOTELLING H, 1949. Letter to the national park service: An Economic Study of the Monetary Evaluation of Recreation in the National Parks[R]. US Department of the Interior, National Park Service and Recreational Planning Division.

KOH N S, 2017. Safeguards for enhancing ecological compensation in Sweden[J]. Land Use Policy, 64: 186-199.

KOSKELA E, 1989. Forest taxation and timber supply under price uncertainty. Credit rationing in capital markets[J]. Forest Science, 35(1): 160-172.

KOSKELA E, 1989. Forest taxation and timber supply under price uncertainty: Perfect capital markets [J]. Forest Science, 35(1): 137-159.

KOSKELA E, OLLIKAINEN M, 1997. Optimal design of forest and capital income taxation in an economy with an Austrian sector[J]. Journal of Forest Economics, 3(2): 107-132.

KOSKELA E, OLLIKAINEN M, 1999. Optimal public harvesting under the interdependence of public and private forests[J]. Forest Science, 45(2): 259-271.

KOSKELA E, OLLIKAINEN M, 1999. Timber Supply, Amenity values and biological uncertainty[J]. Journal of Forest Economics, 5: 285-304.

KREPS D M, PORTEUS E L, 1978. Temporal resolution of uncertainty and dynamic choice theory[J]. Econometrica: journal of the Econometric Society: 185-200.

LIISA T, 1997. The amenity value of the urban forest: an application of the hedonic pricing method[J]. Landscape and Urban Planning, 37(3-4): 211-222.

LOISEL, PATRICE, 2014. Impact of storm risk on Faustmann rotation[J]. Forest Policy & Economics, 38: 191-198.

MACMILLAN D C, HARLEY D, M ORRISON R, 1998. Cost-effectiveness analysis of woodland ecosystem restoration. Ecological Economics, 27: 313-324.

MEILBY H, STRANGE N, Thorsen B J, 2001. Optimal spatial harvest planning under risk of windthrow [J]. Forest ecology and management, 149(1-3): 15-31.

NEWMAN D H, 1985. A Discussion of the Concept of the Optimal Forest Rotation, and a Review of the Recent Literature[M]. Southeastern Center for Forest Economics Research.

NINAN K N, INOUE M, 2013. Valuing forest ecosystem services: What we know and what we don't [J]. Ecological Economics, 93: 137-149.

NÄSLUND B, 1969. Optimal rotation and thinning[J]. Forest Science 15(4): 446-451.

OLLIKAINEN M, 1993. A mean-variance approach to short-term timber selling and forest taxation under multiple sources of uncertainty[J]. Canadian Journal of Forest Research, 23(4): 573-581.

OLLIKAINEN M, 1990. Forest taxation and the timing of private nonindustrial forest harvests under interest rate uncertainty[J]. Canadian journal of forest research, 20(12): 1823-1829.

OLLIKAINEN M, 1998. Sustainable forestry: timber bequests, future generations and optimal tax policy [J]. Environmental and Resource Economics, 12(3): 255-273.

OLLIKAINEN M, 1996. The Analytics of Timber Supply and Forest Taxes Under Endogenous Credit Rationing[J]. Journal of Forest Economics, 2: 93-130.

OLLIKAINEN M, 1991. The Effect of Nontimber Taxes on the Harvest Timing—The Case of Private Nonindustrial Forest Owners: A Note[J]. Forest science, 37(1): 356-363.

PELTOLA J, KNAPP K C, 2001. Recursive preferences in forest management[J]. Forest Science, 47 (4): 455-465.

RAKOTOARISON H, LOISEL P, 2017. The Faustmann model under storm risk and price uncertainty. A case study of European beech in Northwestern France[J]. Forest Policy and Economics, 81. 30-37.

RIDKER R, HENNING, 1967. The Determinants of Residential Property Value with Special Reference to Air Pollution[J]. Review of Economic Statistic(44): 147-157.

SAMUELSON P A, 2018. Economics of forestry in an evolving society[M]//Economics of Forestry. Routledge: 103-130.

SCRUTON D A, CLARKE K D, ROBERGE M M, et al., 2005. A case study of habitat compensation to ameliorate impacts of hydroelectric development: effectiveness of rewatering and habitat enhancement of an intermittent floodoverflow channel[J]. Fish Biol, 67: 44-60.

SELDEN L, 1978. A new representation of preferences over "certain x uncertain" consumption pairs: The "ordinal certainty equivalent" hypothesis [J]. Econometrica: Journal of the Econometric Society: 1045-1060.

SHASHI K, 2003. Extending the boundaries of forest economics [J]. Forest Policy and Economics, 5(1): 39-56.

UUSIVUORI J, 2002. Nonconstant risk attitudes and timber harvesting [J]. Forest Science, 48(3): 459-470.

WEIL P, 1993. Precautionary savings and the permanent income hypothesis [J]. The Review of Economic Studies, 60(2): 367-383.

WÜNSCHER T, ENGEL S, WUNDER S, 2008. Spatial targeting of payments for environmental services: a tool for boosting conservation benefits. Ecological Economics, 5(4): 822-833.

ZHANG D, 2001. Faustmann in an uncertain policy environment [J]. Forest Policy & Economics, 2(2): 203-210.

ZHANG H, XU J, 2009. Collective Forest Tenure Reform: Assessment of Motivation, Characteristics and Performance [J]. SCIENTIA SILVAE SINICAE, 45(7): 119-126.